Photoshop CS2
平面广告设计商业经典案例

去色、纹理后的效果（第2章）

化妆品广告（第5章）➡

INTRODUCING

COUMA
Care

Advancing the Art of
Coumadin Management

A full palette of resources

To find out

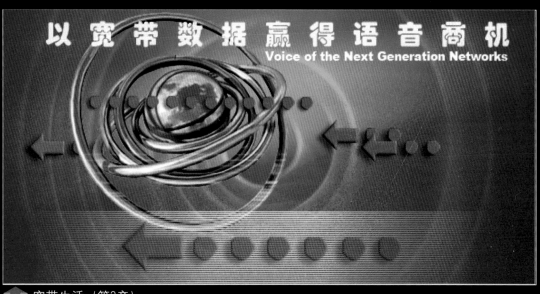

宽带生活（第3章）

Photoshop CS2
平面广告设计商业经典案例

▲ 天马（第4章）

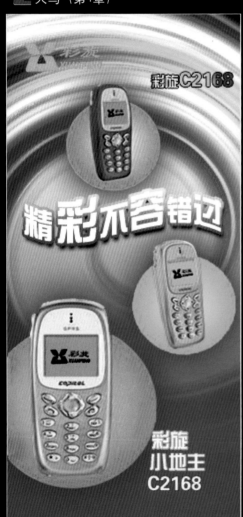

▲ 手机广告（第7章）

▲ 浮雕效果（第7章）

▲ 银制图腾（第5章）

Photoshop CS2
平面广告设计商业经典案例

游戏广告（第8章）

彩色冰激凌（第9章）

清洁精广告（第10章）

破碎美人（第11章）

Photoshop CS2

平面广告设计商业经典案例

天空的鱼（第11章）

绘画风景（第12章）

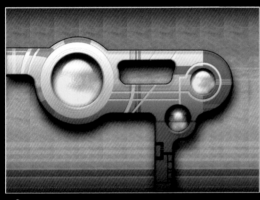

超酷壁纸（第13章）

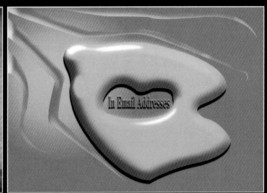

时尚壁纸（第13章）

绘制香水瓶（第12章）

手表（第11章）

Photoshop CS2
平面广告设计商业经典案例

标志设计（第14章）　　积分卡（第15章）

新年贺卡（第15章）　　游戏点卡（第15章）

室内部分：屋面：屋顶花园，防冻防滑地砖。窗体：单柜双玻白色平开塑窗。（飘窗）内墙：混合砂浆大白，室内台阶踏步砖砌抹灰。进户门：三防门（子母门）阳台：采用双玻白色平开落地窗，配铸艺围栏，预留空调台。地面：细石混凝土压光

开发商：易道地产发展有限公司。房屋地址：运城市于洪区河东广场、香湘电话：6888888 6999999 8858585

Photoshop CS2
平面广告设计商业经典案例

酒类广告（第16章）

高速路牌广告（第18章）

Photoshop CS2
平面广告设计商业经典案例

电影海报（第17章）

Photoshop S2

平面广告设计商业经典案例

食品广告（第16章）

牛奶包装设计（第19章）

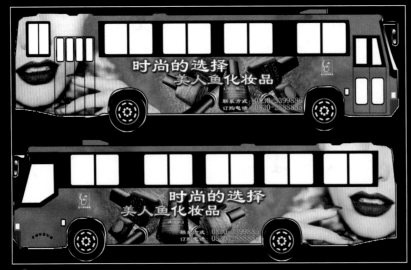

车身广告（第18章）

DM单（第17章）

Photoshop CS2
平面广告设计商业经典案例

刘亚利　郑庆荣　等编著

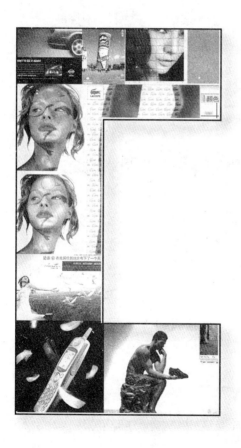
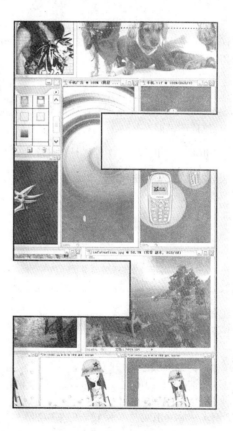

电子工业出版社

PUBLISHING HOUSE OF ELECTRONICS INDUSTRY

北京·BEIJING

内容简介

　　本书是介绍平面广告设计的案例类图书，全书从实际工作中的典型范例入手，将Photoshop CS2中的操作和平面广告设计制作技巧、设计理念融为一体，图文并茂、深入浅出，具有很强的可读性。

　　全书通过对各种风格广告设计案例的制作进行了详细的讲解，从简单的小型实例到复杂的大型实例，向读者全面介绍了平面广告制作的过程。

　　本书配有一张多媒体教学光盘，使读者可以轻松完成实例的制作，同时还有案例的源文件和素材文件方便学习使用。

　　本书适合欲从事广告设计工作的读者使用，也可作为社会培训班、大中专院校相关专业的教学参考书或上机实践指导用书。

图书在版编目（CIP）数据

Photoshop CS2平面广告设计商业经典案例／刘亚利等编著. —北京：电子工业出版社，2007.1
　ISBN 7-121-03475-1

　I.P...　II.刘...　III.广告－平面设计：计算机辅助设计－图形软件，Photoshop CS 2　IV.J524.3-39

中国版本图书馆CIP数据核字（2006）第135698号

责任编辑：　何　丛
印　　刷：　北京天竺颖华印刷厂
装　　订：　三河市金马印装有限公司
出版发行：　电子工业出版社
　　　　　　北京市海淀区万寿路173信箱　邮编：100036
经　　销：　各地新华书店
开　　本：　787×1092　1/16　印张：29.25　字数：673千字　彩插：4页
印　　次：　2007年1月第1次印刷
印　　数：　6000册　定价：52.00元(含光盘2张)

凡所购买电子工业出版社图书有缺损问题，请向购买书店调换。若书店售缺，请与本社发行部联系，
联系电话：（010）68279077；邮购电话：（010）88254888。
　　质量投诉请发邮件至zlts@phei.com.cn，盗版侵权举报请发邮件至dbqq@phei.com.cn。
　　服务热线：（010）88258888。

Photoshop CS2
平面广告设计商业经典案例

Photoshop CS2是由Adobe公司开发的图形图像处理软件，是当今功能较强大、使用范围较广泛的平面设计图像处理软件，已经得到越来越多人的认可。Photoshop是一些企业和当前比较热门的职业专业美工人员、平面广告设计师、广告策划者、装饰设计者、摄影师、电子出版商、网页，以及动画制作者等人士必备的工具软件。

我们应该如何掌握Photoshop CS2中文版的功能和技术呢？是找一本"大全"从头学起，最后脑子里面只有一些串不起来的概念；还是像我们一样，深入剖析不同平面广告图片的处理、广告设计，以及艺术效果的制作细节，逐个击破，通过熟练地掌握Photoshop CS2的新功能和常用的技术，来提高设计技巧，最终成为一名真正的平面设计高手。

我们应该如何学习Photoshop CS2的功能和技术呢？

第一，应该明确地了解Photoshop CS2特点和技术优势，在第1章会为读者详细讲解相关知识的"基本概述"、"基本工具"和"主要功能和用途"等概念。

第二，要掌握基本的绘图技术。在Photoshop CS2中不管是绘制图形还是对一些图片进行处理，都必须使用相关的命令和应用，在本书第2章至第10章会为读者朋友详细讲解工具的使用方法、命令的用法，以及相关面板的用法。

第三，掌握基本的使用方法后，再学习对平面广告知识的重点应用，因此在本书第11章至第21章中会为读者详细讲解如何对相应的命令进行使用。例如，对各类平面知识的综合应用，然后根据需要综合应用这些功能设计相应的案例，即可制作出比较丰富的平面设计效果来。

本书由资深广告设计师刘亚利、郑庆荣等负责执笔编写。参加本书工作的还有郑元华、马志坚、潘瑞旺、史绪亮、田莉、张桂莲、郑桂英、尹承红、唐文杰、刘爱华、唐红莲、刘孟辉、李华等，在此一并表示感谢。

由于个人水平十分之有限，本书难免会有纰漏之处，欢迎广大读者多提宝贵意见。

如果读者对书中有何不明之处或对本书及作者提出意见，请发邮件到mail@qited.com，qited@126.com。

作　者

2006年11月

目录 CONTENTS

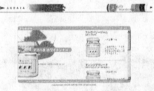

第1章 广告的相关知识

本章主要讲解了广告设计的基础知识，例如：广告的定义、广告的特点、广告的表现手法和制作流程等。最后，将实际工作中的印前小常识进行了详细的阐述。

1.1 广告设计的基础知识

下面简单地介绍一些与广告设计有关的知识，即可助读者迈出 Photoshop 平面艺术创作的第一步。

◐ 1.1.1 什么是广告

广告就是信息交流，就是用艺术性的手法告知目标群体。而广告的四大媒体又是什么呢？它们分别是电视、电台、报纸、杂志，现在又增加了户外广告和网络广告。

美国前总统罗斯福曾说过，"不做总统就做广告人"。可见广告行业的发展潜力之大，只要有需要就会有满足，也就会有产品出现，也就要用广告宣传来提高知名度。因此，广告行业将随着社会发展逐渐成为一个越来越热的行业。

◐ 1.1.2 广告的类别

由于分类的标准不同，看待问题的角度各异，导致广告的种类也十分繁多。

最常见、最简单的分类标准，就是以传播媒介为标准对广告进行分类，主要分为报纸广告、杂志广告、电视广告、电影广告、幻灯片广告、包装广告、广播广告、海报广告、招贴广告、POP 广告、交通广告、直邮广告等。随着新媒介的不断发展，依媒介划分的广告种类也会越来越多。

以广告传播范围为标准，可以将广告分为国际性广告、全国性广告、地方性广告、区域性广告、区域性广告。

以广告传播对象为标准，可以将广告分为消费者广告和商业广告。

◐ 1.1.3 广告的表现手法

广告的表现手法有很多种，下面将常用的 14 种表现方式向读者进行详细介绍，同时还配备了相应的广告图片进行展示，使您对知识的理解更加透彻和深刻。

1. 直接展示法

这种表现手法是最为常见的，它将产品直截了当地展现在消费者的面前。所以，我们在制作的时候应该着重突出产品的品牌效应和产品本身的特点，运用色彩和光线等效果烘托出产品的吸引力，将产品的精美淋漓尽致地表现出来，给人以逼真的现实感并勾起消费者无限的想象空间，如图1-1和图1-2所示。

图 1-1　直接展示法（1）　　　　　　　　图 1-2　直接展示法（2）

2.　突出特征法

显而易见，运用所有的方法来强调产品的本身与众不同之处，然后我们再将这些特点明确地展现出来，并将这些特点放置于画面中最为主要的部位以便于吸引观众的眼睛。在表现形式中，这些特点应该是着重突出和渲染的。突出特征的表现手法也是常见的广告表现手法，是突出广告主题的重要手段之一，如图1-3和图1-4所示。

图 1-3　突出特征法（1）　　　　　　　　图 1-4　突出特征法（2）

3.　对比衬托法

对比衬托这种表现方式是一种取材于对立冲突的两种或多种元素。这种表现手法将作品中所表达的事物的性质和特点进了直接的对比，通过一目了然的直观视觉效果来达到借彼显此、相衬互比的效果。作为一种常用的表现手段，对比衬托不仅使广告主题加强了表现力度，而且饱含情趣，扩大了广告作品的渲染力。能使貌似平凡的画面隐含丰富的意味，如图1-5和图1-6所示。

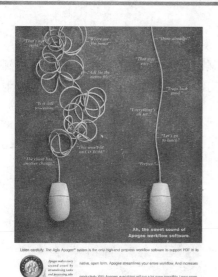

图 1-5 对比衬托法 (1)

图 1-6 对比衬托法 (2)

4. 合理夸张法

夸张是一种虚构对象效果的表现方式，它将对象的特点和个性完美的方面进行局部写照，给观众一种新奇变化的感觉。

借助想象，我们可以对广告中的对象品质或特点进行某个部位的过分夸大，以借这种渲染来扩大并加深这些特点，加强作品的艺术效果，如图 1-7 和图 1-8 所示。

图 1-7 合理夸张法 (1)

图 1-8 合理夸张法 (2)

5. 以小见大法

我们在进行设计的时候对某个局部形象进行强调、取舍或是平淡它，以这种独到的想象抓住一点或是在一个层面上的效果加以集中描写，这种艺术处理能够体现一点观全面，以小见大的表现手法如图 1-9 和图 1-10 所示。

图 1-9　以小见大法（1）　　　　　　　图 1-10　以小见大法（2）

6. 运用联想法

我们在观赏影像的过程中会通过丰富的联想突破现实中的空间和时间的局限，扩大艺术形象的容量和思维空间，在产生联想过程中引发对美感的强烈冲击，由此带来的强度是激烈的、丰富的，如图 1-11 和图 1-12 所示。

图 1-11　运用联想法（1）　　　　　　　图 1-12　运用联想法（2）

7. 富于幽默法

幽默的表现手段往往运用在饶有风趣的情节安排中，它把某种需要肯定的事物无限延伸到令人捧腹的程度，这样就造成了一种既充满趣味引人发笑同时又耐人寻味的幽默感觉。通过矛盾的冲突又加深了幽默之外的感染力，如图 1-13 和图 1-14 所示。

图 1-13 富于幽默法（1）

图 1-14 富于幽默法（2）

8. 借用比喻法

在设计过程中选取不同的元素进行制作，而这些元素在某些方面又有相似之处，通过比较的手段对主题进行视觉上的衬托。使用这些特点相似之处来借题发挥进行延伸转换，获得比较直观的艺术效果，如图 1-15 和图 1-16 所示。

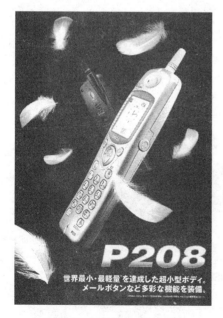

图 1-15 借用比喻法（1）

图 1-16 借用比喻法（2）

9. 以情托物法

这是一种纯粹的艺术感染力，它是最有直接作用的感情表现手段。我们对于观赏的主体和美的对象总是有无限的想象。艺术有传达感情的效果，在表现手法上侧重选取具有感情倾向的内容以美好的感情来衬托主题，这样既真实又生动，最重要的是能给观众留下深刻的印象和无限的回味，如图 1-17 和图 1-18 所示。

 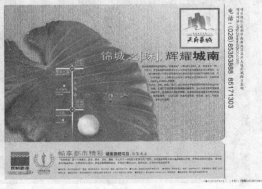

图 1-17　以情托物法（1）　　　　　　　图 1-18　以情托物法（2）

10. 悬念安排法

悬念的表现手法是一种故弄玄虚、故布疑阵的表现手段，在广告的设计中要求乍看之下不解其意，造成一种猜测和想象的心理状态，在观众的心理上留下了难忘的心理感受。

悬念的表现手段也是一种本身具一定矛盾冲突的艺术手法，它首先能吸引观众的兴趣和注意力，然后留下引人入胜的结果，如图 1-19 和图 1-20 所示。

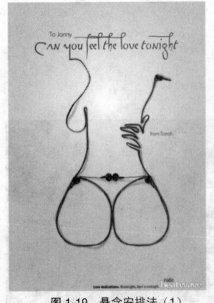 

图 1-19　悬念安排法（1）　　　　　　　图 1-20　悬念安排法（2）

11. 谐趣模仿法

这是创意也是借用的手法，它将一些人们早已认同或肯定的事物以新换旧。给消费者一种崭新奇特的视觉印象和轻松愉快的趣味性，以它异常并带有一定神秘感的手法提高了广告的价值和受关注程度如图 1-21 和图 1-22 所示。

图 1-21　谐趣模仿法（1）

图 1-22　谐趣模仿法（2）

12. 神奇迷幻法

运用夸张的手法，以无限丰富的想象力构建出神话或魔术般的画面。在一种奇特的情景中再现现实，造成与现实生活不符合的距离感，这种效果充满了梦幻般的意境，是很富有感染力的，如图 1-23 和图 1-24 所示。

图 1-23　神奇迷幻法（1）

图 1-24　神奇迷幻法（2）

13. 连续系列法

通过连续的图片或画面形成一个完整的视觉印象,这样就使画面和文字传达的广告信息十分清晰、突出。这种类似动画效果的表现手法可以将一系列的广告元素尽情展现。当然,足够的表现空间也需要足够的视觉元素来填充的,如图 1-25 到 1-30 所示。

图 1-25　连续系列法(1)

图 1-26　连续系列法(2)

图 1-27　连续系列法(3)

图 1-28 连续系列法（4）

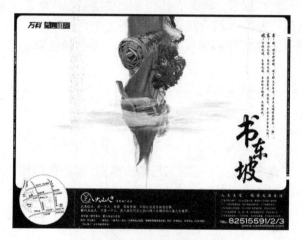

图 1-29 连续系列法（5）

图 1-30 连续系列法（6）

1.1.4 广告设计的工作流程

首先，接到定单以后我们要与客户进行面对面的沟通。

（1） 构思产品的组成。在此需要决定采用有象征性的物体来表达，还是直接通过使用者的效果来表达。

（2） 搜集素材。确定制作思路以后我们就要进行设计。设计的首要思路是寻找素材。

（3） 广告尺寸。广告可以通过各种媒介来传播产品信息。但是，不一样的媒介是具有不一样的属性和尺寸规格的。

（4） 开始构图。确定好尺寸后，我们就要在这个范围内进行创作。而一开始就应当设计好整个广告的布局。

（5） 进行创作设计。设计可以通过构图的美观合理来体现，也可以通过夸张怪异等手法进行体现，这跟各人的设计风格有关。

（6） 确定稿子并修改细节。因为设计作品既要满足客户的需求和市场的审美。

（7） 预留出血线。制作出的成品要在周围增加出血线。

（8） 文字转曲。将作品中的文字进行转曲处理，这样就避免了印刷厂的电脑上搜索不到相应的字体。

（9） 印刷出品。

1.2 小结

本章详尽地介绍了众多的设计方法、设计特点等。目的是传授读者一些实用的、有工作意义的知识，避免学习的盲目性和在实际工作中不能应用等弊端。

第2章　Photoshop 基础知识与基本操作

本章先讲解了一些与实际工作有关的理论知识，可以选择性地学习。然后，进行软件基本操作的讲解，让您快速进入 Photoshop 软件的学习。最后，将为初学的朋友提供一个学习的案例，作为进入艺术殿堂的第一块垫脚石。

2.1　Photoshop 相关的基本概念

本节的内容是理论性的概念，虽然枯燥，但是却对实际工作有很大的参考作用。它可以让读者知其然，又知其所以然。但是，如果读者在此不感兴趣或者看不懂时，可以跳过本节学习后面的章节。当学习完软件的操作技巧后，再来理解这些必要的概念也有恍然大悟之感。

2.1.1　位图

位图也叫像素图或点阵图，它由像素或点组成。其中，每一幅位图图像包括的像素可以达到百万个，因此，位图的大小和质量取决于图像中像素点的多少。从某种意义上说，位图图像模拟真实场景效果的能力更强。

如果将位图图片放大到一定的程度，就会发现位图实际上是由马赛克格子（即一个一个的小方格）组成的，这些马赛克方格被称为像素点。因为，像素点是图像中最小的图像元素。通常说来，每平方英寸的面积上所含像素点越多，颜色之间的混合也越平滑，同时文件也越大。

在此，将一幅位图放大很多倍后，将看到像素点即类似于马赛克效果，如图 2-1 所示。

图 2-1　位图原稿与放大后的效果

矢量图软件和位图软件最大的区别在于：矢量图软件原创能力比较强，主要长处在于原始创作；而位图软件，后期处理能力比较强，主要长处在于图片的后期处理。

另外，位图软件与矢量图软件之间可以将图片格式相互进行转换。

2.1.2 矢量图

矢量图也叫面向对象绘图或向量图，是用数学方式描述的曲线及由曲线围成的色块制作的图形，它们在计算机内部中是表示成一系列的数值，这些值最终决定了图形在屏幕上显示的形状。读者所绘制的每一个图形，或输入的每个字母都是一个对象，而每个对象都决定了其外形的路径。

实际上由于矢量图的保存的图形信息与分辨率无关，所以就算是改变对象的位置、形状、大小和颜色，或无论放大或缩小多少倍其图像边缘都是平滑的，而视觉细节和清晰度也不会有任何改变。所以，矢量图形尤其适用于标志设计、图案设计、文字设计、版式设计等，它所生成文件也比位图文件要小一点。

在此，将一幅矢量图放大很多倍后，仍然看到很清晰的图像，效果如图2-2所示。

图 2-2 矢量图原稿与放大后的效果

 位图是可以通过软件转换成矢量图。但是位图变成矢量图后文件大小有时会变大。

2.1.3 像素、分辨率与画布尺寸

像素、分辨率与画布尺寸等因素直接关系到实际出图时的精度大小和尺寸大小的调整，对于实际工作具有很大的实际意义。下面就这三个方面的知识，简单地向读者朋友进行介绍。

1. 像素

图像像素是用于量度位图图像内数据量多少的一个参数。通常表示成"英寸/像素"。如果包含的数据越多，图形文件的细节就越丰富，同时文件大小也会增加。

但是，如果图像包含的数据不够多，即图形分辨率较低，则图像就会显得相当粗糙。所以在新建图片的时候，必须根据图像最终的用途决定最合适的分辨率。

 在通常情况下，在实际工作中首先要保证图像包含有足够大的分辨率，同时又能满足最终输出的需要。但是也要适量，因为这样可以尽量少地浪费计算机的资源。

2. 分辨率

通常，图像分辨率被表示成"垂直"乘以"水平"像素数量，比如 1024×768 像素。而在某些情况下，它也可以同时表示成"每英寸/像素"以及图形的长度和宽度。比如 72 每英寸/像素和 8×6 英寸。

 ppi（每英寸/像素）和 dpi（每英寸/点数）经常都会出现混用现象。从专业角度说，"像素"（ppi）只存在于计算机显示领域，而"点"（dpi）只出现于打印或印刷领域。

修改图片的分辨率方法很简单而直接。读者只需要在图片文件的标题栏上右击，打开快捷菜单，选择"图像大小"命令，如图 2-3 所示。

接着将会弹出"图像大小"对话框，默认状态的时候，您可以对文件的"宽度"和"高度"进行等比例修改。（由于"宽度"和"高度"是联系在一起的，只要更改其中的一个参数另一个参数也将自动更改）并且也可以任意修改"分辨率"的参数，如图 2-4 所示。

图 2-3　选择"图像大小"命令

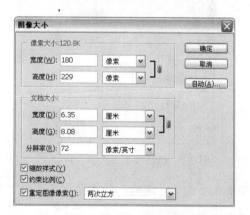

图 2-4　设置"图像大小"参数

打开"图像大小"对话框，当三个单选框："缩放样式"、"约束比例"、"重定图像像素"都处于没有被选择的状态，这时您可以分别对文件的"宽度"、"高度"和"分辨率"的参数进行更改，并同时保持等比例修改，如图 2-5 所示。

打开"图像大小"对话框，当单选框只选择"重定图像像素"的时候，您可以对文件的"宽度"、"高度"和"分辨率"进行任意修改，但却是非等比例的修改，如图2-6所示。

图2-5 设置"图像大小"参数

图2-6 设置"图像大小"参数

3. 画布尺寸

在实际工作中，经常会遭遇到临时更改图片尺寸的问题。比如，要给原始图片加一个装饰框，或者要在不破坏原有图片大小的基础上扩展出血的位置等。

那么读者将采用何种命令，实现以上操作呢？事实上，您只需要右击文件标题栏，执行"画布大小"命令，如图2-7所示。打开"画布大小"对话框，如图2-8所示。

图2-7 执行"画布大小"命令

图2-8 "画布大小"对话框

如果在不改变"定位"的条件下，更改"宽度"和"高度"的参数，则画布大小向四周扩展。比如更改参数"宽度"为"8 cm"，"高度"为"10 cm"，如图2-9所示。画布向四周扩展的效果如图2-10所示。其中值得注意的是，扩展后的画布颜色自动填充为工具箱下方的"背景色"。

如果在更改了"定位"的条件下，则更改后的"宽度"和"高度"具有方向性。比如，更改"定位"的参数，如图2-11所示。确定后的画布效果如图2-12所示。

图 2-9　更改"画布大小"参数

图 2-10　更改后的画布大小效果

图 2-11　更改"画布大小"的参数和定位

图 2-12　更改后的画布效果

◐ 2.1.4　图像文件格式

　　不同的图形处理软件保存的图像格式各不相同，这些图像格式各有其优缺点。其中，Photoshop CS2 支持 20 多种格式的图像，如图 2-13 所示。打开这些格式的图像后可以将其保存为其他格式。以便适应多元化的要求。

1.　PSD 格式

　　PSD 格式的文件扩展名为.psd。这是 Photoshop 软件专用的文件格式，其优点是保存图像的每一个细微部分，包括层、附加的蒙版通道以及其他一些用 Photoshop 制作后的效果，而这些部分在转存为其他格式时可能丢失。这种格式保存的图像文件占用的磁盘空间很大，不过因为保存所有的数据，所以在编辑过程中最好以这种格式保存。编辑后再转换为其他占用磁盘空间较小且质量较好的文件格式即可。

2.　BMP 格式

　　BMP 格式是一种 MS-Windows 标准的点阵式图形文件格式，文件的扩展名为.bmp，可被多种 Windows 和 OS/2 应用程序所支持。它支持 RGB，Indexed-color，灰度和位图色彩模式，不支持 Alpha 通道。其优点是色彩丰富，保存时还可以执行无损压缩。缺点是打开这种压缩文件时花费时间较长，而且一些兼容性不好的应用程序可能打不开这类文件。

图 2-13　图像文件格式

3.　TIFF 格式

TIFF 格式文件是为不同软件间交换图像数据设计，因此应用非常广泛。

4.　PCX 格式

PCX 格式的文件扩展名为.pcx，PCX 本身无任何意义，只是一种扩展名而已。这种格式支持 1~24 位的格式，RGB，Indexed-color，灰度和位图的色彩模式，不支持 Alpha 通道。

5.　JEPG 格式

JEPG 格式的文件扩展名为.pcx 或.jpg。JEPG 是目前所有格式中压缩比最高的格式，例如一个 40MB 的 PSD 文件可压缩到 2MB 左右。它使用有损压缩，忽略一些细节；不过在压缩前，可选择所需的最终质量，以有效地控制压缩后的图像质量。一般选择"最佳"选项，以最大限度地保存图像。JEPG 格式支持 RGB，CYMK 和灰度的色彩模式，但不支持 Alpha 通道。

6.　EPS 格式

EPS 格式的文件扩展名为.eps。这种格式可应用于绘图或者排版，其优点是可在排版软件中以低分辨率预览编辑排版插入的文件，在打印或输出胶片时则以高分辨率输出。

7.　GIF 格式

GIF 格式的文件扩展为.gif,是一种压缩的 8 位图像文件，传输时比较经济和快速。这种格式的文件也大多用在网络传输上，其传输速度比其他格式的图像文件快得多。它的缺点是最多只能处理 256 种色彩，因此不能用于保存真彩图像文件，而且由于色彩数不够，视觉效果也不理想。

8.　PICT 格式

PICT 格式的文件扩展名为.pct 或.pict，使用无损压缩减小文件尺寸，但可保存 24 位真彩色图像，因此该格式有可能不久流行于整个 Web。

9.　Photo CD 格式

Photo CD 格式的文件扩展名为.PCD。这种格式是一种用于以只读的方式保存在 CD-ROM 中的色彩扫描图像格式。它只能在 Photoshop 中打开，而不能保存。

2.2　Photoshop 的基本操作

Photoshop 软件的基本操作包括了很多方面的内容，比如新建文件、打开文件、保存文件、关闭文件、缩放文件、返回上一步操作等最基本但又是初学者不得不掌握的基础知识。接着就跟随以下内容介绍来学习它们吧。

2.2.1　新建文件

"新建"文件是制作任何作品最基本，也是必须操作的命令。"新建"对话框的参数设置具有一定的技巧性。比如"分辨率"选项的设置在前面的章节中就曾经提及到它的重要性，参数设置得过大或过小都是不合适的。下面针对该菜单命令进行详细介绍。

执行"文件"｜"新建"命令，或按组合键"Ctrl＋N"或按住 Ctrl 键双击工作区域空白处，这 3 种方法都可以打开"新建"对话框，如图 2-14 所示。

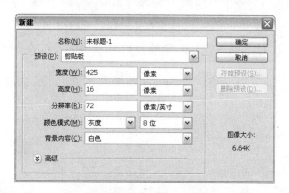

图 2-14　"新建"对话框

"新建"对话框用以设置作品的实际参数，包括"宽度"、"高度"、"分辨率"等。如果采用默认值，则直接单击"确定"按钮即可。

在通常情况下，第一次设置参数并确定文件后，接着第二次新建文件时，计算机会有一个记忆的功能，即是第二次 "新建"对话框的参数将默认为第一次的参数值。

"新建"对话框参数栏有如下特点。

（1）名称：在默认状态下软件名称为"未标题-数字"。而该文件名称是可以根据制作的需要进行更改的。当然，也可以在制作完成后，保存文件时再更改名称。

（2）宽度：该参数栏是指设计文件的宽度。可以直接在数字框中输入文件尺寸，自定义文件的宽度。在其数字框右侧的下拉菜单中可以选择度量单位为像素、英寸、厘米、毫米、点、派、卡、列。

（3）高度：该参数栏是指设计文件的高度。其余参数与宽度相同。

（4）分辨率：在默认状态下，分辨率的单位为"像素/英寸"，"像素/厘米"两种单位。但在普通情况下，选用"像素/英寸"为单位。

 如果是精美的印刷制品，则采用分辨率为 300 像素/英寸的单位最佳。

（5）颜色模式：在默认状态下，系统采用了位图、灰度、RGB、CMYK、Lab 模式。

 如果是用于印刷制品则建议采用 CMYK 模式，因为该模式与电脑上显示的成品色差较小。但如果是直接在电脑上观看的作品则建议采用 RGB 模式，色彩会显得更鲜艳。

（6）背景内容：用于设置文件背景的颜色。系统提供了 3 种选择方式：白色、背景色、透明。

 当您选择"背景内容"的颜色为透明时，文件背景呈灰白相间的方格。同时，图层面板中的"背景"图层名称为"图层 1"且不锁定。

（7）图像大小：在对话框右侧，该参数直接显示当前文件在硬盘中所占的空间大小。

 变更参数的大小，直接影响到文件的图像大小。这从对话框右边的参数可以观察到。

2.2.2 打开文件

工作中"打开"图像文件是最常用、最基本的操作之一。只有提供了相应的素材文件到工作界面中才能顺利地进行创意设计的后续工作。例如，需要打开"示例图片"文件夹中的"美女.jpg"图片，该如何操作呢？

首先，您要执行"文件"｜"打开"命令，按组合键"Ctrl＋O"或双击工作区域空白处，这 3 种方法中的一种打开该对话框，如图 2-15 所示。在"查找范围"中找到图片所在的路径，然后选择预览框中的"美女.jpg"文件。单击"打开"按钮即可，如图 2-16 所示。

图 2-15　选择"查找范围"的路径

图 2-16　选择"美女"素材

◯ 2.2.3　保存文件

在 Photoshop 中，您可以将文件储存为其中的任何一种文件格式或按软件的不同存储为相应的格式，这样可以方便该软件的编辑和操作。

打开"文件"菜单，可以发现保存文件的方式有 3 种，如图 2-17 所示。

执行"文件"｜"存储"命令或按组合键"Ctrl+S"。

执行"文件"｜"存储为"命令或按组合键"Ctrl+Shift+S"。

执行"文件"｜"存储为 Web"命令或按组合键"Alt+Shift+Ctrl+S"。

执行保存文件的命令后，将打开"存储为"对话框，在设置"存储为"对话框的参数时，要注意其选项设置，如图 2-18 所示。其中文件名称可以任意更改。在默认状态下，采用 PSD 格式进行保存。如果希望储存为压缩格式，在此建议采用 JPEG 或 TIFF 格式。

图 2-17　3 种保存文件的方式

图 2-18　"存储为"对话框

2.2.4 其他的基本操作

除了常用而基本的新建文件、打开文件、保存文件等 3 个命令外，关闭图像文件、缩放文件窗口以及返回到上一步操作都是很重要，也是很常用的操作命令。

1. 关闭图像文件

通过观察图 2-19 所示的工作界面，可以发现三种关闭图像文件的方式：关闭、关闭全部、关闭并转到 Bridge 等命令。

除了以上 3 种命令，还可以直接单击文件窗口右上方的关闭 ⊠ 按钮，这种方法是平时最常用的方式。可以直接单击标题栏上方的图标 按钮或按组合键 "Altt+F4" 关闭。

 关闭的方法虽然介绍了很多，但是只需要记得一两种常用的方法即可。因为这样做既可以避免造成记忆的混乱，又可以达到操作的目的。

图 2-19　关闭文件的方式

2. 缩放图像窗口

如果觉得文件的局部需要调整，但是局部大小不符合视觉需要，可以选择将局部放大，然后再进行操作。其中放大文件窗口，有常用的 2 种方法："缩放工具" 🔍、"抓手工具" 🖐。

 调节文件左下方的缩放参数或调节 "导航器" 面板中的缩放滑块也可以对文件窗口进行缩放，但是前两种方法相对来说显得直接方便一些。

选择工具箱中的 "缩放工具" 🔍 按钮，框选需要放大的局部即可，如图 2-20 所示。

如果双击"缩放工具"  按钮，还可以将图像文件 100%显示。如果双击工具箱中的"抓手工具" 按钮则以最适合的图像大小显示图像，如图 2-21 所示。

图 2-20　框选需要放大的部分　　　　图 2-21　放大局部后的效果

3.　返回到上一步操作

如果在软件操作过程中出现失误，该怎么恢复上一步操作呢？最常用的方法就是按组合键 "Ctrl+Z"，返回到上一步操作。如果要恢复两步以上的操作，则要按组合键 "Ctrl+Shift+Z"。

恢复上一步操作，除了使用组合键，还有更多方法。这些知识可以将在后面的章节重点学习，在此建议读者紧记这两组组合键就足够应付操作中所出现的失误了。

　　　　返回到上一步的操作步骤不得多于 20 步，即不得连续按该组合键 20 次以上。

2.3　跟我学——第一个 Photoshop 平面作品

本例将引导大家踏入 Photoshop 殿堂的第一步。该案例十分简单，操作并不复杂，但是您却可以感受到图形图像软件的强大处理功能。在一分钟后，您将可以有能力独立制作出类似的案例。事实上就是这么简单！赶快行动吧。

2.3.1　创意分析

本例将制作您的第一个平面作品"妙龄少女"（妙龄少女.psd）。该实例将为读者简单介绍"调整"菜单中的"去色"、"变化"等命令，还有滤镜中的"纹理化"命令。该实例虽然简单，但是却可以让您初步感受到 Photoshop 强大的处理功能。因为，它将在很短的时间内，将一幅照片更改为陈年已久的老照片。

2.3.2 最终效果

本例制作完成后的最终效果如图 2-22 和图 2-23 所示。

图 2-22 处理前的效果　　　　图 2-23 处理后的效果

2.3.3 制作要点及步骤

- ◆ 打开素材。
- ◆ 为素材去色。
- ◆ 将颜色变化为黄色并添加纹理效果。

01 执行"文件"｜"打开"命令，如图 2-24 所示。

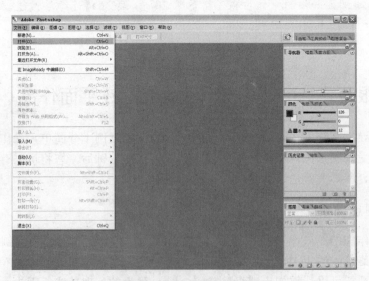

图 2-24 执行"打开"命令

 按组合键【Ctrl＋O】也可以执行【打开】命令。

02 在对话框中选择素材图片美女.TIF。单击"打开"按钮即可，如图 2-25 所示。

提示　选择素材图片，可以选择用框选，也可以选择用点选。

03 素材图片的效果如图 2-26 所示。

图 2-25　选择素材文件

图 2-26　素材图片的效果

04 执行"图像"｜"调整"｜"去色"命令，如图 2-27 所示。

图 2-27　执行"去色"命令

提示 也可以按组合键 "Ctrl+Shift+U" 执行该命令。

05 去色后的素材图片效果如图 2-28 所示。

06 执行 "图像" | "调整" | "变化" 命令，如图 2-29 所示。

图 2-28 去色后的效果

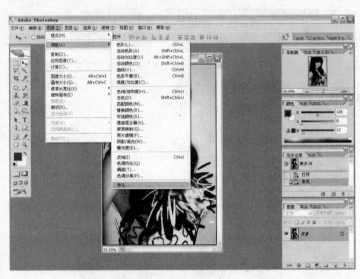

图 2-29 执行 "变化" 命令

07 打开 "变化" 对话框，单击 "加深黄色" 和 "加深红色" 各两次，效果如图 2-30 所示，单击 "确定" 按钮。

08 执行 "变化" 后的素材效果，如图 2-31 所示。

图 2-30 调整素材颜色

图 2-31 处理后的颜色

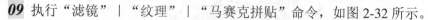黄色的陈旧效果还可以通过"曲线"命令或按组合键"Ctrl+M"获得。

09 执行"滤镜"｜"纹理"｜"马赛克拼贴"命令，如图 2-32 所示。

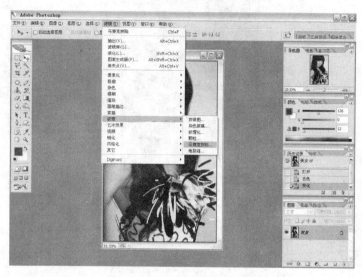

图 2-32　执行"纹理"命令

10 打开"马赛克拼贴"对话框，设置参数如图 2-33 所示。

图 2-33　设置"纹理"参数

"马赛克拼贴"对话框的参数设置是可以跟随您的喜好进行调整的，并不是一定要与提供的参数一致。希望读者能够灵活多变，在学习的时候不要过于呆板。

11 单击"确定"按钮后，最终效果如图 2-34 所示。

图 2-34　最终效果

2.4　小结

　　本章由一个简单的案例作为引导,将初学的读者带入 Photoshop CS 软件的初级殿堂中。使其初步领略到该软件在图像处理方面的强大功能。接着详细介绍一些意义重大的概念,读者可以有选择性地学习。最后一个部分，从最基础、最常用的操作出发，向读者介绍常用命令和组合键的使用方法。为下一章进入深层次的学习奠定坚实的基础。

第 3 章　选区的使用

在艺术创作中几乎所有处理图像的操作都与选区有关。因为在进行各种操作时，只对选区范围内的区域有效。如果没有选取某个局部范围，那么该操作则对整个图片有效。这相当于全选后再执行操作的效果。另外，选区范围的准确程度与编辑图像效果有很大的关系。所以高效、快捷又准确的选取方式是提高图像处理质量的前提条件。

3.1　选区的相关知识和概念

这里将为您详细介绍 Photoshop 中常用的选择类工具以及这些工具的使用方法和技巧，而选择类工具包括：选框工具、套索工具、魔棒工具、色彩范围、蒙版、通道、路径等。这些方法有的是选择像素时使用的，有的是选择多边形形状时使用的。在这些操作方法中有的比较简单，有的比较复杂，但是只要熟练掌握了它们的操作技巧，就足以应付工作中的各类选择情况。

3.2　选区的建立

建立选区是指将图像文件分解成一个或多个部分。通过选择特定的区域，可以在选区内编辑特殊效果和执行"滤镜"命令等操作，与此同时选区外的部分是不会被改动的，如图 3-1 和图 3-2 所示。

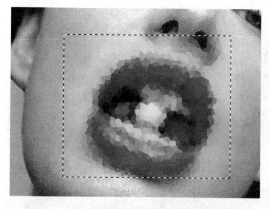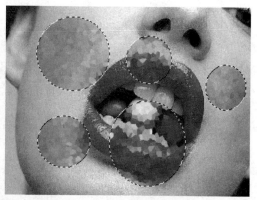

图 3-1　建立一个区域并应用特殊效果　　　　图 3-2　建立多个区域并应用特殊效果

3.2.1　框选工具

选框工具用于绘制规则的选区和单列像素选区，其中包括："矩形选框工具" □ 、"椭圆选框工具" ○ 、"单行选框工具" ⚌ 、"单列选框工具" ▥ 等。这 4 个工具位于选框工具集中，如图 3-3 所示。

> "矩形选框工具" □ 右下角有一个小三角形，按住不放即可将该子工具展示出来。按住 Alt 键，单击矩形选框工具处，可以在几个选框工具之间进行切换。

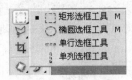

图 3-3　选框工具集

在通常情况下，每选择一个工具按钮，都会在属性栏上出现相应的属性栏，在此以"单行选框工具" ⚌ 为例，其属性栏如图 3-4 所示。

图 3-4　单行选框工具的属性栏

1.　"矩形选框工具" □

"矩形选框工具" □ 是用来创建外形规则的矩形选区。选择该工具后，直接在图像上拖动即可绘制出如图 3-5 所示的选区。如果需要建立特殊的矩形即正方形，则需要按住 Shift 键不放，绘制正方形，如图 3-6 所示。

图 3-5　绘制矩形选区　　　　　图 3-6　绘制正方形选区

> 按组合键"Alt+Shift"，可以从中心向外绘制正方形。当然该技巧对于绘制椭圆也是有效的。

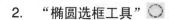

2.　"椭圆选框工具"

选择"椭圆选框工具" 直接在图像上拖动即可绘制出如图 3-7 所示的选区。如果需要创建正圆选区，则需要按住 Shift 键不放绘制，如图 3-8 所示。

图 3-7　绘制椭圆选区

图 3-8　绘制正圆选区

3.　"单行选框工具" 和 "单列选框工具"

"单行选框工具" 和 "单列选框工具" 是用于创建"高度"为"1"像素或"宽度"为"1"像素的矩形选区，如图 3-9 和图 3-10 所示。

图 3-9　绘制单行选区

图 3-10　绘制单列选区

> 如果觉得单行或单列选区观察起来很不方便，可以选择"缩放工具" ，将选区部分的图像放大数倍即可。

3.2.2　套索工具

套索工具主要用于创建不规则的几何选区，它主要包括有："套索工具" 、"多边形套索工具" 、"磁性套索工具" ，在工具箱中该工具集如图 3-11 所示。

图 3-11　打开套索工具集

1.　"套索工具"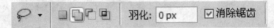

"套索工具" 用于创建任意形状的选区。选择该工具后，属性栏中如图 3-12 所示。

图 3-12　套索工具的属性栏

套索工具的操作方法是：按住鼠标左键拖动，选区范围即是鼠标经过的轨迹，如图 3-13 和图 3-14 所示。

图 3-13　绘制套索路径

图 3-14　轨迹形成的选区

2.　"多边形套索工具"

"多边形套索工具" 只能绘制直线所形成的选区。属性栏与套索工具一样，但是方法略有不同。单击并形成起点后，单击第二个节点，然后单击第三个节点…最后将起点与终点连接，如图 3-15 和图 3-16 所示。

图 3-15　多边形套索工具创建选区

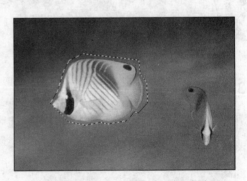

图 3-16　多边形套索工具生成选区

当终点遇到起点时，鼠标指针会变成一个封闭的小圆圈。在封闭时，也可以快到终点的时候双击，确定成一个闭合选区。

3. "磁性套索工具"

"磁性套索工具"可以自动捕捉图像中物体的类似像素的边缘，并形成选区。选择该工具后，属性栏如图 3-17 所示。

图 3-17 磁性套索工具属性栏

使用该工具的方法是，在图像中单击选取某一像素，确定其位置，然后沿对象的轮廓移动鼠标，便会有套索跟随鼠标移动。

3.2.3 魔棒工具

"魔棒工具"用于选择颜色像素相似的区域，选择该工具后的属性栏参数如图 3-18 所示。

图 3-18 魔棒工具的属性栏

"魔棒工具"的使用方法是：单击图像中的某个点，附近与它颜色相同或相似的像素区域就会自动进入选区。勾选"连续"单选框时，像素选择范围是连续的、不受阻碍的像素部分。没有选择"连续"单选框时图像的选择范围会针对整个文件范围。

3.2.4 其他建立选区的命令

"色彩范围"命令：执行"选择" | "色彩范围"命令，打开"色彩范围"对话框。然后，吸取窗口中被选择部分的像素，对话框中的颜色变为白色即表示被选中的区域范围。

"全选"命令：执行"选择" | "全选"命令，或按组合键"Ctrl+A"，选中整个图层。

"重新选择"命令：执行"选择" | "重新选择"命令，或按组合键"Ctrl+Shift+D"，选中最近一次选中的区域。

"取消选择"命令：执行"选择" | "取消选择"命令，或按组合键"Ctrl+D"，选中最近一次选中的区域。

"反向"命令：执行"选择" | "反相"命令，或按组合键"Ctrl+Shift+I"，可以选中当前选区以外的区域，同时取消当前选区。

3.3 选区的编辑

本节主要介绍选区的编辑，其中包括有：框选与移动选区、增减选区与选择相交，变换选区、羽化选区、填充选区、描边选区等内容。本节重点掌握最基本的技巧，为将来的设计做好准备工作。

3.3.1 框选与移动选区、增减选区与选择相交

运用选区工具在图片中框选一个选区，在此以"椭圆选框工具" ◯ 为例，如图 3-19 所示。

选择属性栏上的"添加到选区"按钮 ，再绘制一个椭圆选区，该选区与当前选区连接到一起，如图 3-20 所示。

图 3-19 绘制椭圆　　　　　　　图 3-20 加选椭圆

选择属性栏上的"从选区减去"按钮 ，再绘制一个椭圆选区，该选区将从当前选区范围中减去新的选区范围，如图 3-21 所示。

选择属性栏上的"与选区交叉"按钮 ，再绘制一个椭圆选区，该选区将保留与当前选区范围的交叉部分，如图 3-22 所示。

图 3-21 减选椭圆　　　　　　　图 3-22 交叉椭圆

提示

在已有的选区基础上，按住 Shift 键绘制选区后可以加选选区。如果按住 Alt 键绘制选区可以减选选区。如果按住组合键"Alt+Shift"绘制选区，可以保留两个选区的交叉部分。

3.3.2 变换选区

执行"变换选区"命令，打开变换选区调节框后，右击选择快捷菜单，可以对已有的选区做任意形状的变换，例如，缩放、旋转、斜切、透视、变形等变换命令，如图 3-23 至图 3-27 所示。

图 3-23 缩放　　图 3-24 旋转　　图 3-25 斜切　　图 3-26 透视　　图 3-27 变形

执行"选择"｜"变换选区"命令，打开变换选区调节框后，分别拖曳其 8 个点，都可以进行变形处理。操作完毕后，只需要按 Enter 键确定即可。

除"变形"命令外，选区调整操作完毕后，也可以双击确定调节完成后的形状。

3.3.3 羽化选区

在工作中，经常运用到"羽化选区"命令，因为该命令可以让图像边缘产生过渡效果。而过渡边缘的参数则可以通过"羽化选区"对话框中的"羽化半径"来设置，如图 3-28 所示。

图 3-28 "羽化选区"对话框

既可以执行"选择"｜"羽化选区"命令，也可以按组合键"Ctrl+Alt+D"，打开"羽化选区"对话框。

以"椭圆选框工具" ○ 为例，在图片中绘制椭圆选区后，按组合键"Ctrl+Alt+D"，打开"羽化选区"对话框，设置"羽化半径"为"15"像素，确定后按组合键"Ctrl+Shift+I"反向，按 Delete 键删除选区内容。羽化前和羽化后的图片效果分别如图 3-29 和图 3-30 所示。

图 3-29 羽化前的效果　　　　图 3-30 羽化后的效果

如果创建了选区以后，就不能使用属性栏上的"羽化"选项羽化选区了。属性栏上的"羽化"选项需要事先设置好，然后再绘制相应的羽化选区。

3.3.4 填充选区

"填充"命令用于填充整个选区或整个图层的颜色或图案。执行"编辑"｜"填充"命令，打开"填充"对话框，如图 3-31 所示。

打开图片，建立选区后，执行"编辑"｜"填充"命令，打开"填充"对话框，确定后的效果如图 3-32、图 3-33 和图 3-34 所示。

图 3-31 "填充"对话框　　　　图 3-32 建立选区

图 3-33 设置"填充"对话框　　　　图 3-34 填充效果

3.3.5　描边选区

"描边"命令主要用于对选区边界的描绘，在通常情况下描边的颜色都是以前景色为准。执行"编辑"｜"描边"命令，打开"描边"对话框，如图 3-35 所示。

打开一张图片，建立选区，执行"编辑"｜"描边"命令，打开"描边"对话框，并设置参数，如图 3-36、图 3-37、图 3-38 所示。

图 3-35　"描边"对话框

图 3-36　建立选区

图 3-37　设置"描边"对话框

图 3-38　描边路径

3.4　选区工具的应用实例——宽带生活

本节将制作一幅与前面的基础知识紧密相关的实例"宽带生活"。通过创意分析、最终效果、制作要点、制作步骤几个方面向读者全面展示了该实例所具有的操作特色，以及希望读者朋友能够通过该实例进一步巩固基础知识。

3.4.1　创意分析

本例制作了一幅"宽带生活"文件（宽带生活.psd）。该实例结合使用"羽化"命令，多边形套索工具、选框工具等基础命令，合成制作了一幅宣传招贴。希望大家能够在学习的过程中领悟到这些基础命令在实际操作中的作用。

3.4.2 最终效果

本例制作完成后的最终效果如图 3-39 所示。

图 3-39　最终效果

3.4.3 制作要点及步骤

◆ 新建文件，制作背景图案。

◆ 制作广告中的箭头图形。

◆ 输入"宽带生活"中的广告文字。

01 执行"文件"｜"新建"命令，打开"新建"对话框，设置"名称"为"宽带生活"，"宽度"为"10"cm，"高度"为"5"cm，"分辨率"为"150"像素/英寸，"颜色模式"为"RGB"，"背景内容"为"白色"，如图 3-40 所示。然后，单击"确定"按钮确定操作。

02 选择工具箱中的"渐变工具" ，打开属性栏上的"渐变编辑器"对话框，设置位置坐标分别为位置：0，颜色为（R:8，G:141，B:204）。位置：50，颜色为（R:41，G:64，B:145）。位置：100，颜色为（R:53，G:34，B:123），如图 3-41 所示。然后，单击"确定"按钮确定操作。

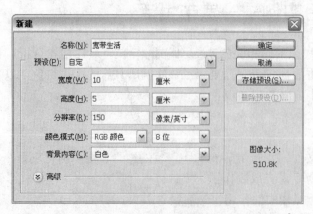

图 3-40　新建文件

图 3-41　调整渐变色

03 单击属性栏上的"径向渐变"按钮 ，在窗口中从上往下拖动鼠标，绘制渐变效果如图 3-42 所示。

04 选择工具箱中的"多边形套索工具" ，绘制如图 3-43 所示的选区。

图 3-42 绘制渐变效果

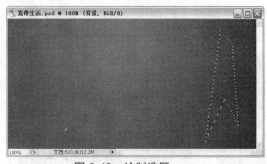

图 3-43 绘制选区

05 执行"选择"|"羽化"命令，打开"羽化选区"对话框，设置参数为"5"像素，如图 3-44 所示，然后单击"确定"按钮确认操作。

06 "前景色"设为红色（R:220，G:104，B:69），单击图层面板中的"创建新图层"按钮 ，新建"图层 1"，并按组合键"Alt+Delete"，填充选区颜色如图 3-45 所示，按组合键"Ctrl+D"取消选区。

图 3-44 设置"羽化选区"对话框

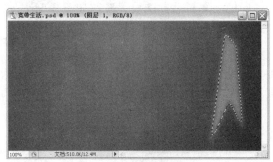

图 3-45 填充选区颜色

07 执行"滤镜"|"模糊"|"动感模糊"命令，打开"动感模糊"对话框，设置参数如图 3-46 所示。然后单击"确定"按钮确认操作。

08 设置图层面板上的"图层混合模式"为"强光"，效果如图 3-47 所示。

图 3-46 设置"动感模糊"对话框

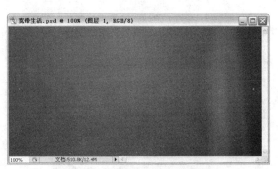

图 3-47 设置"图层混合模式"

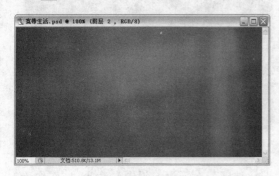
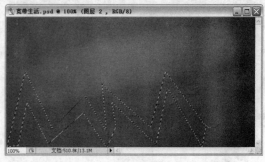

09 用同样的方法在"图层 2"中绘制绿色动感模糊色带，并设置"图层 2"的"图层混合模式"为"叠加"，设置"不透明度"为 36%，效果如图 3-48 所示。

10 选择工具箱中的"多边形套索工具"，绘制如图 3-49 所示的选区。

图 3-48　设置"不透明度"　　　　图 3-49　绘制选区

11 新建"图层 3"，执行"编辑"|"描边"命令，打开"描边"对话框，设置参数如图 3-50 所示，然后单击"确定"按钮确认操作。

12 按组合键"Ctrl+D"取消选区，执行"滤镜"|"模糊"|"径向模糊"命令，打开"径向模糊"对话框，设置参数如图 3-51 所示，然后单击"确定"按钮确认操作。

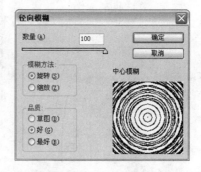

图 3-50　设置"描边"对话框　　　图 3-51　设置"径向模糊"对话框

13 设置"图层 3"的"图层混合模式"为"叠加"，效果如图 3-52 所示。

14 执行"文件"|"打开"命令或按组合键"Ctrl+O"，打开如图 3-53 所示的素材图片"球体.tif"。

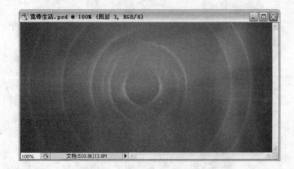

图 3-52　设置"图层混合模式"　　　图 3-53　打开素材图片

_15_ 选择工具箱中的"移动工具"，将图片拖动到"宽带生活"文件窗口中，图层面板自动生成"球体"图层，调整图形如图 3-54 所示。

_16_ 选择工具箱中的"单行选框工具"，绘制如图 3-55 所示的选区。

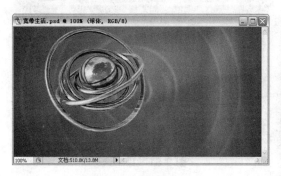

图 3-54　导入图片

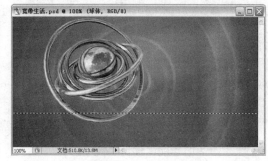

图 3-55　绘制选区

_17_ 选择工具箱中的"矩形选框工具"，并单击属性栏上的"从选区减去"按钮，减去选区如图 3-56 所示。

_18_ 新建"图层 4"，执行"编辑"|"描边"命令，打开"描边"对话框，设置参数如图 3-57 所示，然后单击"确定"按钮确认操作。

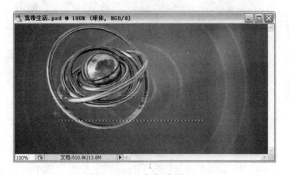

图 3-56　减去选区

图 3-57　设置"描边"对话框

_19_ 按组合键"Ctrl+D"取消选区，执行"滤镜"|"模糊"|"径向模糊"命令，打开"径向模糊"对话框，设置参数如图 3-58 所示，然后单击"确定"按钮确认操作。

_20_ 按组合键"Ctrl+Alt+T"，移动线条位置如图 3-59 所示，按 Enter 键确定。

图 3-58　设置"径向模糊"对话框

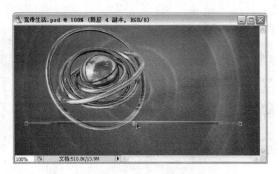

图 3-59　移动线条位置

21 连续多次按组合键"Ctrl+Alt+Shift+T",复制多个线条效果如图 3-60 所示。

22 选择工具箱中的"矩形选框工具" ▦ ,按住 Shift 键绘制选区如图 3-61 所示。

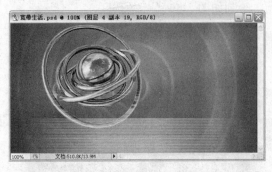

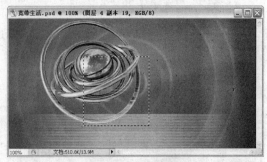

图 3-60 复制多个线条　　　　　　　　图 3-61 绘制选区

23 执行"选择"|"变换选区"命令,旋转选区如图 3-62 所示,按 Enter 键确定。

24 选择工具箱中的"矩形选框工具" ▦ ,单击属性栏上的"从选区减去"按钮 ▣ ,减去选区如图 3-63 所示。

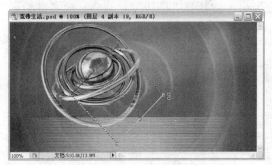

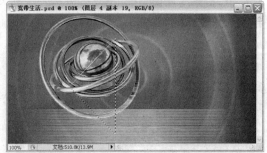

图 3-62 旋转选区　　　　　　　　图 3-63 减去选区

25 选择工具箱中的"矩形选框工具" ▦ ,单击属性栏上的"添加到选区"按钮 ▣ ,加选选区如图 3-64 所示。

26 执行"选择"|"变换选区"命令,缩小选区后按 Enter 键确定。新建"图层 5",设置前景色为红色(R:247,G:66,B:3),并按组合键"Alt+Delete",填充选区如图 3-65 所示,按组合键"Ctrl+D"取消选区。

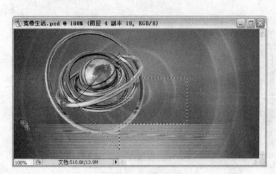

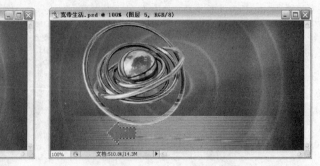

图 3-64 加选选区　　　　　　　　图 3-65 变换选区和填充颜色

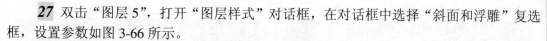

27 双击"图层 5",打开"图层样式"对话框,在对话框中选择"斜面和浮雕"复选框,设置参数如图 3-66 所示。

28 设置完"斜面和浮雕"参数后,选择"投影"复选框,然后单击"确定"按钮确认操作。新建"图层 6",选择工具箱中的"椭圆选框工具"[○],按住 Shift 键绘制正圆选区,并按组合键"Alt+Delete",填充选区如图 3-67 所示,按组合键"Ctrl+D"取消选区。

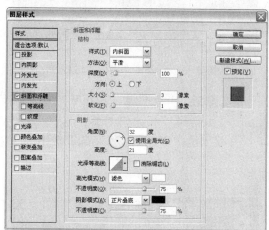

图 3-66 设置"斜面和浮雕"参数

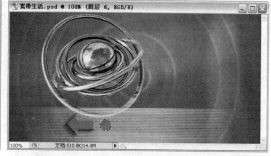

图 3-67 设置"投影"效果并填充颜色

29 选择"图层 5",右击打开快捷菜单,在菜单中选择"拷贝图层样式"命令,如图 3-68 所示。

30 选择"图层 6",右击打开快捷菜单,在菜单中选择"粘贴图层样式"命令,如图 3-69 所示。

图 3-68 拷贝图层样式

图 3-69 粘贴图层样式

31 选择"图层 6",按组合键"Ctrl+J",复制多个图形,并调整各图形如图 3-70 所示。

32 用同样的方法,复制多个相同的图形,并调整位置如图 3-71 所示。

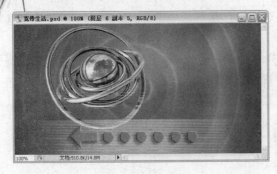

图 3-70　复制多个图形

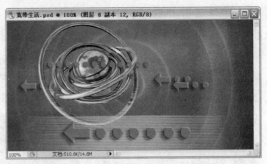

图 3-71　调整多个图形的位置

33 选择窗口中下边一组图形，然后合并图层，调整"不透明度"为60%，效果如图 3-72 所示。

34 选择工具箱中的"横排文字工具"T，设置前景色为白色（R:255，G:255，B:255），输入文字如图 3-73 所示。

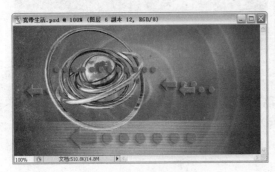

图 3-72　设置"不透明度"

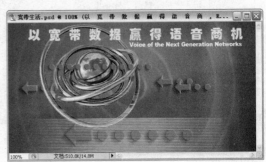

图 3-73　输入文字后的最终效果

3.5　小结

本章主要讲解了选区的各种选取和使用方法，并且通过这些操作方法，制作出一个综合实例，目的是为了巩固本章的所学知识。读者只有很好地掌握了这些基础知识以后，才能对实际工作中的操作应付自如。

第4章 绘图、修图及文字工具

本章的主要内容是讲解绘图、修图，以及文字工具等3个方面的内容。其中绘图工具包括画笔工具、铅笔工具、橡皮擦工具、油漆桶工具、渐变工具等。而修图工具则包括仿制图章工具、修补工具、模糊工具、减淡工具、加深工具等。另外，还讲解了裁切工具、度量工具、吸管工具、文字工具。通过学习这些知识内容可以很快掌握到绘制、修改图形图像的技巧。

4.1 绘图工具

在图形图像软件中，绘图工具包括画笔工具、铅笔工具、橡皮擦工具、油漆桶工具、渐变工具等。以下将详细介绍它们的使用方法、作用、技巧等。

4.1.1 画笔工具

"画笔工具" ![画笔图标]可以创建格式各样的笔触，如羽化、清晰、随机等，如图4-1、图4-2和图4-3所示。

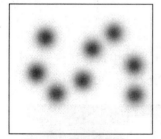
图4-1 柔和的画笔

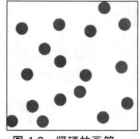
图4-2 坚硬的画笔

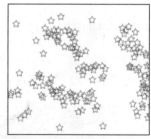
图4-3 随机设置的画笔

画笔工具的使用方法如下。单击工具箱中的"画笔工具" ![画笔图标]，按住鼠标左键在文件窗口中拖移，光标经过的轨迹就是由前景色所绘制的画笔笔触。若要绘制直线可在图像中单击确定起点，按住 Shift 键单击确定终点。

其中，"画笔工具" ![画笔图标]的参数是可以调整的，单击该工具后，属性栏如图4-4所示。

图4-4 画笔工具的属性栏

如果按住画笔工具不放，过一段时间后，该画笔绘制出的线条颜色将会加深。

4.1.2　铅笔工具

"铅笔工具" 可以绘制硬边的直线或曲线，其绘制方法与"画笔工具" 一致。单击该工具后，属性栏参数如图4-5所示。

| 🖉 ▾ | 画笔: 1 ▾ | 模式: 正常 ▾ | 不透明度: 100% ▸ | ☐ 自动抹除 |

图4-5　铅笔工具的属性栏

如果勾选属性栏上的"自动抹除"复选框，再使用"铅笔工具" 涂抹，则此时的铅笔工具起到了橡皮擦的功能作用，如图4-6所示。

图4-6　执行"自动涂抹"的效果

4.1.3　橡皮擦工具

"橡皮擦工具" 是用来擦除当前图像中的颜色，在工具箱中选择橡皮擦工具，按住鼠标左键拖移，经过的轨迹将被涂抹并改变为透明色或者背景色，如图4-7和图4-8所示。

图4-7　被涂抹并改变为背景色　　　图4-8　被涂抹并改变为透明

选择"橡皮擦工具" ，属性栏中橡皮擦的模式有3种，分别为画笔、铅笔、块，如

图 4-9 所示。

图 4-9　橡皮擦工具的属性栏

 选择"抹到历史记录"复选框，可将被擦除的区域恢复到"历史记录"面板中所选选项的状态，这个功能称为"历史记录橡皮擦"。

4.1.4　油漆桶工具

"油漆桶工具" 主要是用于对色彩相近的颜色区域填充前景色或图案。其属性栏的参数如图 4-10 所示。

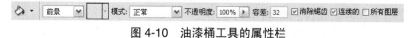

图 4-10　油漆桶工具的属性栏

 容差值的范围越大，则相似的像素范围就越大。

选择一幅原图，填充颜色后的效果如图 4-11 和图 4-12 所示。

图 4-11　原始图片

图 4-12　填充前景色后的图片

如果选择属性栏上的填充方式为"图案"，则选择填充图案及填充后的效果如图 4-13 和 4-14 所示。

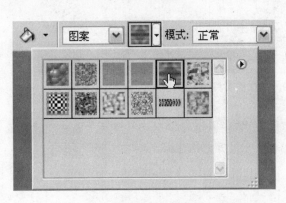
图 4-13　选择属性栏上的填充为图案

图 4-14　填充图案后的图片

4.1.5　渐变工具

"渐变工具" ▣ 用于在指定区域范围内填充渐变色，可以按指定的色彩渐变方式进行填充。选择渐变工具后的属性栏如图 4-15 所示。

图 4-15　渐变工具属性栏

属性栏中设置了 5 种渐变色类型：线性渐变、径向渐变、角度渐变、对称渐变、菱形渐变等。它们的渐变类型如图 4-16 到图 4-20 所示。

图 4-16　线性渐变

图 4-17　径向渐变

图 4-18　角度渐变

图 4-19　对称渐变

图 4-20　菱形渐变

单击属性栏上的"渐变编辑器"按钮，将打开"渐变编辑器"对话框，如图 4-21 所示。

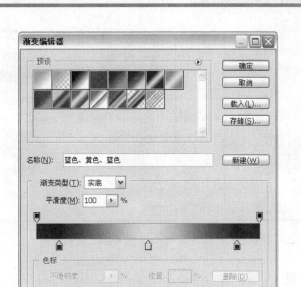

图 4-21　"渐变编辑器"对话框

4.2　修图工具

修图工具包括有修补工具和修饰工具。如果照片光线不好或者素材图片有一定的缺陷，都可以使用这些工具进行恢复。比如脸上的污渍，就需要用仿制图章工具进行修复。下面就将详细介绍这些工具的用法。

4.2.1　仿制图章工具

"仿制图章工具"可以准确的复制图像的一部分或全部并修补到其他位置。该工具在修补图像时经常用到，其功能是以指定的像素点为复制基准点，将该基准点周围的图像复制到任何地方。

选择"仿制图章工具"属性栏如图 4-22 所示。

图 4-22　仿制图章工具的属性栏

使用该工具的方法是，按住 Alt 键不放，此时的光标会变成中心带有十字准心的圆圈，单击图像中选定的位置，即在该位置确定了复制的参考点。释放 Alt 键，鼠标变成空心的圆圈，将光标移动到图像的其他的位置单击，即可复制出之前的内容，如图 4-23 和图 4-24 所示。

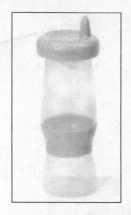

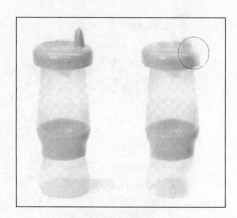

图 4-23 原始图片　　　　　　图 4-24 仿制水杯

4.2.2 修补工具

"修补工具"  的作用是用其他区域中的像素来修复选中的区域。单击该工具，其属性栏如图 4-25 所示。

图 4-25 修补工具的属性栏

 如果定义属性栏上的设置为"源"，则选区是想要修复的区域。如果设置为"目标"，则选区是进行取样的区域。

选择一幅有缺陷的图片，然后框选该区域，拖动到取样选取后的效果，如图 4-26 到 4-28 所示。

图 4-26 原始图片　　图 4-27 框选污点　　图 4-28 进行修补

4.2.3 模糊工具

"模糊工具" 主要的作用是使僵硬的边界变柔和，颜色过渡变平缓，起到模糊图像

局部的效果，其属性栏如图 4-29 所示。

图 4-29　模糊工具的属性栏

　　模糊工具的使用方法是拖动鼠标在需要处理的区域进行涂抹，效果如图 4-30 和图 4-31 所示。

图 4-30　图片模糊前

图 4-31　图片模糊后

4.2.4　减淡工具

　　"减淡工具" 又称为加亮工具，它是传统的暗室工具，使用它可以加亮图像的某一部分，使之达到强调或突出表现的目的，同时对图像的颜色进行减淡。选择该工具后的属性栏，如图 4-32 所示。

图 4-32　减淡工具的属性栏

　　选择一张原始图片，对比其颜色减淡前的效果和颜色减淡后的效果，如图 4-33 和 4-34 所示。

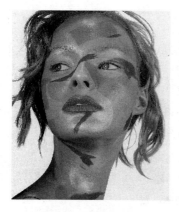

图 4-33　原始图片

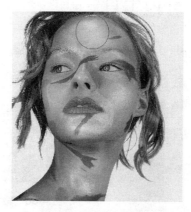

图 4-34　颜色减淡后的效果

提示 属性栏中的"范围"包括：暗调、中间调、高光。而"曝光度"参数值越大，其亮度越大。

● 4.2.5 加深工具

"加深工具" 🔍 的主要作用是加深暗度的工具，它通过使图像变暗来加深图像的颜色。加深工具通常用来加深图像的阴影或对图像中有高光的部分进行暗化处理。

选择该工具后的属性栏，如图 4-35 所示。

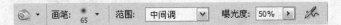

图 4-35　加深工具的属性栏

使用"加深工具" 🔍 后，图片的前后对比效果，如图 4-36 和图 4-37 所示。

图 4-36　原始图片　　　　　　　图 4-37　颜色加深后的图片

4.3 其他工具

在 Photoshop 工具箱中常用的工具还有：裁切工具、度量工具、吸管工具、文字工具等。

● 4.3.1 裁切工具

"裁切工具" 🔲 是指保留图像中的一部分，并将其部分删除或是隐藏。使用该工具进行裁切是最方便的裁切方式。选择该工具后的属性栏如图 4-38 所示。

图 4-38　裁切工具的属性栏

使用该工具的方法是，在图像文件中拖动绘制裁切范围，按 Enter 键确定，如图 4-39

和图 4-40 所示。

图 4-39　绘制裁切范围　　　　图 4-40　确定框选范围

另外还可以框选一个选区范围，执行"图像"｜"裁切"命令，即可将选区以外的部分删除掉，与裁切工具的效果相同。

4.3.2　度量工具

"度量工具"可以对图像的某部分长度或角度进行测量。选择该工具在图像文件中进行拖动，属性栏如图 4-41 所示。

| | X: 1.83 | Y: 9.17 | W: 12.63 | H: -8.04 | A: 32.5° | D1: 14.97 | D2: | 清除 |

图 4-41　度量工具属性栏

其中"X、Y"为测量线段的坐标值。而"W、H"分别代表了线段的水平和垂直距离。"A"为线段与水平方向的角度。"D1"为当前测量线的角度。"清除"可以把当前测量的数值和图像中的测量线清除。

测量角度需要在已有的一条测量线的基础上，按 Alt 键从端点处再拖出另一条测量线。此时的属性栏上即会显示测量角度的结果，如图 4-42 所示。

| | X: 7.76 | Y: 0.56 | W: | H: | A: 23.0° | D1: 14.97 | D2: 10.45 | 清除 |

图 4-42　度量工具属性栏

如果需要创建 45° 或 45° 的倍数、水平或垂直的测量线，则需要按住 Shift 键绘制。

4.3.3 吸管工具

"吸管工具"  主要的作用是从图像中获取图像的颜色和颜色数据等。选择该工具后，属性栏如图 4-43 所示。

吸取颜色后，该颜色的数据在"信息"面板上显示出来，如图 4-44 所示。

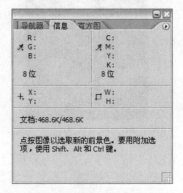

图 4-43　吸管工具属性栏　　　　图 4-44　取样点信息

如果选择的是"颜色取样器工具"，则在图像上最多可以选择 4 个取样点，如图 4-45 所示。4 个颜色的数据在信息面板上显示出来，如图 4-46 所示。

图 4-45　取样点分布的位置　　　　图 4-46　各个取样点的数据

在默认情况下，吸取的颜色为前景色。按住 Alt 键，吸取的颜色将成为背景色。

4.3.4 文字工具

文字工具的学习，除了直接输入文字以外，还可以对文字进行变形、编辑文字段落等。文字工具这些相应的学习都是很重要的，希望您在学习本小节的时候要熟练掌握。

1. 文字应用

工具箱中的文字工具包括了"横排文字工具" T、"竖排文字工具" IT、"横排蒙版文字工具" T、直排文字蒙版工具" IT。

 如果按下组合键"Shift+T",则可以在 4 个文字工具间切换。

选择"横排文字工具" T后,其属性栏如图 4-47 所示。

图 4-47 文字工具属性栏

选择属性栏上的按钮 🗐,打开字符面板,其主要的功能是设置文字、字号、字型,以及字距或行距等,其面板如图 4-48 所示。

选择属性栏上的按钮 🗐,打开段落面板,其主要的功能是设置文字的对齐方式和缩进量等,其面板如图 4-49 所示。

图 4-48 字符面板

图 4-49 段落面板

2. 文字变形

选择属性栏上的"变形文字"按钮 ⬆,打开变形文字面板,如图 4-50 所示。

图 4-50 变形文字面板

选择"横排文字工具"，然后单击属性栏中的"变形文字"按钮，打开"文字变形"对话框，设置参数如图 4-51 所示，效果如图 4-52 所示。

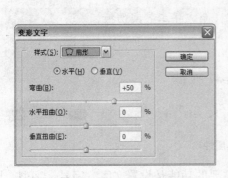

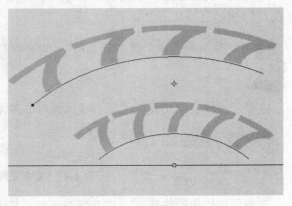

图 4-51　"文字变形"对话框　　　　图 4-52　扇形文字变形

> **提示**
>
> 可以使用"变形"命令来变形文字图层中的文本。执行"编辑"|"变换"|"变形"命令，但是首先必须在属性栏中确定一种变形样式，如图 4-53 所示的"贝壳"变形。

图 4-53　菜单命令将文字变形

4.4　应用实例——天马

本节主要讲解了如何将云彩复制到马的身上，并且不留痕迹，造成了马儿腾空而走的景象。接着您就将领略到该创意的秘密所在。

4.4.1　创意分析

本例制作一幅"天马"（天马.psd）。在本案例中主要运用到"仿制图章工具"将云彩覆盖到马的身体上，使之感觉如同腾空漫步一样。

4.4.2 最终效果

本例制作完成后的最终效果如图 4-54 所示。

图 4-54 最终效果

4.4.3 制作要点及步骤

- ◆ 导入素材图片。
- ◆ 涂抹"马"身上的云雾效果。

01 执行"文件"|"打开"命令或按组合键"Ctrl+O",打开如图 4-55 所示的素材图片"天空.tif"。

02 用同样的方法,打开如图 4-56 所示的素材图片"马.tif"。

图 4-55 打开素材图片(1)

图 4-56 打开素材图片(2)

03 选择工具箱中的"移动工具"，将"马"图片拖动到"天空"文件窗口中,图层面板自动生成"图层 1",调整图形如图 4-57 所示。

04 选择工具箱中的"仿制图章工具"，选择"背景"图层,按住 Alt 键在窗口如图 4-58 所示的位置单击,确定位置。

图 4-57　导入图片　　　　　　　　　　　图 4-58　确定位置

05 选择"图层 1"，新建"图层 2"，在如图 4-59 所示的位置涂抹云雾图形。

图 4-59　涂抹云雾图形

4.5　小结

　　本章主要讲解了绘图工具、修图工具、文字工具的属性和用法。学习和掌握了这些工具命令以后，就可以在修复图片、绘制图画、裁切图片、输入文字等方面轻车熟路。如果读者觉得这些可以运用到案例中，那么建议思考一下如何将利用这些工具制作有创意的案例。

第 5 章 图层的应用

本章主要讲解了 Photoshop 软件中很重要的环节——图层的应用。一个完整的艺术作品离不开图层，因为作品可以由一个图层组成，也可以由多个图层构成。只要在不同的图层中放置不同的元素，并实现不同的操作后，都可以创建出不同效果的特殊效果。

5.1 相关概念与基础

本节详细介绍了图层的基本概念和操作，其中包括图层、图层蒙版、填充图层、调节图层、图层样式等各方面的知识。掌握了这些基本知识以后，就可以利用图层蒙版在各式各样的形状中填充图案效果，也可以为图层填充渐变效果等。

5.1.1 图层的基本概念

图层对于图像处理软件 Photoshop 来说非常重要。图层使图像编辑变得非常便捷。了解图层面板的使用方法，是图层编辑的必备工作。所以在学习图层的操作前，首先要了解与图层相关的基本概念。图层面板各部分的组成如图 5-1 所示。

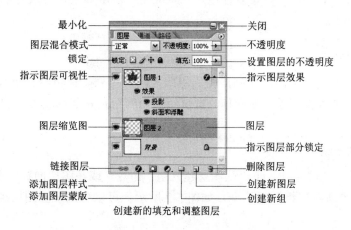

图 5-1 图层面板的组成

5.1.2 图层面板

图层面板包括了 5 个重点内容，它们分别是图层、图层蒙版、填充图层、调整图层和图层样式。下面将向读者逐个介绍其特点。

1. 图层

图层操作的一大特色是将不同的图像分别放在不同的图层上进行独立操作，而对其他图层却没有影响。在通常情况下，图层预览框中灰白相间的方格表示该区域没有颜色像素，而保存透明区域又是图层的一大特点。

2. 图层蒙版

可以简单地理解为与图像相叠加的白纸。若这张纸完全透明（蒙版为黑色），下面的图像将完全显示出来；若纸不完全透明（蒙版为不同程度的灰色），按纸的透明比例显示图像；若纸完全不透明（蒙版为白色），下面的图像不显示。

3. 填充图层

通过填充图层体现出 3 种形式的特殊效果，纯色填充图层、渐变填充图层、图案填充图层。

4. 调整图层

调整图层主要用于图像的色彩调整。调节图层的引入解决了"存储后的图像不能再恢复到以前的色彩状况了"这一问题。即是可以对图层进行各种色彩调整，调节的效果对所有图像图层都起作用。调节图层还同时具有图层的大多数功能。包括不透明度、色彩模式及图层蒙版等。

5. 图层样式

图层样式是进行投影、发光、斜面、浮雕和其他效果的快捷方式。另外，将图层效果保存为图层样式以后，还可以重复使用。一旦应用了图层效果，当改变了图层内容时，这些效果也会自动更新。

🌓 5.1.3 图层组

一个图层组就是一个图层序列，图层组即指图层序列。使用图层组来管理 Photoshop 的图层，可以使艺术创作更方便操作。图层组的内容包括新建图层组、加入和退出图层组等。

1. 新建图层组

执行"图层"|"新建"|"从图层建立组"命令，或在图层面板上单击"创建新组"按钮 ▢，打开"新图层组"对话框，如图 5-2 所示。可以分别设置图层组的名称、颜色、模式和不透明度。

单击"新图层组"对话框中的"确定"按钮，即可在图层面板上增加一个空白的图层组，如图 5-3 所示。

建立新的图层组后，可以用鼠标拖动其他图层放在图层线上，拖入的层都将作为图层组的子层放于图层组之下，如图 5-4 所示。

图 5-2　"从图层新建组"对话框　　　图 5-3　新图层组　　　图 5-4　图层组的层级关系

2.　由链接图层创建图层组

在图层面板上选择链接图层中的任何一个图层，执行"图层"｜"新建"｜"图层组"｜"来自链接的图层"命令，在打开的对话框中可以设置图层的名称、颜色等参数，完成后单击"确定"按钮，即可将原来链接的图层转换为图层组，如图 5-5 所示。

当为链接的图层创建图层组后，会发现图层组的前面有一个图层组三角形图标 ，单击该图标即可将图层组中所有图层展开，而同时图层组中的子图层将向右移动一些距离，如图 5-6 和图 5-7 所示。再次单击三角形图标 ，图层组会再次折叠起来。

图 5-5　选取链接图层　　　图 5-6　转换链接图层为图层组　　　图 5-7　展开图层组

3.　加入/删除图层组

当把图层添加到图层中以后，图层组与图层变为文件和文件夹的关系，下面介绍将图层加入到图层组以及复制、删除图层组的方法。

（1）将图层加入图层组

将图层加入图层组将会遇到两种情况，第一种情况是如果目标图层组是折叠的，按下鼠标左键，将图层拖移到"图层组"按钮 上，当图层组文件夹高亮显示时，释放鼠标左键，图层将被置于图层组的底部。

第二种情况是如果图层组是展开的，则将图层拖到图层中，当高亮显示线出现在所需位置时，释放鼠标按钮即可，如图5-8所示。

提示 将图层拖动至图层组名称处即可使图层脱离当前图层组。

图 5-8　将图层拖动图层组中

（2）删除图层组

选择要删除的图层组，执行命令或直接单击图层面板中的"删除图层"按钮 🗑 ，此时会打开一个对话框，如图5-9所示。该对话框中的"组和内容"表示删除整个图层组，包含其中所有图层；"仅组"表示只删除图层组，图层组里面的图层被分离出来；"取消"表示取消本次操作。

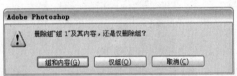

图 5-9　删除图层组时出现的对话框

（3）锁定图层组

与图层相同，图层组也是可以锁定的。使用下列任意一种方法均可锁定图层组。首先，在图层面板上选取图层组，单击图层面板中的 🔒 选项，这时图层组的所有编辑功能都将被锁住。

其次，执行"图层"|"锁定组中的所有图层"命令，打开"锁定组中的所有图层"对话框，有4个复选框供选择，分别是"透明区域"、"图像"、"位置"和"全部锁定"，如图5-10所示。

图 5-10　"锁定组内的所有图层"对话框

5.1.4　图层样式

"图层样式"可以制作一些特殊图层效果，在"图层样式"对话框中可以为图层添加投影、内发光、外发光、斜面和浮雕、光泽、颜色叠加等效果。可以通过"图层样式"对话框同时为图层应用多种样式效果。

 如果经常需要使用具有图案叠加、斜面与浮雕、投影效果、外发光的文字，就可以创建一个包含这 4 种效果的图层样式。不必每次都重新定义各种效果。使用"图层样式"可以增加工作效率。

1.　样式面板

Photoshop 提供了样式面板，可以对"样式"效果进行管理，如图 5-11 所示。

样式面板实际上是多种图层效果的集合，单击面板右上方的三角形按钮 ▶ 选择一个图层样式集合，打开如图 5-12 所示的快捷菜单。选择一个样式命令后将弹出警示对话框，如图 5-13 所示。

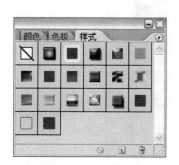

图 5-11　样式面板　　　图 5-12　快捷菜单　　　图 5-13　弹出的警示对话框

选择字母所在的图层，打开样式面板并单击面板上的现成样式即可。如果原来的图层上已有样式效果，那么套用的预设样式将取代目前已有的图层样式，如图 5-14 至图 5-16 所示。

图 5-14　原图　　　　图 5-15　选择样式后的效果　　　图 5-16　增加样式后的效果

载入了图层样式后，若想将样式板内容还原到初始状态，则需要单击图层样式面板右上方的三角形按钮，并选择快捷菜单中选择"复位样式"命令即可。选中要删除的样式按钮，在样式面板上将该样式直接拖至"删除图层"按钮 🗑 即可。

 单击样式面板中的 ⊘ 图标可清除所应用的样式，单击样式面板左上角的 ▨ 也可达到清除样式的目的。另外，图像的背景层、锁定图层或图层组不能应用图层样式。

2. 图层样式解析

除了样式面板可以为图层增加效果，"图层样式"对话框也可以对当前图层应用样式。图层样式只能应用到"背景"图层以外的图层上（因为"背景"图层处于锁定状态）。使用下列任意一种方法均可以打开"图层样式"对话框，如图 5-17 所示。

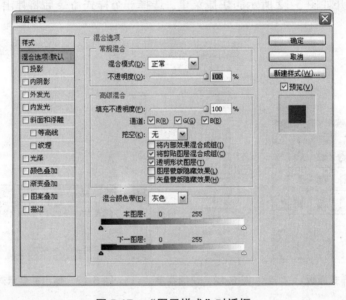

图 5-17　"图层样式"对话框

01 执行"图层" | "图层样式"命令子菜单中第一组命令中的任意命令，例如：投影、外发光等。

02 选择要使用图层样式的图层，单击 *f*. 按钮，从弹出的快捷菜单中任选一个选项。

03 双击需要添加图层样式的图层后面的空白处。

对某个图层应用了图层样式后，样式中定义的各种图层效果会应用到该图层中。与此同时可以对各种图层效果的参数进行修改、复制、删除等操作。

针对同一个图像文件可以观察到各图层样式的不同之处，如图 5-18 至图 5-28 所示。

图 5-18　原始图片

图 5-19　投影效果

图 5-20　内阴影效果

图 5-21　外发光效果

图 5-22　内发光效果

图 5-23　斜面和浮雕效果

图 5-24　光泽效果

图 5-25　颜色叠加效果

图 5-26　渐变叠加效果

图 5-27　图案叠加效果

图 5-28　描边效果

3. 新建图层样式

除了使用 Photoshop 自带的图层样式之外，也可以根据自己的需要创建图层样式，并保存在样式面板中以备将来使用。

选择图层样式所在的图层，如图 5-29 所示。单击"样式面板"中的空白处，则弹出"新建样式"对话框，如图 5-30 所示，单击"确定"按钮后就可以将目前图层的图层样式增加到图层面板的最后面，如图 5-31 所示。

图 5-29　选择图层样式所在的图层

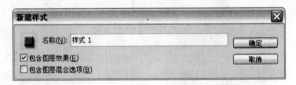

图 5-30　"新建样式"对话框

图 5-31　添加新的样式

按住 Alt 键同时单击样式面板空白处（将鼠标指针移动到样式面板中的空白区域，当鼠标指针变成油漆桶状时），单击鼠标，系统不会打开"新建样式"对话框，而是直接使用默认的样式名称创建新样式。

4. 复制图层样式

两个或者两个以上的图层要使用相同的图层样式时，可先为其中一个图层设置好需要的图层样式，然后在该图层上右击，在弹出的快捷菜单中选择"拷贝图层样式"选项，在另外的图层上右击，在打开的快捷菜单中选择"粘贴图层样式"选项，就可以把同样的图层样式应用于不同的图层。

选择"清除图层样式"选项，可将已经使用的图层效果清除。

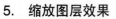

5. 缩放图层效果

使用"缩放效果"命令可对图层的效果进行缩放，使图层效果刚好满足于图像的大小，最后，才可以得到很不错的效果。

执行"图层"｜"图层样式"｜"缩放效果"命令，打开如图 5-32 所示的对话框，在其中设置好缩放比例即可。

图 5-32　"缩放图层效果"对话框

5.2　图层的基本操作

图层的基本操作包括可 7 个方面的内容，其中有新建图层、复制、删除、调整图层、链接、锁定、合并图层。接下来的章节将对这几个方面进行详细介绍。

5.2.1　新建图层

新建图层一般位于当前图层的上方，同时将采用正常模式和 100% 的不透明度，并且在默认情况下建立有次序的名称，如图层 1、图层 2、图层 3、…

1. 创建新图层

01 单击图层面板中的"创建新图层"按钮 在背景图层的上方创建新图层，如图 5-33 所示。

02 通过图层面板右上方的三角形按钮，打开快捷菜单命令创建新的图层。

03 使用"文字工具"新建文字，自动生成新的文字图层。

04 通过执行"图层"｜"新建"｜"图层"命令创建新图层。可在打开的"新图层"对话框中进行图层名称、模式、不透明度等参数的设置，如图 5-34 所示。

图 5-33　新建图层

图 5-34　"新建图层"对话框

2. 转换为新图层

01 在两个文件之间通过复制和粘贴命令来创建新图层。

02 选择"移动工具" ，拖动图像到另一个文件上创建新图层。

03 执行"图层"|"新建"|"背景图层"命令，将背景图层转换为新图层。

04 执行"图层"|"新建"|"通过拷贝的图层"命令或"图层"|"新建"|"通过剪切的图层"命令将选取的图像粘贴到新层，如图 5-35 所示。

> **提示** "通过拷贝的图层"命令是按组合键"Ctrl+J"，"通过剪切的图层"命令是按组合键"Shift+Ctrl+J"。

图 5-35 通过拷贝的图层

5.2.2 复制、删除、调整图层

从复制图层后的图像效果来看，复制图层可分为原位复制和异位复制。原位复制是复制的图层和原图层相互重叠，不发生错位；异位复制是复制后的图层中的图像与原图像产生错位。

1. 原位复制

将图层面板中当前图层拖移到"创建新图层"按钮 ，这时将于当前图层上方增加一个复制图层，其名称为"副本"、"副本 2"、"副本 3"、…字样，如图 5-36 和图 5-37 所示。

图 5-36 原来的图层面板 　　图 5-37 复制后的图层面板

单击图层面板右上角的三角形按钮 ，在打开的快捷菜单中选择"复制图层"选项，打开"复制图层"对话框，如图 5-38 所示。在"为"文本框中输入图层名称，默认名称为当前图层名称基础上加"副本"字样，如图 5-39 所示。

图 5-38　"复制图层"对话框

图 5-39　建立图层副本

若在"复制图层"对话框的"文档"栏中选择"新建",在"名称"栏中输入新建文档的名称后,如图 5-40 所示。单击"确定"按钮,可以生成一个包含当前选中图层的新文件,原文件不会关闭,如图 5-41 所示。

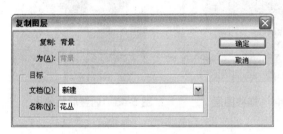

图 5-40　"复制图层"对话框

图 5-41　建立图层副本

2. 异位复制

选择"移动工具" ▶⊕ 将当前图层拖移到另一图像文件中,则可以在另一图像文件中产生当前图层的复制图像。

在同一图像文件中也可以先选择"移动工具" ▶⊕ ,然后按住 Alt 键,当光标变成双箭头时,拖移要复制的图像即可实现复制,这时图层面板会自动添加一个副本。

3. 删除图层

为了减小图像的存储大小,可以将无用的图层删除掉。选择需要删除的图层,直接拖动到图层面板右下方的"删除图层"按钮 🗑 上,或者选择菜单中的"删除图层"命令,在打开的对话框中,单击"是"按钮,即可实现对图层的删除。

如果希望删除链接图层,则可执行"图层"|"删除"|"链接图层"命令,将所有链接图层删除;如果希望删除隐藏的图层,则可执行"图层"|"删除"|"隐藏图层"命令删除。

4. 调整图层的顺序

图层在 Photoshop 中是将先建立的图层放置到图层面板下方,后建立的图层在图层面板上方。图层的排列顺序会直接影响图像显示的画面。上面的图层总是会遮盖下面的图层,可以通过改变图层的顺序来编辑图像的效果。

选取要移动的图层，执行"图层"｜"排列"命令，从打开的子菜单中选择一个需要的命令，如图 5-42 所示。

置为顶层(F)	Shift+Ctrl+]
前移一层(W)	Ctrl+]
后移一层(K)	Ctrl+[
置为底层(B)	Shift+Ctrl+[
反向(R)	

图 5-42 "排列"子菜单

使用鼠标，直接在图层面板拖动图层也可改变图层的顺序，如图 5-43 至图 5-45 所示。

图 5-43 调整前的效果

图 5-44 拖移图层

图 5-45 调整后的效果

5.2.3 链接、锁定、合并图层

1. 链接图层

链接图层的作用是固定当前图层和链接图层，以使对当前层所作的变换、颜色调整、滤镜变换等操作也能同时应用到链接图层上，还可以将不相邻图层进行合并。

打开一张多图层的图像文件，在图层面板上选中某层作为当前层。单击所要链接层下方的"链接"图标 ，当图层中也出现"链接"图标  时，表示链接图层与当前作用层链接在一起了，并且意味着可以对链接在一起的图层进行整体移动、缩放和旋转等操作，如图 5-46 和图 5-47 所示，是对链接图层进行旋转的效果。

图 5-46 链接图层

图 5-47 同时旋转两个图层中的图像

再次单击链接图标 即可取消图层的链接。

2. 锁定图层

根据需要将图层锁定后，可以防止被锁定的图层图像效果被破坏。在图层面板中有 4 个选项用于设置锁定图层内容。

（1）锁定透明像素

单击"锁定透明像素"按钮 ，当前图层上原本透明的部分被保护起来，不允许被编辑，后面的所用操作只对不透明图像起作用。

（2）锁定图像像素

单击"锁定图像像素"按钮 ，当前图层被锁定，不管是透明区域还是图像区域都不允许填色或进行色彩编辑。此时，如果将绘图工具移动到图像窗口上会出现图标。该功能对背景层无效。

（3）锁定位置

单击"锁定位置"按钮 ，当前图层的变形编辑将被锁住，使图层上的图像不允许被移动或进行各种变形编辑。将图像位置锁定后，仍然可以对该图层进行填充、描边等其他绘制操作。

（4）锁定全部

单击"锁定全部"按钮 ，当前图层的所有编辑将被锁住，将不允许对图层上的图像进行任何操作。此时只能改变图层的叠放顺序。

在图层被链接的情况下，可以快速地将所有链接图层的一项或多项编辑功能一次性锁定，而不用执行多次操作。

3. 合并图层

在图像制作过程中，图层面板如果产生过多的图层，会使文件变大并使处理速度变慢。因此就需要将一些图层合并或拼合起来，以节省磁盘空间，同时也可以提高操作速度。

Photoshop 提供的合并图层的方法有 3 种，打开图层面板右上方的三角形按钮，打开快捷菜单，如图 5-48 所示。

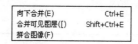

图 5-48　合并图层的命令

单击"向下合并"命令合并所有链接图层，组合键为 Ctrl+E；单击"合并可见图层"命令将当前所有显示的图层合并；拼合图像：将图像中所有可见图层合并，并在合并过程中删除隐藏的图层。

5.3 图层混合模式的实例应用——化妆品广告

本案例主要讲解了通过"图层混合模式"制作化妆品广告的过程。其实该案例的操作方法很简单，但是通过本案例可以举一反三，制作出为人物染发等效果。

5.3.1 创意分析

本例制作一幅"化妆品广告"（化妆品广告.psd）。本案例主要将运用到"图层混合模式"中的命令，只需要在主物体的基础上添加一些信息就可以形成一幅效果很好的宣传广告。

5.3.2 最终效果

本例制作完成后的最终效果如图 5-49 所示。

图 5-49 最终效果

5.3.3 制作要点及步骤

◆ 新建文件，制作背景图案。
◆ 导入图片，为图片叠加颜色。
◆ 制作广告中"画笔"的投影效果。
◆ 制作广告中"文字"的浮雕效果。
◆ 输入广告中的广告文字。

01 执行"文件"｜"新建"命令，打开"新建"对话框，设置"名称"为"图层混合模式"，"宽度"为"11"cm，高度"为"15"cm，"分辨率"为"96"像素/英寸，"颜色模式"为"RGB 颜色"，"背景内容"为"白色"，如图 5-50 所示。

02 设置"前景色"为淡黄色（R:248，G:249，B:243），按组合键"Alt+Delete"，填充颜色如图 5-51 所示。

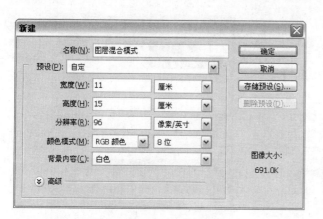

图 5-50 新建文件

图 5-51 填充颜色

03 执行"文件"|"打开"命令或按组合键"Ctrl+O",打开如图 5-52 所示的素材图片"图形.tif"。

04 选择工具箱中的"移动工具" ,将图片拖动到"图层混合模式"文件窗口中,图层面板自动生成"图形"图层,调整图形如图 5-53 所示。

图 5-52 打开素材图片

图 5-53 导入图形

05 选择"图形"图层,按住 Ctrl 键单击"图形"图层的缩览窗口,载入图形外轮廓选区如图 5-54 所示。

06 选择工具箱中的"渐变工具" ,打开属性栏上的"渐变编辑器",设置位置:0,颜色为(R:255,G:152,B:96)。位置:15,颜色为(R:210,G:142,B:190)。位置:33,颜色为(R:153,G:182,B:75)。位置:50,颜色为(R:53,G:110,B:187)。位置:67,颜色为(R:255,G:118,B:8)。位置:84,颜色为(R:255,G:186,B:0)。位置:100,颜色为(R:219,G:219,B:219)。设置参数如图 5-55 所示。

07 新建"图层 1",单击属性栏上的"线性渐变"按钮 ,在窗口中从上往下拖动鼠标,绘制渐变效果如图 5-56 所示,按组合键"Ctrl+D"取消选区。

08 设置"图层 1"的"混合模式"为"叠加",效果如图 5-57 所示。

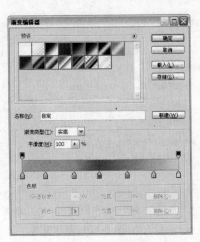

图 5-54　载入图形外轮廓选区　　　　图 5-55　调整渐变色

图 5-56　绘制渐变效果　　　　图 5-57　设置图层的"混合模式"

09 选择工具箱中的"画笔工具" ，设置属性栏上的参数如图 5-58 所示。

10 选择"背景"图层，新建"图层 2"，设置"前景色"为灰色（R:222，G:222，B:222）绘制如图 5-59 所示的图形。

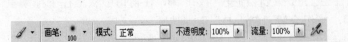

图 5-58　设置"画笔"参数　　　　图 5-59　绘制图形

11 执行"滤镜"|"杂色"|"添加杂色"命令，打开"添加杂色"对话框，设置参数如图 5-60 所示，单击"确定"按钮。

12 执行"滤镜"|"画笔描边"|"阴影线"命令，打开"阴影线"对话框，设置参数如图 5-61 所示，单击"确定"按钮。

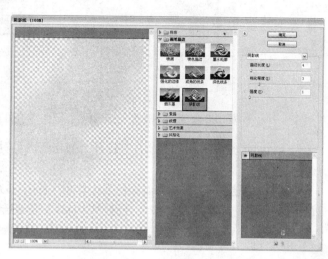

图 5-60　设置"添加杂色"对话框　　　　图 5-61　设置"阴影线"对话框

13 执行"文件"|"打开"命令或按组合键"Ctrl+O"，打开如图 5-62 所示的素材图片"画笔.tif"。

14 选择工具箱中的"移动工具" ，将图片拖动到"图层混合模式"文件窗口中，图层面板自动生成"画笔"图层，调整图形如图 5-63 所示。

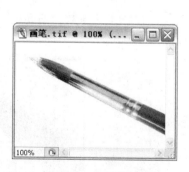

图 5-62　打开素材图片　　　　图 5-63　导入图片

15 选择"画笔"图层，按住 Ctrl 键单击"画笔"图层的缩览窗口，载入图形外轮廓选区如图 5-64 所示。

16 执行"选择"|"变换选区"命令，旋转选区如图 5-65 所示，按 Enter 键确认操作。

图 5-64　载入图形外轮廓选区

图 5-65　旋转选区

17 执行"选择"|"羽化"命令，打开"羽化选区"对话框，设置参数如图 5-66 所示，单击"确定"按钮。

18 新建"图层 3"，设置"前景色"为黑色（R:0，G:0，B:0），按组合键"Alt+Delete"填充选区颜色如图 5-67 所示，按组合键"Ctrl+D"取消选区。

图 5-66　设置"羽化选区"对话框

图 5-67　填充选区颜色

19 选择工具箱中的"橡皮擦工具" ，设置属性栏上的参数如图 5-68 所示。

20 选择"图层 3"，擦出如图 5-69 所示的效果。

图 5-69　擦出阴影

图 5-68　设置"橡皮擦工具"的参数

21 拖动"图层 3"到"画笔"图层的下层，并设置"不透明度"为 27%，如图 5-70 所示。

22 选择工具箱中的"多边形套索工具" ，绘制如图 5-71 所示的选区。

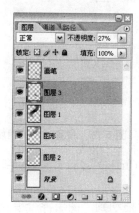

图 5-70　设置"不透明度"　　　　　图 5-71　绘制选区

23 执行"选择"|"羽化"命令，打开"羽化选区"对话框，设置参数如图 5-72 所示，单击"确定"按钮。

图 5-72　设置"羽化选区"对话框

24 新建"图层 4"，按组合键"Alt+Delete"填充选区颜色如图 5-73 所示，按组合键"Ctrl+D"取消选区。

图 5-73　填充选区颜色

25 选择工具箱中的"橡皮擦工具" ，擦出如图 5-74 所示的图形。

26 拖动"图层 4"到"画笔"图层的下层，并设置"不透明度"为 60%，如图 5-75 所示。

图 5-74　擦处图形

图 5-75　设置"不透明度"

27 执行"文件"丨"打开"命令或按组合键"Ctrl+O",打开如图 5-76 所示的素材图片"标志.tif"。

28 选择工具箱中的"移动工具" ,将图片拖动到"图层混合模式"文件窗口中,图层面板自动生成"图层5",调整图形如图 5-77 所示。

图 5-76　打开素材图片

图 5-77　导入图片

29 拖动"图层5"到"图层3"的下层,如图 5-78 所示。

30 选择工具箱中的"横排文字工具" ,设置"前景色"为黑色(R:0,G:0,B:0),输入文字如图 5-79 所示。

图 5-78　调整图层顺序

图 5-79　输入文字

31 单击"样式面板"右上方的下拉按钮 ⬤ ，在弹出来的列表中追加"纹理"样式，如图 5-80 所示。

32 在追加的"样式面板"样式中，选择"扎染丝绸"样式效果，如图 5-81 所示。

图 5-80　追加"纹理"样式

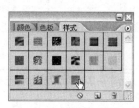

图 5-81　选择样式效果

33 选择工具箱中的"横排文字工具" T ，输入文字如图 5-82 所示。

34 双击"文字"图层，打开"图层样式"对话框，在对话框中选择"颜色叠加"复选框，设置参数如图 5-83 所示。

图 5-82　输入文字

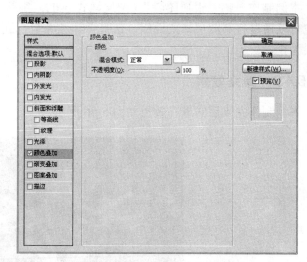

图 5-83　设置"颜色叠加"复选框

35 设置完"颜色叠加"参数后，选择"描边"复选框，设置参数如图 5-84 所示，按"确定"按钮。

36 用同样的方法输入相关广告文字，最终效果如图 5-85 所示。

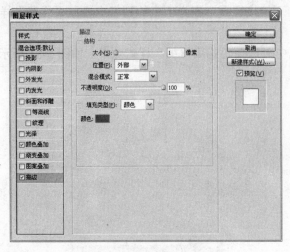

图 5-84 设置"描边"复选框　　　　　　　图 5-85　最终效果

5.4　图层样式的应用实例——银质图腾

本案例将着重使用"图层样式"面板使图腾纹案改变成为有着金属质感的图腾样式。如果明白其中的道理，可以选择其他的图案并加载其他的图层样式。

5.4.1　创意分析

本例制作一幅"银质图腾"（图层样式.psd）。案例中将使用到几个图层样式按钮，当然也可以通过打开图层样式面板，选择并调整令自己满意的参数，直到变换出优秀的图案效果为止。

5.4.2　最终效果

本例制作完成后的最终效果如图 5-86 所示。

图 5-86　最终效果

5.4.3　制作要点及步骤

◆ 新建文件，制作背景图案。
◆ 导入图片，选择图层样式效果。

01 执行"文件"｜"新建"命令，打开"新建"对话框，设置"名称"为"图层样式"，"宽度"为"17"cm，"高度"为"13"cm，"分辨率"为"96"像素/英寸，"颜色模式"为"RGB 颜色"，"背景内容"为"白色"，如图 5-87 所示。

02 设置"前景色"为绿色（R:91，G:168，B:106），按组合键"Alt+Delete"，填充颜色如图 5-88 所示。

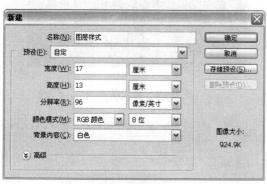

　　　　图 5-87　新建文件　　　　　　　　　　　图 5-88　填充颜色

03 单击"样式面板"右上方的下拉按钮，在弹出来的下拉列表中追加"Web 样式"，如图 5-89 所示。

04 在追加的"样式面板"样式中，选择"黑色电镀金属"样式效果，如图 5-90 所示。

　　图 5-89　追加"Web 样式"　　　　　图 5-90　选择"黑色电镀金属"样式效果

05 执行"文件"丨"打开"命令或按组合键"Ctrl+O",打开如图 5-91 所示的素材图片"图形.tif"。

06 选择工具箱中的"移动工具" ，将图片拖动到"图层样式"文件窗口中,图层面板自动生成"图形"图层,调整图形如图 5-92 所示。

图 5-91　打开素材图片

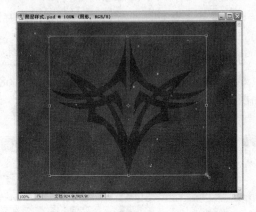

图 5-92　导入图形

07 选择"图形"图层,在追加的"样式面板"样式中,选择"水银"样式效果,如图 5-93 所示。

08 执行完以上操作后,最终效果如图 5-94 所示。

图 5-94　最终效果

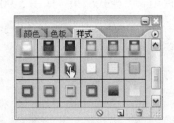

图 5-93　选择"水银"样式效果

5.5　小结

本章主要讲解了与图层有关的各项内容,其中包括有图层面板、图层组、图层样式、图层的基本操作。最后制作两个小案例,将之前讲解的基础知识融汇其中。在学习的过程中,如果感兴趣可以自己设计一些类似的案例进行练习。

第 6 章　路径的应用

在 Photoshop 中，因为路径是矢量的，又容易编辑，所以路径在任何时候都可以通过锚点、方向线任意改变其形状。另外，因为路径是矢量的，所以无论它怎么编辑、放大，它都不会出现锯齿，精细度也不会下降。基于以上因素可以看出路径的应用在软件中是很重要的。

6.1　路径的基本概念

在 Photoshop 中，路径的实质是以矢量方式定义的线条轮廓，它可以是一条直线、一个矩形、一条曲线，以及各种各样形状的线条，这些线条可以是闭合的，也可以是不闭合的。路径主要由钢笔工具创建，并使用钢笔工具组中的其他工具进行修改。

 要创建路径，也可以将选区转换为路径的方式来实现。

6.1.1　路径相关术语简介

与路径曲线相关的术语有以下几种。

（1）锚点：所有与路径相关的点都可以称之为锚点，它标记组成路径的各线段的端点，在曲线线段上，每个锚点都带有一两个方向线。

（2）方向点：标记方向线的结束端。

（3）方向线：方向线是由锚点引出的曲线的切线，其倾斜度控制曲线的弯曲方向，长度则控制曲线的弯曲幅度。

锚点、方向点、方向线是路径的基本构成要素，其示意图如图 6-1 所示。

图 6-1　路径基本构成示意图

6.2　相关路径工具

路径操作工具主要包括路径建立工具："钢笔工具" 、"自由钢笔工具" 、"添加锚点工具"、"删除锚点工具"、"转换点工具"、和各种形状工具等；路径选择工具包括："路径选择工具"、和"直接选择工具"、。

6.2.1　钢笔工具

使用"钢笔工具"可以直接产生直线路径和曲线路径。"钢笔工具"的属性栏如图 6-2 所示。选择属性栏中的"自动添加/删除"复选框，在创建路径的过程中光标有时会自动变成或，提示用户增加或删除锚点，以精确控制创建的路径。

图 6-2　钢笔工具的属性栏

使用钢笔工具在图像中建立第一个锚点时光标为，以后单击一次鼠标，就会建立一个路径锚点，连续在不同的位置单击鼠标建立锚点的同时，系统会依次在锚点间连接直线形成路径。若要建立曲线路径，可在单击后拖动鼠标，产生方向线及方向点，拖动方向点改变方向线方位，在锚点间的曲线会随之变化，释放鼠标即可。

若按下形状按钮，属性栏将变为如图 6-3 所示的状态。

图 6-3　按下形状按钮后钢笔工具的属性栏

按下形状按钮后，在钢笔工具的属性栏中除了"自动添加/删除"复选框外，还多了"样式"和"颜色"两个选项。这时，用户创建的路径将自动形成形状图，其他操作与创建工作路径时相同。

利用钢笔工具绘制完成某一锚点时，该锚点两端会有一对呈 180° 的方向线，释放鼠标按钮，按住 Alt 键单击绘制好的锚点或者选择工具箱中的转换点工具。此时方向线会折断，该锚点两端的方向线各自独立，不受另一条方向线的影响。利用普通钢笔工具创建的工作路径和自定义形状的实例效果如图 6-4 和图 6-5 所示。

图 6-4　路径效果

图 6-5　形状效果

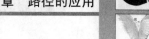

使用下列方法可以根据需要改变锚点的位置。

（1） 使用锚点后，每按下一次键盘上的方向键可以将选中的锚点向对应方向移动一个像素。

（2） 按住 Shift 键不放，每按下一次方向键可以将选中的锚点向对应方向移动 10 个像素。

（3） 按住 Alt 键不放，每按下一次方向键可以将选中的锚点向对应方向移动 1 个像素，并复制该锚点。

（4） 按住组合键"Shift+Alt"，每按下一次方向键可以将选中的锚点向对应方向移动 10 个像素，并复制该锚点。

（5） 按住 Shift 键不放，移动锚点时，将锚点的建立限制在水平、45º 和垂直范围内。

（6） 按住 Ctrl 键不放，可将 🖉.工具转换为 ▶.工具。

"钢笔工具" 🖉.主要有以下功能。

1． 绘制直线路径

从工具箱中选择钢笔工具，按下属性栏中的"路径"按钮，进入创建工作路径的状态。在需要绘制路径的起始点单击鼠标，即可创建第一个锚点。在确定下个锚点之前，第一个锚点就会保持选取状态，呈黑色实心显示，如图 6-6 所示。确定线段下一点的位置，并在此位置上单击，即可创建一条线段，如图 6-7 所示。此时，第一个锚点会呈空心显示，表示非编辑状态。若要结束路径的绘制，单击工具箱中的钢笔工具图标即可。此时，若再次在图像中单击鼠标，将会另外创建路径。

图 6-6 进入创建工作路径模式

图 6-7 创建一条线段

2． 绘制曲线路径

选用钢笔工具在确定的起始位置按住鼠标按钮，当第一个锚点出现时，沿曲线被绘制的方向拖动。此时，指针会变为一个三角形，并导出两个方向点中的一个，如图 6-8 所示。将指针放在曲线结束的位置，按住鼠标左键并沿相反的方向拖动，完成曲线路径的绘制，如图 6-9 所示。若要创建曲线的下一个平滑线段，将指针放在下个线段结束的位置，然后拖动鼠标创建下一曲线，如图 6-10 所示。若要结束开放路径，单击工具箱中的钢笔工具图标即可。此时，若再次在图像中单击鼠标，将会创建另外的路径。对称曲线锚点两端的线段是一对呈 180°、长度相同的方向线，可以改变其长短，从而改变锚点间曲线的斜率。在绘制过程中按住 Ctrl 键，当光标变成 ↖ 来拖动方向点时，即可改变方向线的长短。

图 6-8　拖动锚点

图 6-9　完成曲线绘制

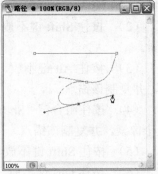
图 6-10　创建一段平滑线段

3.　绘制闭合路径

如果要绘制闭合的路径，可以将光标移动到第一个锚点处，即路径的起始点，使光标形状曲 ♦ 变成 ♦。单击鼠标即可建立封闭的路径。

6.2.2　自由钢笔工具

自由钢笔工具的图标为 ，选中此工具，其属性栏如图 6-11 所示。单击 ▼ 按钮后弹出的下拉菜单中出现自由钢笔选项。

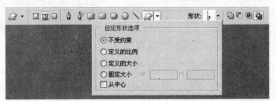
图 6-11　自由钢笔工具属性栏

使用该工具时，按住鼠标左键并自由拖动鼠标，将按光标移动的轨迹生成路径。利用该工具可以创建不规则的、任意形状的路径，如图 6-12 所示。

图 6-12　使用磁性钢笔工具绘制路径

若要建立封闭路径，将鼠标移回到起始点处，使光标形状由变成，单击鼠标即可建立封闭的路径。若在属性栏中按下"形状"按钮，其选项设置与普通钢笔工具相同，这里不再介绍。

6.2.3 形状工具

在工具箱中的图标处单击鼠标并按住不放，将显示出相关的形状描绘工具，如图6-13 所示。在形状绘制工具组中包括："矩形工具"、"圆角矩形工具"、"椭圆工具"、"多边形工具"、"直线工具"，以及"自定义形状工具"，共 6 种工具。

图 6-13 形状绘制工具组

利用各种形状描绘工具，用户可在图像中绘制出直线、矩形、圆角矩形、椭圆等图形形状，也可绘制多边形和自定义形状图形。

1. 矩形工具的使用

选择工具箱中的矩形工具，此时的属性栏如图 6-14 所示。

图 6-14 矩形工具的属性栏

在中，可用鼠标单击某按钮，在钢笔工具以及各种形状工具之间进行切换。选择了相应的工具后，单击右侧的向下箭头按钮，设置相关的工具参数，如图6-15 所示。

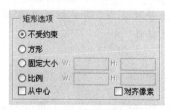

图 6-15 矩形工具相关参数

2. 直线工具的使用

选择"直线工具"，其属性栏如图 6-16 所示。

图 6-16 直线工具的属性栏

单击中的按钮，可打开箭头工具下拉列表，如图 6-17 所示。

图6-17 箭头下拉列表

提示 "凹度"参数需要注意的是：设置箭头最宽处的弯曲程度，其取值在-50%~50%之间，正值为凹，其中设置参数为50%时，效果如图6-18中的D线所示。负值为凸，其中参数设置为-50%时，效果如图6-20中的E线所示。

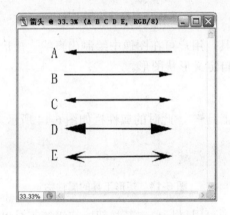

图6-18 绘制箭头

提示 在使用形状工具绘制图形的过程中，若需要使用另一种填充颜色，则必须先将当前形状图层转换为普通图层，用鼠标右击形状图层，在弹出的菜单中选择"栅格化图层"命令将其转化。

3. 圆角矩形工具的使用

选择"圆角矩形工具" ，其属性栏与矩形工具的属性栏大致相同，如图6-19所示。

图6-19 圆角矩形工具栏的属性栏

提示 用于设置所绘制矩形的四角的圆弧"半径"，输入的数值越小，四个角越尖锐。

单击属性栏上的"小三角形"按钮 ，打开圆角矩形工具的下拉列表，如图 6-20 所示。拖动鼠标随意绘制一个圆角矩形图形，结果如图 6-21 所示。

 提示　其中的参数与矩形工具下拉列表中的完全一样。

图 6-20　圆角矩形下拉列表

图 6-21　绘制圆角矩形图形

4．椭圆工具的使用

选择"椭圆工具" ，属性栏与矩形工具的属性栏相似，其下拉列表也相似，如图 6-22 所示，只是其中的"圆"选项用于绘制正圆形。拖动鼠标随意绘制一个椭圆图形，结果如图 6-23 所示。

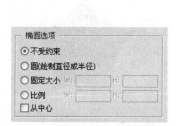

图 6-22　椭圆选项下拉列表

图 6-23　绘制椭圆图形

5．多边形工具的使用

选择工具箱中的"多边形工具" ，其属性栏如图 6-24 所示。

图 6-24　多边形属性栏

打开下拉列表框，如图 6-25 所示，参数介绍如下。

图 6-25 下拉菜单

绘制一个边数值为 5 cm、半径值为 10 cm 的多边形，结果如图 6-26 所示。

图 6-26 绘制普通的多边形图形

绘制设置与图 6-26 中图形的同样参数，且缩进边比例为 50%的星形图形，结果如图 6-27 所示。绘制设置同样参数（且选中"平滑缩进"复选框）的图形，结果如图 6-28 所示。

图 6-27 缩进比例为 50%的效果

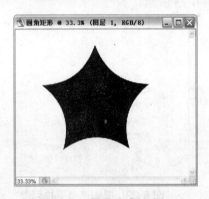

图 6-28 平滑缩进效果

6. 自定义形状工具的使用

选择工具箱中的"自定义形状工具" ，其属性栏如图 6-29 所示。

图 6-29 自定义形状工具的属性栏

其中"自定义形状选项"下拉列表框和"形状"下拉列表框与其他形状工具的属性栏

有所不同，如图 6-30 和图 6-31 所示。利用定义形状工具绘制一些自定义图形，效果如图 6-32 所示。

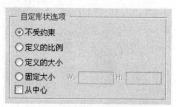

图 6-30 自定义形状选项

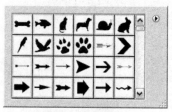

图 6-31 形状列表

图 6-32 绘制自定义图形效果

6.2.4 编辑锚点工具

锚点的编辑处理可以修改和调整路径形状。它们主要包括使用 、 、和 工具来添加锚点、删除锚点、转换锚点等。

使用添加"锚点工具" ，在路径的某段上可添加新锚点。使用"删除锚点工具" ，单击鼠标即可删除该锚点。添加和删除锚点如图 6-33 到图 6-36 所示。

图 6-33 原路径

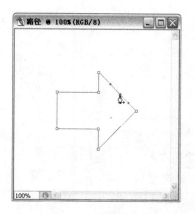

图 6-34 添加锚点

图 6-35　拖动锚点

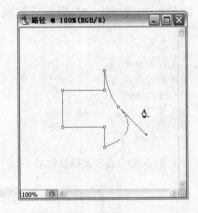
图 6-36　删除路径

选择"转换锚点工具" ，通过单击或拖动鼠标来改变路径的形状，使用转换锚点工具改变路径的过程如图 6-37 和图 6-38 所示。

图 6-37　选择锚点

图 6-38　拖动锚点

还有一种调整路径的形状的方法。在路径中右击，在打开的快捷菜单中选择"自由变换路径"命令。在路径外围出现控制框，如图 6-39 所示。

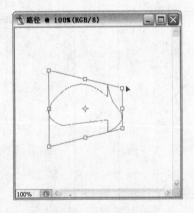
图 6-39　自由变换路径

执行"编辑"|"自由变换路径"命令也可对路径进行变换，还可以按组合键
"Ctrl+T"来实现操作。

利用鼠标可调整路径的位置，进行拉伸、旋转等变形处理，如图 6-40 所示。要结束操作，可用鼠标在路径中双击或按 Enter 键，处理后的效果如图 6-41 所示。

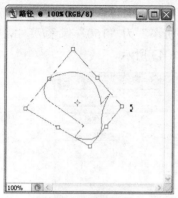

图 6-40 旋转路径　　　　图 6-41 路径的自由变换效果

6.3 路径的实例应用——心形天使

本节将绘制一个可爱的天使形象，该图像是直接采用路径工具绘制，然后将其转化为曲线并填充颜色为蓝色。通过制作该案例可举一反三制作出更多其他的卡通案例。

6.3.1 创意分析

本例制作一幅"心形天使"（路径.psd）。本案例主要运用绘制路径的必备工具——"钢笔工具"，配合属性栏上的各种按钮制作出"心形天使"的轮廓形状，然后将路径转化为选区填充相应的颜色即可。

6.3.2 最终效果

本例制作完成后的最终效果如图 6-42 所示。

图 6-42 最终效果

6.3.3　制作要点及步骤

◆ 新建文件，绘制路径外轮廓。

◆ 从路径区域中减去路径。

◆ 将路径转换为选区，填充颜色。

01 执行"文件"|"新建"命令，打开"新建"对话框，设置"名称"为"路径"，"宽度"为"10"cm，"高度"为"8"cm，"分辨率"为"150"像素/英寸，"颜色模式"为"RGB 颜色"，"背景内容"为"白色"，如图 6-43 所示。

图 6-43　新建文件

02 选择工具箱中的"钢笔工具" ，在属性栏中单击"路径"按钮，绘制如图 6-44 所示的路径。

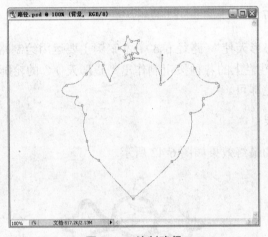

图 6-44　绘制路径

03 选择工具箱中的"钢笔工具" ，在属性栏中单击"从路径区域减去"按钮，绘制如图 6-45 所示的路径。

图 6-45　绘制路径

04 选择工具箱中的"钢笔工具" ，绘制如图 6-46 所示的路径。

图 6-46　绘制路径

05 用同样的方法绘制如图 6-47 所示的路径。

图 6-47　绘制路径

06 选择工具箱中的"钢笔工具" ![钢笔图标]，在属性栏中单击"添加到路径区域"按钮 ![按钮图标]，绘制如图 6-48 所示的路径。

图 6-48 绘制路径

07 新建"图层 1"，设置"前景色"为紫色（R:131，G:39，B:174）。按组合键"Ctrl+Enter"，将路径转换为选区，并按组合键"Alt+Delete"，填充选区颜色如图 6-49 所示。按组合键"Ctrl+D"取消选区。

图 6-49 填充选区颜色

6.4 小结

本章主要讲解了路径的相关概念、术语、钢笔工具的使用、形状工具的使用、编辑锚点的使用等。通过练习和掌握本章的重点，读者可以尝试绘制一些与路径有关的卡通形象、实物造型等相关内容。

第 7 章　通道和蒙版

通道与蒙版是 Photoshop 中比较有特色的内容，也是最难理解的内容。通道主要是用做保存颜色数据、每个单色都被定义成了一个通道，如一个 RGB 模式的彩色图像就将包括 RGB、R、G、B 4 个通道，在进行图像处理的过程中，可以对每个通道进行不同的操作。而蒙版就如同蒙在图像上用来将图像的某部分分离，可以隔离和保护图像的其余区域。

7.1　通道

在 Photoshop 软件中，打开图像后即会自动创建颜色信息通道。如果图像有多个图层，则每个图层都有自身的一套颜色通道，但是通道的数量取决于图像的模式，与图层的多少无关。

通道的功能根据其所属类型不同而不同。在 Photoshop 中有 3 种通道类型：第 1 种是原色通道，用于描述图像色彩信息；第 2 种是 Alpha 通道，用于存储选择范围；第 3 种是专色通道，用于记录专色信息，指定用于专色（如银色、金色及特种色等）油墨印刷的附加印版。而 RGB 则是复合通道，如图 7-1 所示。

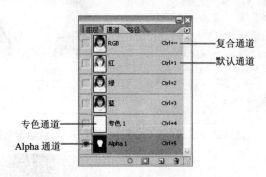

图 7-1　通道的类型

 只有以支持图像颜色模式的格式，如 PSD、PDF、PICT、TIFF 等格式存储文件时才能保留 Alpha 通道。以其他格式存储文件可能会导致通道信息丢失。

在默认情况下，原色通道以灰度显现图像。若要使原色通道以彩色显示，可执行"编辑"|"首选项"|"显示与光标"命令，打开"首选项"对话框，选择"通道用原色显示"复选框，如图 7-2 所示，各原色通道就会以彩色显示，如图 7-3 所示。相反，未选择该复选框，则会以灰度显示。

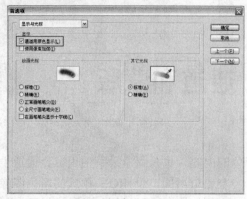

图 7-2　设置"首选项"对话框

图 7-3　彩色显示默认通道

7.1.1　颜色通道

Photoshop 软件处理的图像都有一定的颜色模式,不同的颜色模式表示图像中像素点采用不同颜色的描述方法。不同的颜色模式具有不同的原色组合。比如 RGB 图像中的红色通道就是由图像中所有像素点的红色像素信息组成的。绿色通道就是由图像中的所有像素点的绿色像素信息组成的。R、G、B 通道中不同的信息以不同的比例组合会使图像呈现不同的颜色变化。如图 7-4 至图 7-9 所示。

图 7-4　选择红色通道

图 7-5　红色像素范围

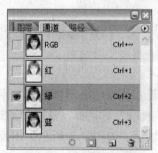

图 7-6　选择绿色通道

图 7-7　绿色像素范围

图 7-8 选择蓝色通道

图 7-9 蓝色像素范围

7.1.2 Alpha 通道

Alpha 通道主要用于存储选择范围。可以再次载入选区进行编辑是其最大的特点。使用下列任意方法均可创建 Alpha 通道。

（1）单击通道面板中的"创建新通道"按钮 。

（2）单击通道面板右上角的三角形按钮 ，在弹出的快捷菜单中选择"新建通道"选项，打开如图 7-10 所示的对话框，单击确定按钮即可创建一个 Alpha 通道。

图 7-10 "新建通道"对话框

（3）创建一个选区，执行"选择"|"存储选区"命令，打开"存储选区"对话框，如图 7-11 所示，若不输入名称，则会自动以 Alpha1 名称存储。

图 7-11 "存储选区"对话框

（4）在图像上创建一个选区，单击"将选区存储为通道"按钮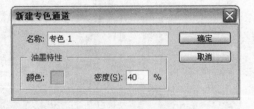，将选区存储为通道，该通道为 Alpha 通道，如图 7-12 和图 7-13 所示。

图 7-12　创建选区

图 7-13　通道面板

7.1.3　专色通道

专色就是除了 CMYK 以外的特殊颜色。如果要印刷带有专色的图像，就需要在图像中创建一个存储这种颜色的专色通道。专色通道是特殊的油墨，比如金、银色以及一些特别要求的专色。每一个专色通道都会以单独的胶片输出。

1.　建立专色通道

建立专色通道的方法是：单击通道面板右上方的三角形按钮，打开快捷菜单并选择"新专色通道"命令或按住 Ctrl 键单击"建立新通道"按钮，打开"新建专色通道"对话框。如果在建立专色通道前图像已有选区，则该区域会加入专色通道，如图 7-14 和图 7-15 所示。

图 7-14　在图像上建立选区

图 7-15　"新建专色通道"对话框

（1）名称：在该文本框中设置新专色通道的名称。

（2）颜色：单击颜色块可以打开"拾色器"对话框，选择油墨的颜色。单击"拾色器"对话框中的"自定义"按钮,在打开的"自定颜色"对话框的色表栏中选择色表系统,一般选择常用的 PANTONE Coated 系统。

(3)　密度:在该文本框中可以输入 0%～100%的数值来确定油墨的密度,数值越大颜色越不透明。密度只是用来在屏幕上显示模拟打印专色的密度,并不影响打印输出的效果。数值 100%模拟完全覆盖下层油墨的油墨(如金属质感油墨);0%模拟完全显示下层油墨的透明油墨(如透明光油),也可以用该选项查看其他透明专色的显示位置,如图 7-16 和图 7-17 所示。

图 7-16　专色通道在图像中的效果　　　　图 7-17　通道面板中的专色通道

2.　将 Alpha 通道转换为专色通道

除了使用通过新建的方法得到专色通道外,还可以将 Alpha 通道转换为专色通道。

选择 Alpha 通道,执行通道面板快捷菜单中"通道选项"命令或者直接双击 Alpha 通道名称,打开"通道选项"对话框,如图 7-18 所示。

图 7-18　"通道选项"对话框

(1)　名称:在该文本框中设置转换后的通道名称。

(2)　色彩指示:在该栏中选择专色。

(3)　颜色:在该栏中设置专色的颜色和不透明度。

设置完毕后,单击"确定"按钮,即可将 Alpha 通道转换为专色通道。

7.1.4 通道的基本操作

通道的操作通常在通道面板中完成，包括复制通道、分离通道、合并通道等。下面就分别介绍这些操作方法。

1. 通道面板

通过控制通道面板中"指示通道可视性"按钮 显示或隐藏通道。按住 Shift 键单击需要选择的通道，可以加选多个通道。执行"窗口"｜"通道"命令，可以显示通道面板，如图 7-19 和图 7-20 所示。

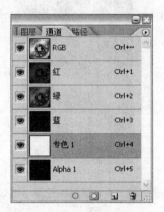

图 7-19　原图像　　　　　　　　图 7-20　该图像的通道面板

（1）　载入选区：单击此按钮，可将当前通道中的内容转换为范围或者将某一通道内容直接拖至该按钮上建立选取范围。

（2）　保存选区：单击此按钮，可以将当前图像中的选取范围转变成蒙版保存到一个新增的 Alpha 通道中。

保存选区的功能与执行"选择"｜"存储选区"命令的效果是相同的。

（3）　新建通道：单击此按钮，可以快速建立一个新通道。

（4）　删除通道：单击此按钮，可以删除当前通道，使用鼠标拖动通道到该按钮上也可将其删除。

2. 复制通道

在同一文件中可以复制通道，也可以将通道复制到另一个新文件或其他打开的文件中。

在通道面板中选择需要复制的通道，单击通道面板右上角的三角形 按钮，在打开的快捷菜单中选择"复制通道"命令，打开"复制通道"对话框，如图 7-21 所示。

图 7-21　"复制通道"对话框

（1）　"为"文本框：输入新通道的名称。

（2）　"文档"：在这一栏里列出了打开过的图像文件名称，可以从中选择将目标文件的名称，如过选择"新建"项，则可创建一个新的图像文件，并将选中的通道复制到该文件中。

（3）　"名称"：设置新建文档的名称。

（4）　"反相"：将原通道中的内容反相后复制到新通道中。对 Alpha 通道进行反相操作相当于对选区进行反选操作。

此外，将需要复制的通道拖动到通道面板底部的"创建新通道"按钮 上，系统会使用默认的名称和设置来复制通道。

3.　分离通道

分离通道是指将图像的每个通道分离为一个单独的图像。分离通道只能针对已拼合的图像。分离通道的操作非常简单，只需打开通道面板右上方的三角形按钮，选择快捷菜单中的"分离通道"命令即可。例如，对图 7-22 和图 7-23 所示的 RGB 图像文件进行分离通道操作后，结果如图 7-24 至图 7-26 所示。可以看到原来的图像文件已被关闭，而原图中的 3 个原色通道各自生成为一个新的图像文件，并在图像名称后添加 R、G 或 B 以示区分。

图 7-22　原始图像

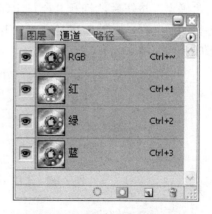

图 7-23　该图像的通道面板

图 7-24　R 通道图像文件

图 7-25　G 通道图像文件

图 7-26　B 通道图像文件

4．合并通道

合并通道与分离通道的操作刚好相反，该操作可以将多个灰度模式的图像作为不同的通道合并到一个新图像中。

某些灰度扫描仪可以通过红色滤镜、绿色滤镜扫描彩色图像，生成红色、绿色和蓝色的图像。

将各通道图像打开，选择通道面板快捷菜单中的"合并通道"选项就可以进行合并。选择该命令后会打开"合并通道"对话框，如图 7-27 所示，在模式下拉列表中可以指定合并后图像的色彩模式，在通道文本框内可以指定合并的通道数量。

图 7-27　"合并通道"对话框

单击"确定"按钮后，打开"合并 RGB 通道"对话框，分别为红、绿、蓝三原色通道选择各自的源文件，如图 7-28 所示。单击该对话框中的确定按钮即可将通道的图像合并起来，形成新的图像。

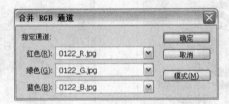
图 7-28　"合并 RGB 通道"对话框

在进行通道合并时，各源文件的分辨率和尺寸必须相同，否则不能进行合并。如果要合并多通道图像，得到的所有通道都是 Alpha 通道。

5. 使用通道混合器

通道混合器实际上是一种色彩调整工具。通道混合器调整色彩的原理是在通道中按不同比例混入现有原色通道中的内容。例如，对于 RGB 图像，可以指定在红色通道中混入一些蓝色通道和绿色通道中的内容。

使用通道混合器调整色彩时，首先应确认在通道面板中选中了复合通道，否则不能使用通道混合器。执行"图像"|"调整"|"通道混合器"命令，打开"通道混合器"对话框，如图 7-29 所示。

图 7-29　"通道混合器"对话框

（1）输出通道：表示列表框中选择要在哪个通道中混入现有各原色通道中的内容。

（2）源通道：拖动各原色通道对应的滑块调整各原色通道，在指定的输出通道中所占的百分比。

（3）常数：拖动滑块调整输出通道的亮度。

（4）单色：选择此复选框，系统会对每个输出通道应用相同的设置，从而使图像变为灰度图像。

当设置完毕后，单击"确定"按钮，即可将原有的各原色通道混合输出到新的原色通道中。

7.2　通道的实例应用——浮雕效果

本节通过制作一幅卡通形象的浮雕效果着重讲述通道的使用方法。在此使用的浮雕效果与图层样式中的浮雕效果是有区别的。所以读者在理解了本例的使用方法以后，在艺术创作中可以选择性地使用适合的方法处理。

7.2.1　创意分析

本例通过通道制作了一幅"浮雕效果"（通道浮雕.psd）。本例将运用到"光照效果"命令将通道中深浅不一的颜色以浮雕的形式表现到图层中，然后又利用"通道混合器"命令，通过调整各通道的参数，制作出自己想要的颜色效果。

● 7.2.2　最终效果

本例制作完成前与完成后的效果如图 7-30 和图 7-31 所示。

图 7-30　处理前的效果　　　　图 7-31　处理后的效果

● 7.2.3　制作要点及步骤

◆　打开素材文件。

◆　利用通道照射出浮雕效果。

◆　改变通道的颜色，调整出最终的颜色效果。

01　执行"文件"｜"打开"命令，选择对话框中的"素材.tif"文件，如图 7-32 所示。

02　执行"滤镜"｜"光照效果"命令，打开"光照效果"对话框，设置"强度"为
"35"，"纹理通道"为"绿"，在预览框中拖动光照范围如图 7-33 所示。

 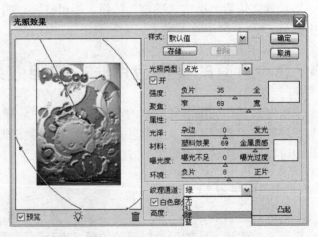

图 7-32　处理前的效果　　　　图 7-33　"光照效果"对话框

03　单击"确定"按钮，效果如图 7-34 所示。

04 执行"图像"｜"调整"｜"通道混合器"命令，打开并调整对话框参数，如图 7-35 所示。

图 7-34　光照效果

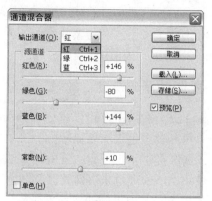

图 7-35　"通道混合器"对话框

05 选择"输出通道"中的"绿"调整参数如图 7-36 所示。

06 选择"输出通道"中的"蓝"调整参数如图 7-37 所示。

图 7-36　"通道混合器"对话框

图 7-37　"通道混合器"对话框

07 单击"确定"按钮，最终效果如图 7-38 所示。

图 7-38　最终效果

7.3 蒙版

本节主要讲解了 4 个方面与蒙版有关的内容，其中包括：蒙版的基本概念、使用图层蒙版、使用矢量蒙版、使用快速蒙版。

7.3.1 蒙版的基本概念

蒙版实际上是一种屏蔽，可以将一部分图像区域保护起来。当选中通道面板中的蒙版通道时，前景色和背景色以灰度显示。

Photoshop CS 提供了 3 种建立蒙版的方法。

（1）使用 Alpha 通道来存储选区和载入选区，以作为蒙版的选择范围。

（2）使用工具箱中提供的快速蒙版模式对图像建立一个暂时的蒙版，以方便对图像进行快速修饰。

（3）利用图层面板下方的蒙版按钮添加某图层蒙版。

在工具箱中有两个图标，如图 7-39 所示。左边的用于表示以标准模式编辑状态；右边的用于表示以快速蒙版模式编辑状态。双击快速蒙版图标，可打开"快速蒙版选项"对话框，如图 7-40 所示。

 提示　它可以对选择区域进行快速修改的方式，大多用于较难选择的区域。首先通过选框工具建立大致的选区，然后单击工具箱中的"以快速蒙版模式编辑"按钮，没有选中的区域便会蒙上红色，这时就可以通过工具箱中的各种工具进行细致的修改。修改完成后，单击工具箱中的"以标准模式编辑"按钮，回到正常编辑状态，也可按下"Q"键在两种模式间切换。

图 7-39　快速蒙版按钮　　　　图 7-40　"快速蒙版选项"对话框

7.3.2 使用图层蒙版

图层蒙版是一个 8 位灰度图像，黑色表示图层的透明部分，白色表示图层的不透明度部分。灰色表示图层中的半透明部分。编辑图层蒙版，实际上就是对蒙版中黑、白、灰 3 个色彩区域进行编辑。

 提示　使用图层蒙版可以控制图层中的不同区域被隐藏或显示。通过更改图层蒙版，可以将大量特殊效果应用到图层，而不会影响该图层上的像素。

（1）创建图层蒙版

利用工具箱中的任意一种选择区域工具在打开的图像中绘制选择区域，然后选择"图层"菜单中的"添加图层蒙版"命令，即可得到一个图层蒙版。

另外还有一种情况，在图像中具有选择区域的状态下，在图层面板中单击  按钮可以为选择区域以外的图像部分添加蒙版。如果图像中没有选择区域，单击 按钮可以为整个画面添加蒙版，为图层添加蒙版后的图层面板如图 7-41 所示。

图 7-41　图层蒙版

不能为背景图层添加蒙版。当需要给一个背景图层添加蒙版时，可以先将背景图层转换为普通图层，然后再创建蒙版。

（2）关闭、删除和应用蒙版

为某图层添加蒙版后，执行"图层"|"图层蒙版"|"停用"命令，可以将蒙版关闭；执行"删除"命令，删除图层蒙版；执行"应用"命令，可以应用当前蒙版效果，同时将图层面板中的蒙版删除。

（3）编辑图层蒙版

单击图层控制面板中图层的缩略图，使蒙版处于编辑状态，蒙版图标会显示在图层面板上。

编辑图层蒙版配合使用"渐变填充工具"、"画笔工具"等。编辑图层蒙版的方法是：首先在图像窗口中建立一个选区，在图层面板中单击 按钮，为图层添加蒙版，选择渐变工具，使用径向渐变方式为蒙版填充从黑到白的渐变色，如图 7-42 至图 7-44 所示。

图 7-42　创建选区

图 7-43　为蒙版填充径向渐变色

图7-44　图像效果

● 7.3.3　使用矢量蒙版

矢量蒙版是通过钢笔或形状工具创建的蒙版，与分辨率无关。下面就矢量蒙版的添加、删除以及转换为图层面板等方面进行讲述。

（1）添加和删除矢量蒙版

在图层面板中，选择要添加矢量蒙版的图层。执行"图层"|"添加矢量蒙版"|"隐藏全部"命令，在路径面板中会自动添加一个矢量蒙版。添加矢量蒙版后，就可以绘制显示形状内容的矢量蒙版，就可以使用形状工具或钢笔工具直接在图像上绘制路径。

矢量蒙版同图层蒙版一样，也可以显示或隐藏。按住Shift键的同时，单击矢量蒙版的缩略图，或执行"图层"|"停用矢量蒙版"即可隐藏蒙版，此时蒙版缩略图变成⊠图标。如果要彻底删除矢量蒙版，则执行"图层"|"删除矢量蒙版"命令或拖动图层面板上的剪贴路径蒙版到🗑图标上，并在打开的询问对话框中单击应用按钮即可。

（2）将矢量蒙版转换为图层蒙版

将矢量蒙版转换为图层蒙版，目的是为了栅格化蒙版，从而可以使用绘图工具编辑蒙版。首先选择图层面板中的矢量蒙版，然后执行"图层"|"栅格化"|"矢量蒙版"命令即可。但是矢量蒙版经栅格化后，无法再将其改回为矢量对象。

矢量蒙版和图层蒙版是可以同时存在的，可以使用这两种蒙版对图像局部的不透明度进行设置。

● 7.3.4　使用快速蒙版

快速蒙版是一种临时蒙版，使用快速蒙版不会对图像进行修改，只建立图像的选区。可以在不使用通道的情况下快速地将选区范围转为蒙版，然后在快速蒙版编辑模式下进行编辑，当转为标准编辑模式时，未被蒙版遮住的部分变成选区范围。

在工具箱的下端有⬜⬜两种模式按钮，左边的按钮为标准模式，右边的按钮为快速蒙版模式。连续按"Q"键可在这两种模式之间切换。

在快速蒙版作为一个8位的灰度图像来编辑时，可使用绘制、选区、擦除、滤镜等各种编辑工具，建立更复杂的蒙版。如图 7-45 所示，在图中已经建立了的一个选区，但还不太准确，下面就使用快速蒙版将花朵完整地选取下来。在工具箱中单击快速蒙版按钮 切换到快速蒙版编辑模式，如图 7-46 所示。

图 7-45　建立选区　　　　　　　图 7-46　切换到快速蒙版编辑模式

在默认情况下，选区外的范围被 50%的红色蒙版遮挡。可以使用绘图工具对蒙版范围进行编辑，例如使用"画笔工具"将要选取的范围擦除，用"画笔工具"对选取范围填颜色。还可以使用滤镜和图像调整命令对蒙版范围进行编辑。使用绘图工具调整蒙版时应注意，当前景色为白色时，使用绘图工具涂抹图像将清除蒙版，使选区扩大；当前景色为黑色时，涂抹图像可增加蒙版。图 7-47 所示的图像为使用绘图工具编辑蒙版后的效果

编辑完成后，单击工具箱中的标准模式编辑按钮 ，切换到标准模式，会得到一个比较精确的选取范围，如图 7-48 所示。

图 7-47　使用绘图工具编辑蒙版后的效果　　图 7-48　切换成标准编辑模式后的效果

 从快速蒙版模式切换到标准模式时，Photoshop 会将颜色灰度值大于 50%的像素转换为被遮盖区域，而颜色灰度值小于或等于 50%的像素转换为选取范围。

7.4 蒙版的应用实例——手机广告

本节将以一个简单的手机广告制作来体现蒙版的应用。读者通过制作本案例可以学习到蒙版的建立、编辑等各方面的内容。希望读者能够通过操作本案例巩固所学基础知识。当然如果还希望更进一步的练习，可以选择类似的案例进行练习。

● 7.4.1 创意分析

本例制作一幅"手机广告"（手机广告.psd）。其中包含"旋转扭曲"命令、添加图层蒙版、编辑蒙版、变形文字、图层样式等以前学习的基础知识，当然也有本章所介绍的蒙版知识。

● 7.4.2 最终效果

本例制作完成后的最终效果如图 7-49 所示。

图 7-49　最终效果

● 7.4.3 制作要点及步骤

◆ 新建文件，制作背景图案。

◆ 导入图片，为图片添加蒙版。

◆ 添加广告文字信息。

01 执行"文件"｜"新建"命令，打开"新建"对话框，设置"名称"为"手机广告"，"宽度"为"7"cm，"高度"为"15"cm，"分辨率"为"96"像素/英寸，"颜色模式"为"RGB"，"背景内容"为"白色"，如图 7-50 所示。

图 7-50　新建文件

02 设置"前景色"为蓝色（R:23，G:105，B:179），按组合键"Alt+Delete"，填充颜色如图 7-51 所示。

图 7-51　填充颜色

03 执行"文件"|"打开"命令或按组合键"Ctrl+O"，打开如图 7-52 所示的素材图片"星空.tif"。

04 选择工具箱中的"移动工具" ，将图片拖动到"手机广告"文件窗口中，图层面板自动生成"图层 1"，调整图形如图 7-53 所示。

图 7-52　打开素材图片

图 7-53　导入图片

111

05 执行"滤镜"|"扭曲"|"旋转扭曲"命令,打开"旋转扭曲"对话框,设置参数如图 7-54 所示,单击"确定"按钮。

06 选择"图层 1",单击图层面板上的"添加图层蒙版"按钮 ,为图层添加蒙版如图 7-55 所示。

图 7-54 设置"旋转扭曲"对话框　　　　图 7-55 添加图层蒙版

07 选择工具箱中的"渐变工具" ,按"D"键恢复前景与背景的默认颜色,按住 Shift 键从下到上拖动鼠标,渐变蒙版如图 7-56 所示。

08 执行"文件"|"打开"命令或按组合键"Ctrl+O",打开如图 7-57 所示的素材图片"手机.tif"。

图 7-56 渐变蒙版　　　　　　图 7-57 打开素材图片

09 选择工具箱中的"移动工具" ,将图片拖动到"手机广告"文件窗口中,图层面板自动生成"图层 2",调整图形如图 7-58 所示。

10 选择工具箱中的"魔棒工具" ,在蓝色部分单击鼠标左键,选择蓝色部分如图 7-59 所示。

图 7-58 导入图片

图 7-59 选择蓝色部分

11 按组合键"Ctrl+Shift+I"反选选区,单击图层面板上的"添加图层蒙版"按钮  ，为图层添加蒙版,如图 7-60 所示。

图 7-60 添加图层蒙版

12 双击"图层 2",打开"图层样式"对话框,在对话框中选择"外发光"复选框,设置参数如图 7-61 所示,单击"确定"按钮。

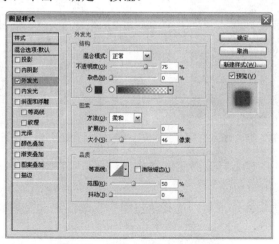

图 7-61 设置"外发光"复选框

13 执行"文件"|"打开"命令或按组合键"Ctrl+O",如图 7-62 所示的素材图片"标志.tif"。

14 选择工具箱中的"移动工具" ，将图片拖动到"手机广告"文件窗口中，图层面板自动生成"标志"图层，调整图形如图 7-63 所示。

图 7-62 打开素材图片   图 7-63 导入图片

15 选择工具箱中的"横排文字工具" $\boxed{\text{T}}$，设置"前景色"为黑色（R:255，G:255，B:255），输入文字如图 7-64 所示。

16 单击属性栏上的"创建文字形状"按钮 $\boxed{\text{工}}$，打开"变形文字"对话框，在"样式"下拉列表中，选择"旗帜"样式。设置其他参数如图 7-65 所示。单击"确定"按钮。

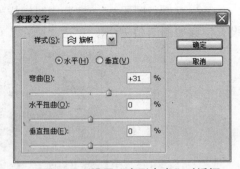

图 7-64 输入文字   图 7-65 设置"变形文字"对话框

17 双击"文字"图层，打开"图层样式"对话框，在对话框中选择"描边"复选框，设置参数如图 7-66 所示。

18 设置完"描边"复选框后，选择"投影"复选框，设置参数如图 7-67 所示，单击"确定"按钮。

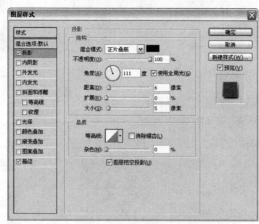

图 7-66 设置"描边"复选框

图 7-67 设置"投影"复选框

19 选择工具箱中的"横排文字工具" T，输入文字如图 7-68 所示。

20 双击"文字"图层，打开"图层样式"对话框，在对话框中选择"渐变叠加"复选框，设置参数如图 7-69 所示。

图 7-68 输入文字

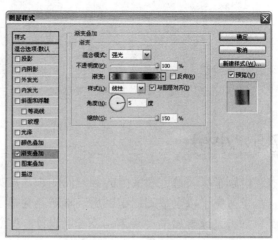

图 7-69 设置"渐变叠加"复选框

21 设置完"渐变叠加"对话框后，选择"描边"复选框，设置参数如图 7-70 所示，单击"确定"按钮。

22 选择工具箱中的"横排文字工具" T ，输入文字如图 7-71 所示。

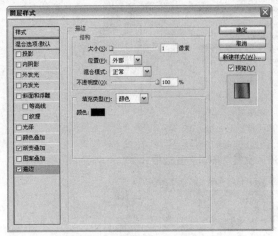

图 7-70 设置"描边"复选框   图 7-71 输入文字

23 双击"文字"图层，打开"图层样式"对话框，在对话框中选择"描边"复选框，设置参数如图 7-72 所示。单击"确定"按钮。

24 用同样的方法制作文字"描边"，最终效果如图 7-73 所示。

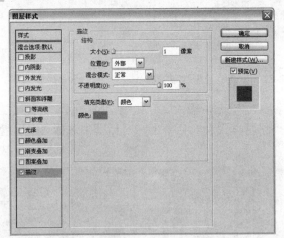

图 7-72 设置"描边"复选框   图 7-73 最终效果

7.5 小结

本章讲解了有关通道和蒙版的各方面知识，比如通道的分类、通道的操作、蒙版的分类等。在学习完了以上基础知识以后，本章还穿插了两个实例融汇了部分基础知识，以便巩固所学知识。读者如果有兴趣，还可以设计一些新的案例，将实例中没有包括进去的知识点再一次进行练习。

第8章 图像的编辑

本章将重点介绍图像编辑方面的内容，比如图像的复制、图像的粘贴、定义图案、描边和填充、图像的变形操作、选区的编辑等。最后列举了一个与基础知识有关的实例，作为巩固基础知识的练习。

8.1 相关知识点介绍

在本节主要讲解图像复制、粘贴、定义图案、描边、填充、变形及选区的编辑等命令。这些命令是图像处理的关键，虽然难度不高，但是如果能熟练的掌握它们并配合相应的工具便可以创作出很多优秀的作品。

8.1.1 图像的复制和粘贴

图像的复制和粘贴命令主要包括"剪切"、"复制"、"粘贴"和"粘贴入"等，这些命令在实际工作中使用频率很高，而且要配合使用，即如果要复制图像，就必须先将复制的图像通过剪切或复制命令保存到剪贴上，然后再通过"粘贴"或"粘贴入"命令将剪贴板上的图像粘贴到指定的位置。

1. 复制

在 Photoshop 软件中复制图像时，可以先确定选择区域，然后选取菜单栏中的"编辑"|"拷贝"命令或按组合键"Ctrl+C"，即可将选择区域中的图像复制到剪贴板上。

2. 剪切

首先确定选择区域，然后选取菜单栏中的"编辑"|"剪切"命令或按组合键"Ctrl+X"，即可将选择区域中的图像通过剪切命令复制到剪贴板上。

复制和剪切命令虽然都可以复制图像，但它们在复制图像时具有不同的性质；使用剪切命令是将所选图像在原图像中剪切后，复制到剪贴板上，原图像中删除所选图像，原图像被破坏；复制命令是原图像不被破坏的情况下，将所选图像复制到剪贴板中。

3. 粘贴

将选择的图像通过复制或剪切到剪贴板上之后，选取菜单栏中的"编辑"|"粘贴"命令或按组合键"Ctrl+V"，可以将剪贴板上的图像粘贴到指定的文件中。

4. 粘贴入

确定当前图像文件中有选择区域，且要粘贴的对象已被复制到剪贴板中，选取菜单栏中的"编辑"|"粘贴入"命令或按组合键"Shift+Ctrl+V"，即可以将剪贴板中复制的图像粘贴到当前图像文件的选择区域中。

> "粘贴"和"粘贴入"命令虽然都可以将复制图像粘贴到指定文件中，但它们也具有不同的性质：使用"粘贴入"命令粘贴图像的前提条件是：指定文件中必须有选择区域。

8.1.2 定义图案、描边和填充

定义图案、描边和填充命令是制作特殊效果才使用的命令，它们的作用如下。

"定义图案"命令可以将选择区域中的图像进行定义，然后用来填充、制作底纹等纹理效果。

"描边"命令可以对画面中的图像或选择区域中的图像进行描边，可以根据自己的需要设置描边的颜色、粗细等选项。

"填充"命令可以对画面或选择区域填充颜色或图案以产生特殊效果。

将图像利用"定义图案"命令定义图案后，如图 8-1 所示，制作出的画面底纹效果如图 8-2 所示。

图 8-1 原始图片

图 8-2 定义图案填充后的效果

图像中文字使用"描边"命令前后的画面对比效果如图 8-3 和图 8-4 所示。

图像文件填充图案背后的画面效果如图 8-5 和图 8-6 所示。

> "定义图案"、"描边"和"填充"命令都在菜单命令"编辑"中存在。

图 8-3　原始图片

图 8-4　文字描边后的效果

图 8-5　原始图片

图 8-6　填充图案后的画面效果

8.1.3　图像的变形操作

利用"编辑" | "变换"菜单中的命令可以将当前图层或选择区域中的图像进行缩放、旋转、斜切、扭曲和透视等变形，此菜单命令功能强大，是编辑图像时必不可少的。

· "缩放"命令：使用此命令可以对变形框中的图像进行缩放。将鼠标光标放置到变形框的任意控制点上按下鼠标并拖移，即可缩放图像。缩放图像的效果如图 8-7 至图 8-9 所示。

图 8-7　原图

图 8-8　打开变换调节框

图 8-9　缩小图像

"旋转"命令：使用此命令可以对变形框中的图像进行旋转。将鼠标光标放置到变形框的任意控制点外按下鼠标并拖曳，即可旋转图像，旋转图像的效果如图 8-10 至 8-12 所示。

图 8-10　原图　　　　图 8-11　打开变换调节框并缩小　　　　图 8-12　旋转图像

"斜切"命令：使用此命令可以对变开框中的图像进行倾斜。将鼠标光标放置到变形的任意的控制点上按下鼠标并拖曳，即可倾斜图像。倾斜图像示意图如图 8-13 至图 8-15 所示。

图 8-13　原图　　　　图 8-14　打开变换调节框　　　　图 8-15　斜切图像

"扭曲"命令：使用此命令可以对变形框中的图像进行扭曲。将鼠标光标放置到变形框的任意控制点上按下鼠标并拖曳，即可扭曲图像。扭曲图像的效果如图 8-16 至 8-18 所示。

图 8-16　原图　　　　图 8-17　打开变换调节框　　　　图 8-18　扭曲图像

提示
"斜切"和"扭曲"命令都可以对选择图像进行变形，且两者相似，但它们也有不同之处，"斜切"命令只能将控制点在水平或垂直方向上移动，而"扭曲"命令可以在任意方向上移动控制点。当按住 Shift 键对图像进行扭曲时，"扭曲"命令将变为"斜切"命令。

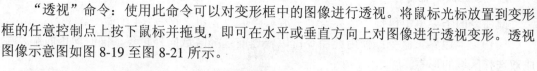

"透视"命令：使用此命令可以对变形框中的图像进行透视。将鼠标光标放置到变形框的任意控制点上按下鼠标并拖曳，即可在水平或垂直方向上对图像进行透视变形。透视图像示意图如图 8-19 至图 8-21 所示。

图 8-19　原图

图 8-20　打开变换调节框

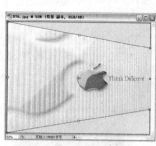

图 8-21　透视图像

"旋转 180°"命令：使用此命令可以将选择区域中的图像旋转 180°。

"顺时针旋转 90°"命令和"逆时针旋转 90°"命令：使用此命令可以对选择区域中的图像顺时针或逆时针旋转 90°。

"水平翻转"和"垂直翻转"命令：使用此命令可以将选择区域中的图像进行水平或垂直翻转。

提示

在"变换"菜单中还有一个"再次"命令，利用变形框对图像进行变形后，此命令才可使用。执行此命令相当于重复执行刚才的变形操作。

8.1.4　选区的编辑

菜单栏中的"选择"命令，主要包括"羽化"、"修改"和"变换选区"等，下面就介绍它们的作用。

1.　"羽化"命令

此命令可以使选择区域产生边缘圆滑的效果，填充颜色或删除图像时产生边缘模糊的效果。如图 8-22 至图 8-24 所示为直接删除和羽化删除后的画面对比效果。

图 8-22　原图

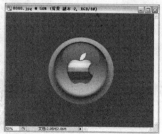

图 8-23　打开变换调节框

图 8-24　调整后的效果

2. "修改"命令

此命令的子菜单中包括"边界"、"平滑"、"扩展"和"收缩"4个命令。

（1）"边界"命令：使用此命令可以将当前选择区域向外扩展，同时向内收缩，生成双选择区域的形态。

（2）"平滑"命令：使用此命令可以对当前选择区域进行平滑处理。

（3）"扩展"命令：使用此命令可以将当前选择区域扩展。

（4）"收缩"命令：使用此命令可以将当前区域缩小。

如图8-25至图8-27所示为使用不同命令时的选择区域形态。

图8-25　原图　　　　　　　图8-26　边界　　　　　　　图8-27　平滑

3. "变换选区"命令

此命令与"编辑"菜单中的"变换"命令使用方法相同，只是"变换"命令对图像进行变换，而"变换选区"命令是对选择区域进行变换，选择区域中的图像不随选择区域的变化而变化，如图8-28至图8-29所示。

图8-28　扩展　　　　　　　　　图8-29　收缩

8.2　图像编辑应用实例——游戏广告

本节将制作一幅游戏广告，它穿插了"自由变换"命令中的"透视"效果，同时包括了"复制"、"粘贴"、"粘贴入"等命令。然后将素材与文字信息搭配上颜色鲜艳的构图，即可形成一个视觉效果强烈的，销售目的明确的游戏宣传广告。

8.2.1　创意分析

本例制作一幅"游戏广告"（游戏广告.psd）。本案例构图上采用左右分配的格局，文字的设计采用了文字形状与图片相结合的手法，配合具有样式效果的文字，最终效果如图8-30 所示。

8.2.2　最终效果

本例制作完成后的最终效果如图8-30 所示。

图 8-30　最终效果

8.2.3　制作要点及步骤

- ◆ 新建文件，制作背景图形。
- ◆ 导入素材图片，并调整图片位置。
- ◆ 输入广告文字，并调整文字的形状。

01 执行"文件"｜"新建"命令，打开"新建"对话框，设置"名称"为"游戏广告"，"宽度"为"8.5"cm，"高度"为"8.5"cm，"分辨率"为"150"像素/英寸，"颜色模式"为"RGB"，"背景内容"为"白色"，如图8-31 所示。单击"确定"按钮。

02 设置"前景色"为黑色（R:0，G:0，B:0），按组合键"Alt+Delete"，填充颜色如图8-32 所示。

03 新建"图层 1"，选择工具箱中的"矩形选框工具"▢，绘制矩形选区，设置"前景色"为红色（R:210，G:75，B:55），按组合键"Alt+Delete"，填充颜色如图8-33 所示。

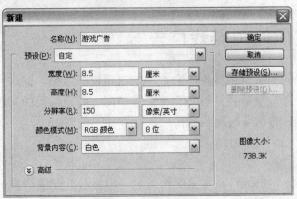

图 8-31　新建文件　　　　　　　图 8-32　填充颜色

04 执行"编辑"|"描边"命令，打开"描边"对话框，设置参数如图 8-34 所示，单击"确定"按钮。

图 8-33　填充颜色　　　　　　图 8-34　设置"描边"对话框

05 执行"文件"|"打开"命令或按组合键"Ctrl+O"，打开如图 8-35 所示的素材图片"素材 1.tif"。

06 选择工具箱中的"移动工具" ，将图片拖动到"游戏广告"文件窗口中，图层面板自动生成"图层 2"，按组合键"Ctrl＋T"，调整图形如图 8-36 所示，按 Enter 键确认。

图 8-35　打开素材图片　　　　图 8-36　导入图片

07 执行"文件"|"打开"命令或按组合键"Ctrl+O",打开如图 8-37 所示的素材图片"火焰.tif"。

08 选择工具箱中的"移动工具"，将图片拖动到"游戏广告"文件窗口中,图层面板自动生成"火焰"图层,按组合键"Ctrl+T",调整图形如图 8-38 所示,按 Enter 键确定。

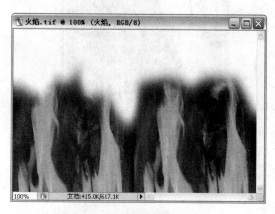

图 8-37　打开素材图片

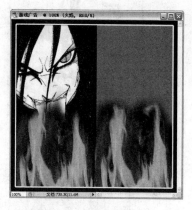

图 8-38　导入图形

09 设置"火焰"图层的"混合模式"为"变亮",效果如图 8-39 所示。

10 选择"火焰"图层,按组合键"Ctlrl+J",创建"火焰 副本"图层,并设置图层"混合模式"为"叠加",如图 8-40 所示。

图 8-39　设置图层"混合模式"

图 8-40　设置图层"混合模式"

11 执行"文件"|"打开"命令或按组合键"Ctrl+O",打开如图 8-41 所示的素材图片"素材 2.tif"。

12 选择工具箱中的"移动工具"，将图片拖动到"游戏广告"文件窗口中,图层面板自动生成"图层 3",调整图形如图 8-42 所示。

13 选择"图层 3",按住 Ctrl 键同时单击"图层 3"的缩览窗口,载入图形外轮廓选区如图 8-43 所示。

14 执行"文件"|"打开"命令或按组合键"Ctrl+O",打开如图 8-44 所示的素材图

片"火焰2.tif"。

图 8-41 打开素材图片

图 8-42 导入图形

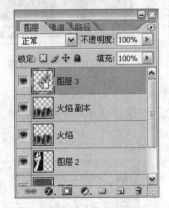

图 8-43 载入图形外轮廓选区

图 8-44 打开素材图片

15 按组合键"Ctrl+A",选择全部图形,并按组合键"Ctrl+C",执行"复制"命令,复制选区图形,如图 8-45 所示。

16 选择"游戏广告"文件窗口,执行"编辑"|"贴入"命令,图层面板自动生成蒙版"图层4",如图 8-46 所示。

图 8-45 复制选区图形

图 8-46 执行"贴入"命令

17 双击"图层 3"，打开"图层样式"对话框，在对话框中选择"外发光"复选框，设置参数如图 8-47 所示，单击"确定"按钮。

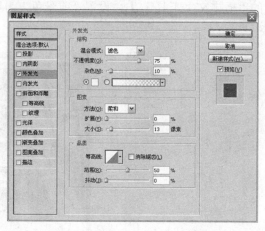

图 8-47 设置"外发光"复选框

18 执行"文件" | "打开"命令或按组合键"Ctrl+O"，打开如图 8-48 所示的素材图片"标志.tif"。

图 8-48 打开素材图片

19 选择工具箱中的"移动工具" ，将图片拖动到"游戏广告"文件窗口中，图层面板自动生成"标志"图层，调整图形如图 8-49 所示。

20 选择工具箱中的"横排文字工具" ，设置"前景色"为黄色（R:150，G:141，B:79），输入文字如图 8-50 所示。

图 8-49 导入图形

图 8-50 输入文字

21 双击"文字"图层，打开"图层样式"对话框，选择"描边"复选框，设置参数如图 8-51 所示，单击"确定"按钮。

22 选择工具箱中的"横排文字工具" T，设置"前景色"为黑色（R:0，G:0，B:0），输入文字如图 8-52 所示。

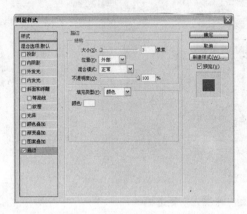

图 8-51 设置"描边"复选框

图 8-52 输入文字

23 双击"文字"图层，打开"图层样式"对话框，选择"描边"复选框，设置参数如图 8-53 所示，单击"确定"按钮。

24 选择"文字"图层，单击鼠标右键，在快捷菜单中执行"栅格化文字"命令，然后按组合键"Ctrl＋T"，调整透视效果如图 8-54 所示，按 Enter 键确定。

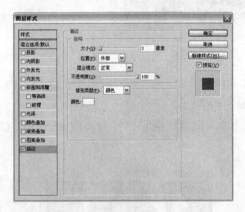

图 8-53 设置"描边"复选框

图 8-54 调整透视效果

8.3 小结

本章介绍了制作文件时常用的复制、粘贴、定义图案、描边和填充、变形、选区编辑等命令。读者在学习和掌握了这些基础知识以后，可以加快艺术设计的速度。所以希望读者能够将本章的练习作为重点进行练习，也可多找一些类似的例子进行练习。

第 9 章　色彩与色彩调整

本章重点介绍了常用的三种色彩模式：灰度模式、RGB 模式、CMYK 模式，另外还介绍了色彩的快速调整的命令，如亮度/对比度、自动色阶、变化等。图像色调的精细调整需要色阶和曲线命令的支持。特殊颜色效果的调整需要去色、渐变映射、反相、色调均化、阈值、色调分离等命令的支持。

9.1　常用的三种色彩模式

色彩模式是用于表现颜色的一种数学算法。常见的色彩模式包括灰度模式、RGB 模式、CMYK 模式。模式不同，对图像的描述和所能显示的颜色数量就不同。色彩模式除了能确定图像中能显示的颜色数外，还影响通道数和文件大小。

在默认情况下，灰度模式图像中只有一个通道，RGB 有 3 个通道，CMYK 图像有 4 个通道。

9.1.1　灰度模式

灰度模式中只存在灰度，最多可以达到 256 级灰度。灰度文件中，图像的色彩饱和度为零，亮度是惟一能够影响灰度图像的选项。亮度是光强的度量，0%代表黑，100%代表白。

位图模式和彩色图像都可转换为灰度模式。为了将彩色图像转换为高品质的灰度图像，Photoshop 放弃原图像中的所有颜色信息，转换后的像素的灰阶即是原像素的亮度。

9.1.2　RGB 颜色

RGB 是色光的彩色模式，R 代表红色，G 代表绿色，B 代表蓝色。3 种色彩相叠加形成了其他的色彩。因为三种颜色每一种都有 256 个亮度水平级，所以 3 种色彩叠就加就能形成 1670 万种颜色。

RGB 模式因为是由红、绿、蓝相叠加形成其他颜色，因此该模式也叫加色模式。利用RGB 模式产生颜色的方法叫色光加色法。图像色彩均由 RGB 数值决定。当 RGB 色彩数值均为 0 时，为黑色；当 RGB 色彩数值为 255 时，为白色；当 RGB 色彩数值相等时，产生灰色。

在 Photoshop 中处理图像时，通常先设置为 RGB 模式，只能在这种模式下，所有的效果才能使用。

9.1.3 CMYK 颜色模式

CMYK 模式是一种印刷模式。C 代表青色，M 代表洋红，Y 代表黄色，K 代表黑色。在实际应用中，青色、洋红和黄色 3 种很难形成真正的黑色，因此又引入了黑色，黑色用于强化暗部的色彩。在 CMYK 模式中，由于光线照到不同比例的 C、M、Y、K 油墨的纸上，部分光谱被吸收，反射到人眼产生颜色，所以该模式是一种减色模式。利用 CMYK 模式产生颜色的方法叫色光减色法。

要打印的图像通常在输出时才转换成 CMYK 模式。

9.2 整体色彩的快速调整

在 Photoshop 的 "调整" 命令中，可对图像的整体效果进行快速调整的命令有 "亮度/对比度"、"自动色阶"、"自动对比度"、"自动颜色" 和 "变化" 命令。

9.2.1 亮度/对比度

使用 "亮度/对比度" 命令可以调整图像的亮度和对比度。

执行 "图像" | "调整" | "亮度/对比度" 命令，打开 "亮度/对比度" 对话框，如图 9-1 所示。

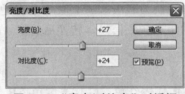

图 9-1　"亮度/对比度" 对话框

在对话框中，直接在数字框中输入数值或者用鼠标拖动滑块就可对图像的亮度和对比度进行调整，如图 9-2 所示，单击 "确定" 按钮即可完成调整，如图 9-3 和图 9-4 所示。

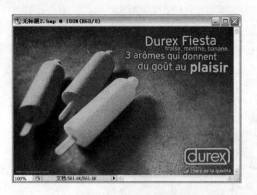

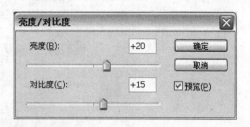

图 9-2　原始图片　　　　　　　　　图 9-3　"亮度/对比度"对话框

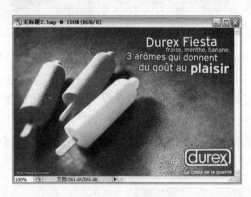

图 9-4　调整后的效果

◗ 9.2.2　自动色阶

执行"图像"|"调整"|"自动色阶"命令，软件自动调整图像的明暗度，去除图像中不正常的高亮区和黑暗区，如图 9-5 和图 9-6 所示。

图 9-5　原始图片　　　　　　　　　图 9-6　调整后的效果

◗ 9.2.3　变化

使用"变化"命令可让用户直观地调整图像或选区中图像的色彩平衡、对比度和饱和度。

执行"图像"|"调整"|"变化"命令，打开"变化"对话框，如图 9-7 所示。

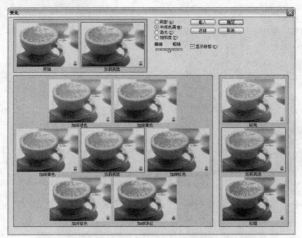

图 9-7 "变化"对话框

　　"变化"命令的使用方法分两种情况，若要在图像中增加某种颜色，只需单击或连续单击相应的颜色缩略图；若要从图像中减去颜色，可单击其互补色。

　　对话框顶部的两个缩略图分别显示原图或原选区图像和调整效果的预览图或选区图像预览；右侧的缩略图用于调整图像亮度值，单击其中一个缩略图，所有的缩略图都会随之改变亮度；称为"当前挑选"缩略图反映当前的调整状况。其余各图分别代表增加某种颜色后的情况，调整完毕后单击"确定"按钮即可，如图 9-8 和图 9-9 所示。

图 9-8　原始图片

图 9-9　调整后的效果

"变化"命令不能用在索引颜色模式的图像上。

9.3　图像色调的精细调整

　　使用"色阶"、"色彩平衡"、"色相/饱和度"、"匹配颜色"、"替换颜色"、"可选颜色"、

"通道混合器"等命令可对图像的颜色和色调进行较精细的调整。

9.3.1　色阶

"色阶"命令用于调整图像的明暗程度。色阶调整是使用高光、中间调和暗调 3 个变量进行图像色调调整的。这个命令不仅对整个图像可以进行操作，也可以对图像的某一选取范围、某一图层图像，或者某一个颜色通道进行操作。

执行"图像"丨"调整"丨"色阶"命令，打开如图 9-10 所示的"色阶"对话框。

在图像文件中执行"图像"丨"调整"丨"色阶"命令。打开"色阶"对话框，调整输入色阶参数如图 9-11 所示，图像明暗产生变化，效果如图 9-12 至图 9-13 所示。

图 9-10　"色阶"对话框

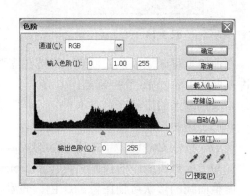

图 9-11　输入色阶参数调整

图 9-12　原始图片

图 9-13　调整后的效果

9.3.2　曲线

曲线调整是选项最丰富、功能最强大的颜色高速代具，它允许调整图像色调曲线上的任意一点。执行"图像"丨"调整"丨"曲线"命令或按组合键"Ctrl+M"可打开"曲线"对话框，如图 9-14 所示。

工具是用来随意在图表上画出需要的色调曲线，选中它，然后将光标移至图表中，鼠标变成画笔，可用画笔徒手绘制色调曲线，如图 9-15 所示。

图 9-14   "曲线"对话框　　　　　　图 9-15   绘制色调曲线

在曲线上可随意添加控制点，直接在需要添加控制点的位置单击鼠标，Photoshop 最多允许在曲线上添加 16 个控制点。

删除控制点的方法有以下 3 种。

（1）   选中控制点按 Delete 键删除。

（2）   按住 Ctrl 键，单击需删除的控制点。

（3）   选择需删除的控制点，按下 Delete 键删除。

调整曲线的形状可使图像的颜色、亮度、对比度等发生改变。使用下列任意方法均可调整曲线。

（1）   用鼠标拖动曲线。

（2）   在曲线上添加控制点或选择一个控制点，然后在输入和输出框中分别输入新的纵横坐标值。

（3）   单击对话框下面的铅笔按钮 在曲线图中绘制新曲线，然后单击右边的"平滑"按钮使曲线平滑。

在 RGB 模式下，如果曲线位于默认位置的上方，调整后的亮度比调整前要亮，如图 9-16 至图 9-18 所示；反之则图像变暗，如图 9-19 至图 9-21 所示；若曲线呈"S"形，可以使相近的亮色调之间变化得很自然，并且使对比度加大，如图 9-22 至图 9-24 所示。

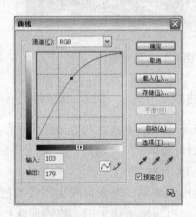

图 9-16   原始图片　　　　　　图 9-17   向上调整曲线

图 9-18　调整后的效果

图 9-19　原始图片

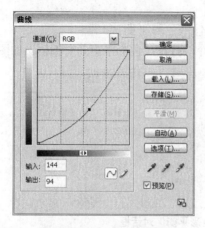

图 9-20　向下调整曲线

图 9-21　调整后的效果

图 9-22　原始图片

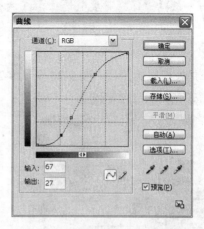

图 9-23　调整为 "S" 形曲线

图 9-24　调整后的效果

9.3.3　色彩平衡

使用"色彩平衡"命令可以调整图像整体的色彩平衡。

执行"图像"|"调整"|"色彩平衡"命令，打开"色彩平衡"对话框，如图 9-25 所示。

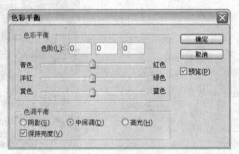

图 9-25　"色彩平衡"对话框

　选择"保持亮度"选项，在调整图像色彩时使图像亮度保持不变。

打开并处理原始图片，图 9-26 至图 9-28 是使用调整色彩平衡前后的效果。

图 9-26　原始图片

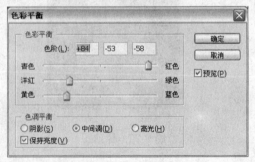

图 9-27　"色彩平衡"对话框

图 9-28　调整后的效果

9.3.4　色相/饱和度

使用"色相/饱和度"命令可以调整图像中单个颜色成分的色相、饱和度和亮度，还可以通过给像素指定新的色相饱和度，从而使灰度图像添加颜色。

执行"图像"|"调整"|"色相/饱和度"命令，打开"色相/饱和度"对话框，如图 9-29 所示。

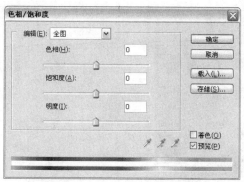

图 9-29　"色相/饱和度"对话框

（1）色相：就是颜色。在数字框中输入数字或拖动下方的滑块可改变图像的颜色，如图 9-30 至图 9-32 所示。

图 9-30　原始图片

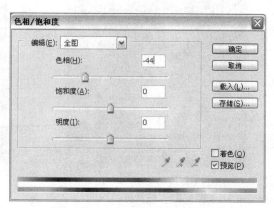

图 9-31　调整色相参数

图 9-32　调整后的效果

（2）　饱和度：饱和度是指颜色的鲜艳程度，即颜色的统一纯度。在数字框中输入数字或拖动下方的滑块要改变图像的饱和度。当饱和度为 0 时，为灰度图像，如图 9-33 至图 9-38 所示。

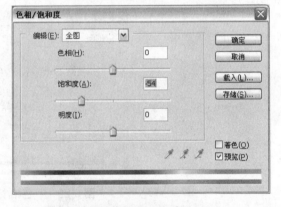

图 9-33　原始图片　　　　　　　　　　　　　图 9-34　调整饱和度参数

图 9-35　调整后的效果　　　　　　　　　　　图 9-36　原始图片

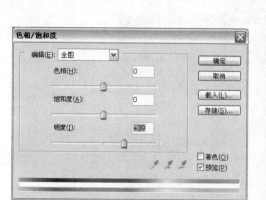

图 9-37　调整明度参数

图 9-38　调整后的效果

单击选择着色复选框，然后调整色相参数，可为图像着色，如图 9-39 至图 9-41 所示。

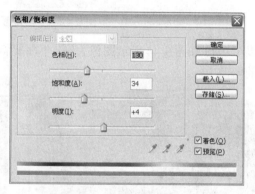

图 9-39　原始图片

图 9-40　选择着色选项

图 9-41　调整后的效果

9.3.5　匹配颜色

"匹配颜色"命令可以使多个图像文件、多个图层、多个色彩选区之间进行颜色的匹配。使用该命令，注意将颜色模式设置为 RGB 颜色。执行"图像"|"调整"|"匹配颜色"命令，打开"匹配颜色"对话框，如图 9-42 所示。

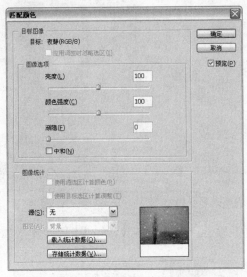

图 9-42　"匹配颜色"对话框

　　以图 9-43 和图 9-44 所示图像为例，下面要将"原图 1"所示图像的颜色应用到"原图 2"所示的图像中。

图 9-43　原图 1

图 9-44　原图 2

　　首先使用移动工具将"原图 1"的图像拖动到"原图 2"中，如图 9-45 所示。执行"图像"|"调整"|"匹配颜色"命令，打开"匹配颜色"对话框，设置参数如图 9-46 所示，单击确定按钮，效果如图 9-47 所示。

图 9-45　合并为一个文件

图 9-46　匹配颜色设置图

图 9-47　最终效果

9.3.6　替换颜色

"替换颜色"命令用于替换图像中某个特定范围的颜色，在图像中选取特定的颜色区域来调整其色相、饱和度和亮度值。

"图像" | "调整" | "替换颜色"命令，打开"替换颜色"对话框，如图 9-48 所示。用吸管工具在图像中单击需要替换的颜色，得到所要进行修改的选区。然后拖动颜色容差滑块调整颜色范围（也可在输入框中直接输入数值，数值越大，被替换颜色的图像区域越大）拖动色相和饱和度滑块，直到得到需要查找的颜色，如图 9-49 和图 9-50 所示。

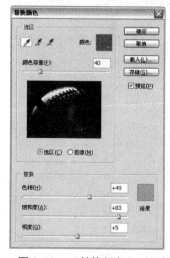

图 9-48　"替换颜色"对话框

图 9-49　原图

图 9-50　调整后的效果

9.3.7　可选颜色

利用"可选颜色"命令可选择某种颜色范围进行有针对性地修改，修改图像中某种原色的数量而不影响其他原色。

执行"图像"|"调整"|"可选颜色"命令，打开"可选颜色"对话框，如图 9-51 所示。

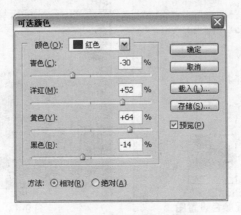

图 9-51　"可选颜色"对话框

选择增减颜色模式，然后选择"相对"选项，按CMYK 总量的百分比来调整颜色；选择"绝对"选项，按CMYK 总量的绝对值来调整颜色。如果，设置时若不满意，可按下 Alt 键，单击　取消　按钮，变为　复位　按钮后即可取消设置。

9.3.8　通道混合器

使用"通道混和器"命令，可以通过颜色通道的混合来修改颜色通道，产生图像合成的效果。

执行"图像"|"调整"|"通道混合器"命令，打开如图 9-52 所示的"通道混合器"对话框。

图 9-52　"通道混合器"对话框

"通道混合器"的使用方法如下。在"通道混合器"对话框中，首先设置"输出通道"，然后调整各参数设置，单击"确定"按钮即可，如图 9-53 至图 9-55 所示。

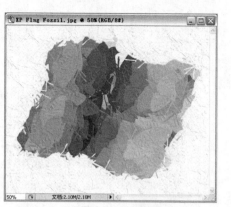

图 9-53 原始图片

图 9-54 "通道混合器"对话框

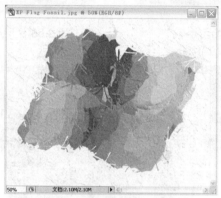

图 9-55 调整图像后的效果

9.3.9 照片滤镜

使用"照片滤镜"命令可把带颜色的滤镜放在照相机镜头前方来调整图片的颜色，还可通过选择色彩预置，调整图像的色相。

执行"图像"|"调整"|"照片滤镜"命令，打开"照片滤镜"对话框，如图 9-56 所示。

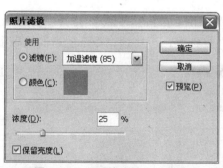

图 9-56 "照片滤镜"对话框

"照片滤镜"的使用方法如下。在"照片滤镜"对话框的"滤镜"选项中选择"加温滤镜"，然后单击颜色色块，选择滤镜的颜色，最后调整"浓度"参数得到改变后的图像效果，如图 9-57 到图 9-59 所示。

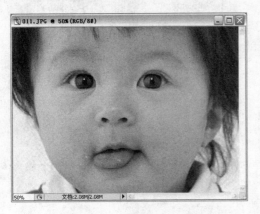

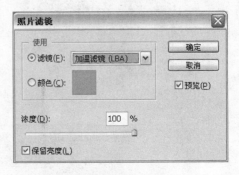

图 9-57　原始图片　　　　　　　　图 9-58　"照片滤镜"对话框

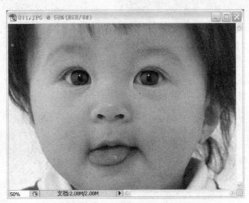

图 9-59　调整图像的效果

9.3.10　阴影/高光

"阴影/高光"命令不是单纯地使图像变亮或变暗，而是通过计算，对图像局部进行明暗处理。

执行"图像"|"调整"|"阴影/高光"命令，打开"阴影/高光"对话框，如图 9-60 所示，选择"显示其他选项"复选框，可将该命令下的所有选项显示出来，如图 9-61 所示。

图 9-60　"阴影/高光"简化对话框

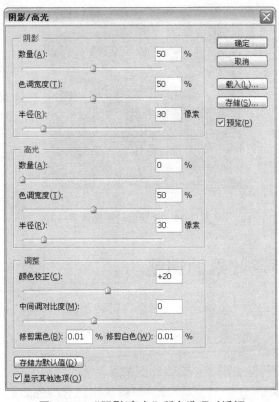

图 9-61　"阴影/高光"所有选项对话框

　　"阴影/高光"命令的使用方法如下。首先打开曝光不足或曝光过度的图片，执行"图像"|"调整"|"阴影/高光"命令，软件自动查找曝光不足的区域，将数量调整到 50%，然后根据图像的预览效果手动调整其他参数即可，完成后单击"确定"按钮，图像效果如图 9-62 至图 9-64 所示。

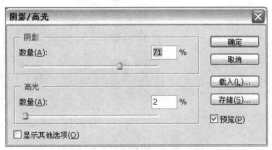

图 9-62　原始图片　　　　　　　　　　图 9-63　"阴影/高光"对话框

图 9-64　调整后的图像效果

9.4　特殊颜色效果的调整

利用"去色"、"反相"、"色调均化"等命令可使图像产生特殊效果。

9.4.1　去色

使用"去色"命令可除去图像中的饱和度信息。

执行"图像"|"调整"|"去色"命令，将图像中所有颜色的饱和度都变为0，从而将图像变为彩色模式下的灰色图像。"去色"命令还可以只对图像的某一范围进行转化。

9.4.2　渐变映射

使用"渐变映射"命令可改变图像的色彩，使用各种渐变模式对图像的颜色进行调整。

执行"图像"|"调整"|"渐变映射"命令，打开"渐变映射"对话框，如图 9-65 所示。

图 9-65　"渐变映射"对话框

"渐变映射"命令的使用方法如下。在"渐变映射"对话框中选择"渐变选项"或不做任何选择，如图 9-66 所示。然后单击渐变色块打开"渐变编辑器"对话框进行渐变设置，如图 9-67 所示，单击"确定"按钮回到"渐变映射"对话框，再单击"确定"按钮，如图 9-68 所示，效果如图 9-69 所示。

图 9-66　原始图片

图 9-67　"渐变映射"对话框

图 9-68　"渐变编辑器"对话框

图 9-69　调整图像后的效果

9.4.3　反相

使用"反相"命令能将图像的色彩反相，从而转化为负片，或将负片还原为图像。

执行"图像"|"调整"|"反相"命令，可以将图像的色相反转，而且不会丢失图像的颜色信息。当再次使用该命令时，图像会还原，原图如图 9-70 所示，效果如图 9-71 所示。

图 9-70　原图

图 9-71　使用"反相"调整图像的效果

9.4.4 色调均化

使用"色调均化"命令调整颜色时，能重新分配图像中各像素的亮度值，其中最暗值为黑色或者相近的颜色，最亮值为白色，中间像素均匀分布。

执行"图像"|"调整"|"色调均化"命令，原图如图 9-72 所示，调整后的效果如图 9-73 所示。

 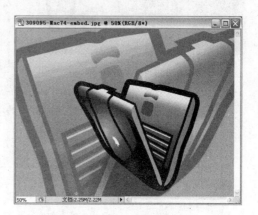

图 9-72　原始图片　　　　　　　　　　　图 9-73　调整后的图像效果

9.4.5 阈值

使用"阈值"命令可将一个彩色或灰度图像变成只有黑白两种色调的黑白图像。

执行"图像"|"调整"|"阈值"命令，打开"阈值"对话框。该对话框中显示的是当前图像亮度值的坐标图，用鼠标拖动滑块或者在"阈值色阶"右侧的数字框中输入数值来设置阈值，其取值在 1～255 之间，如图 9-74 所示。设置完成后，单击确定按钮，原图如图 9-75 所示，调整后的效果如图 9-76 所示。

 在"阈值"对话框中，按下 Alt 键， 取消 按钮，变为 复位 按钮，单击 复位 按钮可恢复到最初的默认阈值。

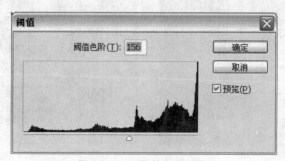

图 9-74　"阈值"对话框

图 9-75　原始图片　　　　　　　　图 9-76　调整图像后的效果

9.4.6　色调分离

使用"色调分离"命令可指定图像中每个通道色调级（或亮度值）的数目，并将这些像素映射为最接近的匹配色调，减少并分离图像的色调。

执行"图像"｜"调整"｜"色调分离"命令，打开"色调分离"对话框。"色阶"选项用于设置图像色调变化的程度，该值越大，图像色调变化越大，效果越明显。设置完成后，单击确定按钮即可，如图 9-77 至图 9-79 所示。

图 9-77　原始图片　　　　　　　　图 9-78　"色调分离"对话框

图 9-79　调整图像后的效果

9.5　色调与色彩调整实例——彩色冰激凌

本案例将制作一个"彩色冰激凌"，它将以夸张的手法表现出冰激凌的外部形态，然后用丰富的色彩吸引读者的目光。在此案例中读者将学习到很多基本的操作手法，比如复制、调整颜色等。

◑ 9.5.1　创意分析

本例制作一幅"彩色冰激凌"（彩色冰激凌.psd）。它由一系列的冰激凌叠加而成，通过学习本案例，读者可以巩固本章中有关色彩调整的基本知识。

◑ 9.5.2　最终效果

本例制作完成后的最终效果如图 9-80 所示。

图 9-80　最终效果

◑ 9.5.3　制作要点及步骤

- ◆ 新建文件，制作背景图案。
- ◆ 导入图片，为图片调整颜色。

01 执行"文件"｜"新建"命令，打开"新建"对话框，设置"名称"为"彩色冰激凌"，"宽度"为"6"cm，"高度"为"10"cm，"分辨率"为"150"像素/英寸，"颜色模式"为"RGB 颜色"，"背景内容"为"白色"，如图 9-81 所示。单击"确定"按钮。

02 选择工具箱中的"渐变工具" ▣ ，打开属性栏上的"渐变编辑器"，设置位置：0，颜色为（R:255，G:241，B:213）。位置：100，颜色为（R:230，G:206，B:106）。设置参数如图 9-82 所示，单击"确定"按钮。

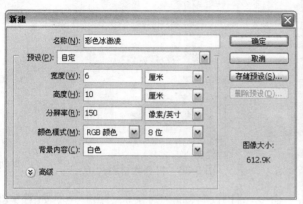

图 9-81　新建文件　　　　　　图 9-82　设置"渐变编辑器"对话框

03 单击属性栏上的"径向渐变" ，在窗口中从下往上拖动鼠标，绘制渐变效果如图 9-83 所示。

04 执行"文件"|"打开"命令或按组合键"Ctrl+O"，打开如图 9-84 所示的素材图片"冰激凌.tif"。

图 9-83　绘制渐变效果　　　图 9-84　打开素材图片

05 选择工具箱中的"移动工具" ，将图片拖动到"彩色冰激凌"文件窗口中，图层面板自动生成"冰激凌"图层，调整图形如图 9-85 所示。

06 执行"文件"|"打开"命令或按组合键"Ctrl+O"，打开如图 9-86 所示的素材图片"冰激凌 2.tif"。

07 选择工具箱中的"移动工具" ，将图片拖动到"彩色冰激凌"文件窗口中，图层面板自动生成"图层 1"，调整图形如图 9-87 所示。

图 9-85　导入图片

图 9-86　打开素材图片

08 执行"图像"|"调整"|"色阶"命令，打开"色阶"对话框，调整色阶如图 9-88 所示，单击"确定"按钮。

图 9-87　导入图形

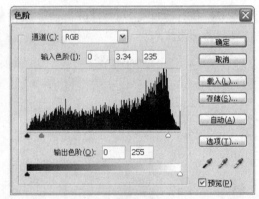

图 9-88　调整"色阶"

09 按住 Ctrl 键单击"冰激凌"图层的缩览窗口，载入图形外轮廓选区，如图 9-89 所示。

图 9-89　载入图形外轮廓选区

10 选择工具箱中的"画笔工具" ，设置属性栏上的参数如图 9-90 所示。

图 9-90 设置属性栏参数

11 新建"图层 2"，设置"前景色"为黑色（R:0，G:0，B:0），绘制如图 9-91 所示的阴影效果，按组合键"Ctrl+D"取消选区。

12 拖动"图层 2"到"图层 1"的下层，如图 9-92 所示。

图 9-91 绘制阴影效果

图 9-92 调整图层顺序

13 用同样的方法导入"冰激凌 2"图形，图层面板自动生成"图层 3"，并调整图层顺序如图 9-93 所示。

14 执行"图像"|"调整"|"去色"命令，去掉图形颜色，如图 9-94 所示。

图 9-93 导入图形

图 9-94 去掉图形颜色

15 执行"图像"|"调整"|"色彩平衡"命令，打开"色彩平衡"对话框，调整颜色如图 9-95 所示，单击"确定"按钮。

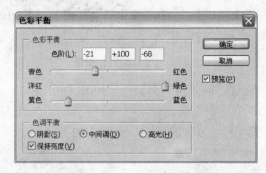

图 9-95　调整"色彩平衡"颜色

16 选择"图层 2"，按组合键"Ctrl+J"，创建"图层 2 副本"，并调整"图层 2 副本"到"图层 3"的下层，移动阴影图形到如图 9-96 所示位置。

17 用同样的方法导入"冰激凌 2"图形，图层面板自动生成"图层 4"，并调整图层顺序如图 9-97 所示。

图 9-96　移动阴影图形位置

图 9-97　导入图形

18 执行"图像"|"调整"|"照片滤镜"命令，打开"照片滤镜"对话框，设置参数如图 9-98 所示，单击"确定"按钮。

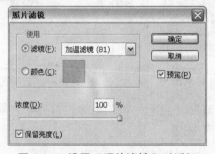

图 9-98　设置"照片滤镜"对话框

19 选择"图层 2 副本"，按组合键"Ctlrl+J"，创建"图层 2 副本 2"，并调整"图层 2 副本 2"到"图层 4"的下层，如图 9-99 所示。

20 选择工具箱中的"移动工具" ，移动阴影图形到如图 9-100 所示位置。

图 9-99　调整图层顺序

图 9-100　移动阴影图形位置

21 用同样的方法导入"冰激凌 2"图形，图层面板自动生成"图层 5"，并调整图层顺序如图 9-101 所示。

22 执行"图像"|"调整"|"去色"命令，去掉图形颜色如图 9-102 所示。

图 9-101　导入图形

图 9-102　去掉图形颜色

23 执行"图像"|"调整"|"变化"命令，打开"变化"对话框，调整颜色如图 9-103 所示，单击"确定"按钮。

24 选择"图层 2 副本 2"，按组合键"Ctlrl+J"，创建"图层 2 副本 3"，并调整"图层 2 副本 3"到"图层 5"的下层，如图 9-104 所示。

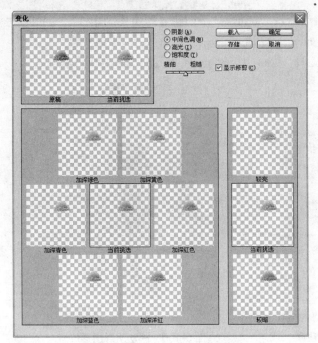

图 9-103 调整"变化"对话框

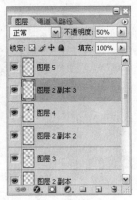

图 9-104 调整图层顺序

25 选择工具箱中的"移动工具" ，移动阴影图形的位置，最终效果如图 9-105 所示。

图 9-105 最终效果

9.6 小结

本章主要通过常用的 3 种色彩模式、整体色彩的快速调整、图像色调的精细调整、特殊颜色效果的调整等几个方面重点讲述了如何处理图片色彩。读者可以选择性地将各基础知识相结合，从而可全面掌握调节图片颜色的方法。

第 10 章　滤　镜　命　令

本章着重讲解 Photoshop 软件中最重要的功能——"滤镜"菜单命令。该命令也是 Photoshop 中最精彩的部分，它能够在很短的时间内，让图片实现各种各样的图像效果。滤镜功能非常强大，使用起来的技巧也很多，下面将用大量的篇幅展示它的神奇效果。

10.1　基本概念与知识

滤镜可以分为内置滤镜命令和外挂命令两种。内置滤镜命令即是指 Photoshop 软件自带的滤镜命令。与此同时，该软件还允许安装其他厂家提供的滤镜，也就是常说的外挂滤镜。有了滤镜命令就可以创造出很多具有美术功底以及丰富想象的作品。以下章节将着重介绍软件自带的滤镜命令的操作规范和技巧。

10.2　抽出、图案生成器、消失点命令

"抽出"命令、"图案生成器"命令、"消失点"命令都是 Photoshop 软件的强大功能之一。其中"抽出"命令能够将前景对象比较轻松而精确地从背景文件中提取出来。该命令只适用于当前的工作图层，同时如果当前对象的边缘非常细小、复杂、模糊时，使用工具箱中的"边缘高光器工具" 是无法准确快捷地将其从背景中选择出来的。

如何执行该命令选择如图 10-1 所示的前景人物呢？首先要选择并打开该素材文件。然后执行"滤镜"｜"抽出"命令，打开该对话框，选择"边缘高光器工具" ，在人物边缘绘制如图 10-2 所示的绿色高光。

图 10-1　图片原稿

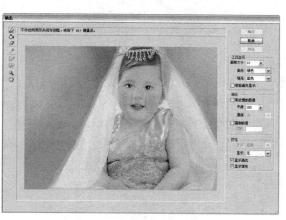

图 10-2　选择人物的范围

选择对话框中的"填充工具" ，单击绿色范围，填充颜色为蓝色，即表示蓝色部分将会被保留，如图 10-3 所示。

单击"确定"按钮，则电脑自动将绿色画笔以外的范围进行删除。最终效果如图 10-4 所示。

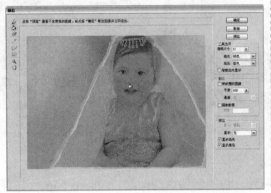
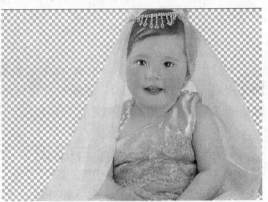

图 10-3 填充需要保留的范围   图 10-4 抽出的最终效果

"图案生成器"命令的操作目的是为了在图像中选取部分区域并制作成无缝平铺的图案效果。

例如，打开一幅图片，并执行"滤镜"｜"图案生成器"命令，打开"图案生成器"对话框，选择"矩形选框工具" ⬚，绘制如图 10-5 所示的范围。单击"生成"按钮后，预览框将显示拼贴的图案。同时"生成"按钮更改为"再次生成"按钮，如图 10-6 所示。

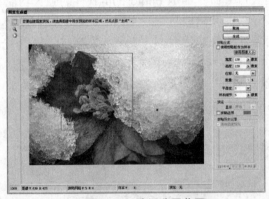
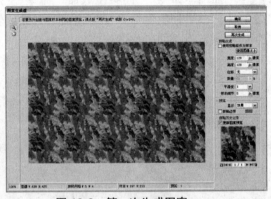

图 10-5 选择选区范围   图 10-6 第一次生成图案

如果对目前生成的图案不满意，则可以选择再次生成图案，如图 10-7 所示。再次生成新的图案有 20 次机会。

提示 如果超过了这个范围，则需要单击对话框右下方的"删除历史记录"按钮 🗑，删除历史记录即可再次重新生成新的图案。

如果觉得目前的图案拼贴方式比较满意，则单击"确定"按钮即可，效果如图 10-8 所示。

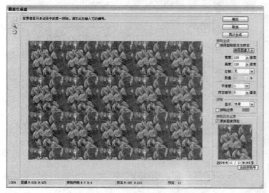

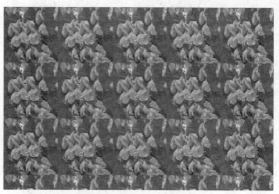

图 10-7　再次生成图案　　　　　　　　　图 10-8　确定图案生成效果

"消失点"命令允许在包含透视平面（例如，建筑物侧面或任何矩形对象）的图像中进行透视校正编辑。所有编辑操作都将采用所处理平面的透视。当使用消失点来修饰、添加或移去图像中的内容时，结果将更加逼真，因为系统可正确确定这些编辑操作的方向，并且将它们缩放到透视平面。

在此首先打开如图 10-9 所示的透视图，同时打开并框选如图 10-10 所示的矩形选框范围，按组合键"Ctrl+C"复制选区内容。

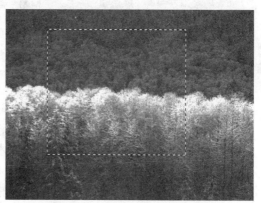

图 10-9　打开原始图片　　　　　　　　图 10-10　打开图片并复制选区内容

选择透视图，执行"滤镜"｜"消失点"命令，选择"创建平面工具" ，绘制如图 10-11 所示的红色透视范围。按组合键"Ctrl+C"粘贴内容，如图 10-12 所示。

拖动粘贴的内容到透视范围中，形成透视效果，然后选择"变换工具" ，对节点进行调节，效果如图 10-13 所示。如果此时的透视效果已经满意了，则单击"确定"按钮即可，效果如图 10-14 所示。

图 10-11　选择透视范围

图 10-12　粘贴内容

图 10-13　拖动该图片并调节所有节点位置

图 10-14　图片透视效果

10.3　液化命令

"液化"命令可以模拟出很好的液体流动的效果，当然也可以利用其中的"向前推进工具"、"膨胀工具"、"顺时针旋转扭曲工具"、"褶皱工具"等等制作出丰富的液化效果。该命令常用在处理人物的身材，改变人物脸型等方面。

打开一幅人物图片，如图 10-15 所示。选择"向前推进工具"后，调整面板右方的"画笔大小"参数与人物下巴相适合，并在其脸部轻微拖动更改脸形，如图 10-16 所示。

图 10-15　原始图片

如果觉得调整后的人物脸部已经符合您的要求了，则可以单击"确定"按钮，最终效果如图 10-17 所示。

图 10-16　更改人物的脸形

图 10-17　最终效果

10.4　滤镜库命令

"滤镜"菜单中执行"滤镜库"命令后，打开该对话框，将发现该对话框中包含了 6 个滤镜组，它们分别是扭曲、画笔描边、素描、纹理、艺术效果、风格化，如图 10-18 所示。

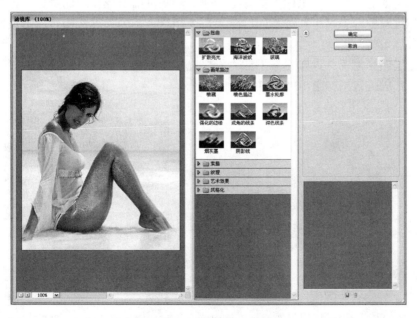

图 10-18　"滤镜库"对话框

直接单击任意的滤镜效果，则对话框右边将出现该命令的参数，调整参数的过程中，对话框左边的预览框将形成相应的变化，如图 10-19 所示。

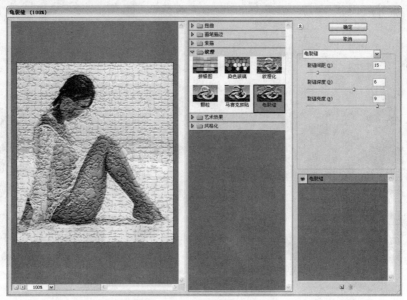

图 10-19 "龟裂缝"对话框

10.5 滤镜菜单中的其他命令

"滤镜"菜单中还包括有很多其余的菜单命令，例如像素化、杂色、模糊、渲染、视频、锐化、其他等。单独对某图片执行这些命令，则可以形成相应的变化。但是，通常情况下在操作过程中都会采用几种不同的菜单命令相结合，因为这样操作所形成的效果可以是很出乎人想象的。

比如通过结合使用"像素化"下的"彩块化"命令和"渲染"菜单下的"光照效果"两个命令所形成的效果如图 10-20 和 10-21 所示。

图 10-20 执行"彩块化"命令

图 10-21 再执行"光照效果"命令

10.6　滤镜菜单的应用实例——洗洁精广告

10.6.1　创意分析

本例制作一幅"洗洁精广告"（洗洁精.psd）。通过本例的练习，使读者练习并巩固 Photoshop 中使用渐变工具、钢笔工具的使用技巧和方法。

10.6.2　最终效果

本例制作完成后的最终效果如图 10-22 所示。

图 10-22　最终效果

10.6.3　制作要点及步骤

◆ 新建文件。

◆ 将素材图片中的物体进行"切变"等操作。

◆ 执行"云彩"等滤镜效果。

◆ 合成所有的图层。

1. 制作背景并放置素材图片

01 执行"文件"|"新建"命令或按组合键"Ctrl+N"，新建一个名称为"洗洁精"的文件，设置参数如图 10-23 所示。

02 单击工具箱中的"矩形选框工具" 绘制矩形选框，位置如图 10-24 所示。

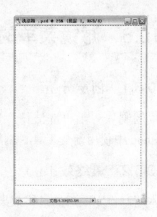

图 10-23　打开"新建"对话框　　　　　图 10-24　绘制矩形选框

03 单击工具箱中的"渐变工具" ，打开"渐变编辑器"，设置位置：0，颜色为（R:39，G:10，B:107）。位置：31，颜色为（R:11，G:15，B:19）。位置：71，颜色为（R:44，G:72，B:104）。位置：100，颜色为（R:197，G:195，B:182）。设置如图 10-25 所示，单击"确定"按钮。

04 单击属性栏上的"线性渐变"按钮 ，按住 Shift 键垂直拖动，效果如图 10-26 所示。

图 10-25　设置"渐变编辑器"对话框　　　　图 10-26　填充渐变颜色

05 执行"滤镜" | "渲染" | "分层云彩"命令，效果如图 10-27 所示。

 使用"分层云彩"命令的时候一定要先填充颜色，然后再执行该命令。按组合键"Ctrl+F"可以实现重复上一次滤镜操作。

06 单击图层面板上的"创建新图层"按钮 ，新建图层，单击工具箱中的"矩形选

框工具"，绘制矩形选框，单击"设置前景色"按钮，打开"拾色器"对话框，设置前景颜色为深灰色（R:48，G:44，B:45）。按组合键"Alt+Delete"，填充前景色，效果如图 10-28 所示。

图 10-27　分层云彩效果　　　　图 10-28　绘制矩形选框并填充前景色

07 新建图层，用同样的方法绘制矩形选框，设置前景色为黑色，按组合键"Alt+Delete"，填充前景色，效果如图 10-29 所示。

08 执行"文件"|"打开"命令或按组合键"Ctrl+O"打开名为"洗洁精.jpg"的素材文件，如图 10-30 所示。

图 10-29　用同样的方法绘制矩形选框　　　　图 10-30　打开素材图片

09 单击工具箱中的"魔棒工具"，单击白色区域，按组合键"Ctrl+Shift+I"进行反向选择，如图 10-31 所示。

10 单击工具箱中的"移动工具"，将"洗洁精.jpg"素材图片移动到新建的文件中，并按组合键"Ctrl＋T"对图片进行缩放，位置如图 10-32 所示。

图 10-31　反向选择图片

图 10-32　放置素材图片

2.　重新合成酒杯

01 用同样的方法打开素材图片"手.jpg"并进行反向选择，单击"移动工具" 将素材图片移动到如图 10-33 所示的位置，并按组合键"Ctrl＋T"对图片进行缩放。

02 用同样的方法打开素材图片"酒杯.jpg"，如图 10-34 所示。

图 10-33　放置素材图片

图 10-34　打开素材图片

03 单击工具箱中的"钢笔工具" 绘制路径，按组合键"Ctrl+Enter"，将路径转换为选区，如图 10-35 所示。

04 单击"移动工具" 将素材图片移动到如图 10-36 所示的位置，并按组合键"Ctrl＋T"对图片进行缩放。

图 10-35　绘制路径并转换为选区

图 10-36　放置素材图片

05 按组合键 "Ctrl＋T"，打开 "自由变换" 调节框，右击选择旋转，对图片进行旋转，效果如图 10-37 所示。

按组合键 "Ctrl＋"，可将素材图片 "洗洁精" 图层放置到素材图片 "酒杯" 图层的上面。

06 执行 "图像" | "调整" | "变化" 命令，打开 "变化" 对话框，设置参数如图 10-38 所示，单击加深黄色、加深红色各一次。

图 10-37　旋转图形

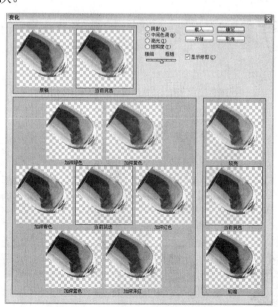

图 10-38　打开 "变化" 对话框

07 单击 "确定" 按钮，在图层面板上更改图层的 "不透明度" 为 "87%"，效果如图

10-39 所示。

08 选择素材图片"酒杯"所在的图层,用同样的方法绘制路径,并转换为选区,如图 10-40 所示。

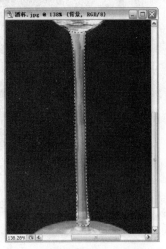

图 10-39　变化效果并更改不透明度　　　图 10-40　绘制路径并转换为选区

09 单击"移动工具" ⊕ 将素材图片移动到如图 10-41 所示的位置,并按组合键"Ctrl +T"对图片进行缩放。

10 执行"滤镜"|"扭曲"|"切变"命令,打开"切变"对话框,设置参数如图 10-42 所示。

"切变"命令能使物体进行弯曲,能达到曲线效果。

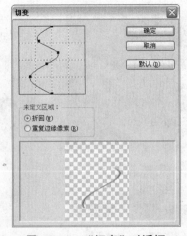

图 10-41　放置图形　　　　图 10-42　"切变"对话框

11 单击"确定"按钮,单击"移动工具" ⊕ 将图形移动到如图 10-43 所示的位置。

图 10-43　切换效果

12 单击"钢笔工具"。绘制路径，位置如图 10-44 所示。

图 10-44　绘制路径

13 按组合键"Ctrl+Enter"，将路径转换为选区，按 Delete 键删除选区内容，按组合键"Ctrl+D"取消选区，效果如图 10-45 所示。

图 10-45　将路径转换为选区并删除

14 单击该图层，将图层的"不透明度"更改为"72%"，效果如图 10-46 所示。

图 10-46 更改图形的不透明度

15 单击"钢笔工具" ，绘制路径，按组合键"Ctrl+Enter"，将路径转换为选区，位置如图 10-47 所示。

图 10-47 复制选区内的内容

16 按组合键"Ctrl+J"，复制选区绘制的图形，在图层面板上，将图层的"不透明度"改为"49%"，效果如图 10-48 所示。

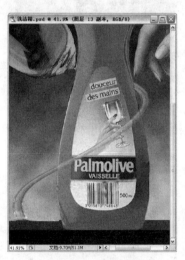

图 10-48　绘制路径并转换为选区

17 单击"洗洁精"图层，按组合键"Ctrl+J"，复制在"洗洁精"图层上的图形，将图层放在更改不透明度图层的下面，效果如图 10-49 所示。

 按组合键"Ctrl+J"的时候，一定要有选区，在"洗洁精"图层按组合键"Ctrl+J"是为了复制"洗洁精"在选区内的内容，放在不透明度图层的下面，更能显出玻璃的效果。

图 10-49　复制图形

18 单击素材图片"酒杯"，单击"钢笔工具"绘制路径，按组合键"Ctrl+Enter"，将路径转换为选区，如图 10-50 所示。

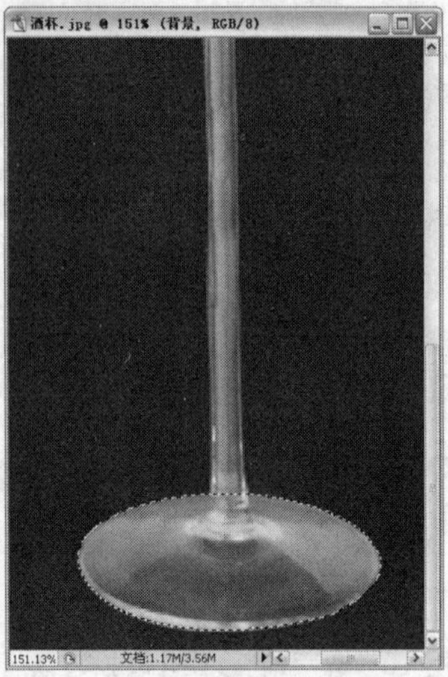

图 10-50　绘制路径并转换为选区

19 单击“移动工具”将图形移动到如图 10-51 所示的位置。

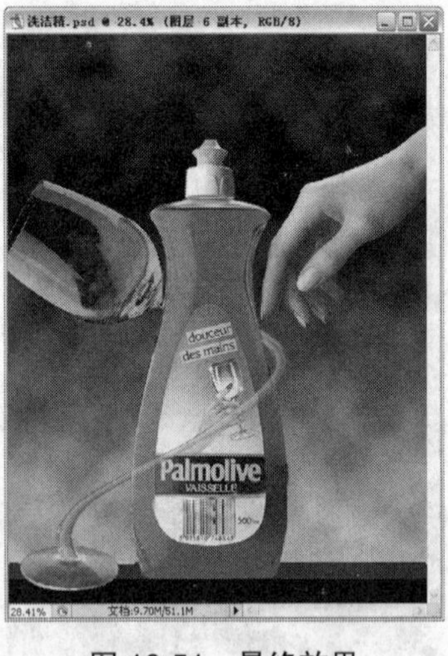

图 10-51　最终效果

10.7　小结

本章主要介绍各“滤镜”菜单命令的使用方法，虽然这些“滤镜”命令所产生的效果不同，但是在使用的时候有许多相似之处。如果读者感兴趣，可以选择任意的一幅 RGB 模式图片，对其执行不同的“滤镜”命令进行观察。值得注意的是，“滤镜”命令在 CMYK 模式下是不完整的。所以在进行创作时，首先采用 RGB 模式。如果需要输出打印则将其转化为 CMYK 模式即可。

第11章 图片处理

本章将对 4 张不同的素材图片进行处理，分别制作出"大头贴"效果、"皮肤破碎"的效果、"金属质感"效果、"被剖开的鱼"的效果。这些效果分别采用了工具箱中的常用工具，比如"画笔工具"、"加深工具"、"减淡工具"、"钢笔工具"、"渐变工具"等，另外制作这些效果还将采用到菜单中最重要的"滤镜"命令。希望读者能通过对本章的学习对工具、命令等有一个综合性的认识。

11.1 基本概念与知识

图片处理包括很多类型，比如有皮肤美白、变换头像、改变色彩、添加自然现象、自然纹理等等，总之，它是将原有的素材图片改变为另一种图片效果。

在本章中读者能学习到将头像放置到自己设计的大头贴框架中，还将学习如何将人物的皮肤制作出纹理效果、当然还可以接触到将普通图片改变为具有银质质感的金属，最后学习的图片效果是如何将一条完整的鱼解剖开。

如果读者感兴趣，可以在以下内容的基础上举一反三、触类旁通，制作出类似的其他效果，也可以在此基础上进行创意性的改变，以便增强发散性思维。

11.2 制作大头贴

本节将学习制作大头贴，读者不用花钱，就可以得到理想的大头贴。

11.2.1 创意分析

本例制作一幅"大头贴"（大头贴.psd）。应用了工具箱中的"画笔工具"、"加深工具"、"减淡工具"、"钢笔工具"、"渐变工具"、"椭圆选框工具"，绘制出大头贴的边框。主要应用了"添加矢量蒙版"按钮命令，将人物图片和边框合为一体。制作出了一张漂亮的大头贴，具体制作方法和工具的应用技巧，下面实例将为读者讲解。

11.2.2 最终效果

本例制作完成后的最终效果如图 11-1 所示。

图 11-1　最终效果

11.2.3　制作要点及步骤

◆ 新建文件，制作大头贴的背景图形。

◆ 制作大头贴中的前景图形。

◆ 制作大头贴中的花朵。

◆ 导入图片，制作大头贴中的人物。

1.　制作大头贴的背景

01 执行"文件"｜"新建"命令，打开"新建"对话框，设置"名称"为"大头贴"，"宽度"为"5.5" cm，"高度"为"4" cm，"分辨率"为"150"像素/英寸，"颜色模式"为"RGB 颜色"，"背景内容"为"白色"，如图 11-2 所示，单击"确定"按钮。

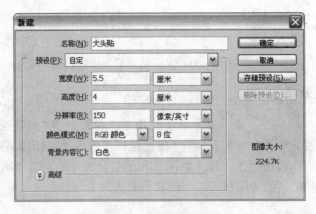

图 11-2　新建文件

02 选择工具箱中的"渐变工具"，打开属性栏上的"渐变编辑器"，设置位置为 0，颜色为粉色（R:252，G:208，B:250）。位置为 100，颜色为白色（R:255，G:255，B:255）；设置参数如图 11-3 所示。单击"确定"按钮。

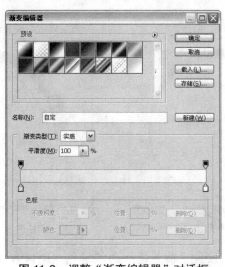

图 11-3　调整"渐变编辑器"对话框

03 新建"图层 1"，单击属性栏中的"径向渐变"按钮 ，并选中"反向"复选框，渐变效果如图 11-4 所示。

04 选择工具箱中的"钢笔工具" ，绘制如图 11-5 所示的路径。

　使用"钢笔工具" ，绘制路径时一定要选择属性栏中的"路径"按钮 ，否则会出现路径形状图形。

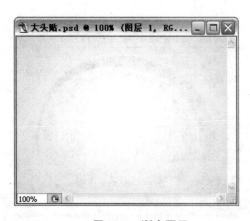

图 11-4　渐变图层

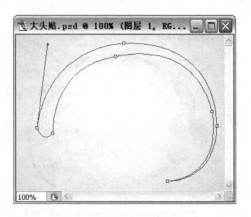

图 11-5　绘制路径

05 新建"图层 2"，设置"前景色"为绿色（R:0，G:143，B:62）。按组合键"Ctrl+Enter"，将路径转换为选区，并按组合键"Alt+Delete"执行"填充前景色"命令，填充选区颜色如图 11-6 所示。按组合键"Ctrl+D"取消选区。

06 选择工具箱中的"钢笔工具" ，绘制如图 11-7 所示的路径。

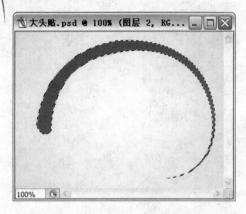

图 11-6　填充选区　　　　　　　　图 11-7　绘制路径

07 新建"图层 3"，设置"前景色"为浅绿色（R:179，G:216，B:196）。按组合键"Ctrl+Enter"，将路径转换为选区，并按组合键"Alt+Delete"，填充选区颜色如图 11-8 所示。按组合键"Ctrl+D"取消选区。

2. 制作装饰物小绵羊

01 选择工具箱中的"钢笔工具" ，绘制如图 11-9 所示的路径。

> 按组合键"Alt+Delete"，是执行"填充前景色"命令，而按组合键"Ctrl+Delete"，则是"填充背景色"。

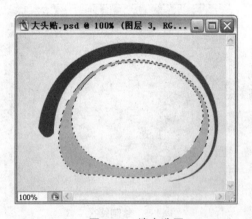

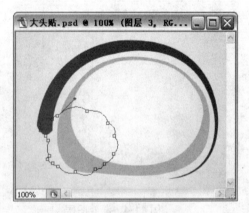

图 11-8　填充选区　　　　　　　　图 11-9　绘制路径

02 新建"图层 4"，设置"前景色"为灰白色（R:243，G:243，B:243）。按组合键"Ctrl+Enter"，将路径转换为选区，并按组合键"Alt+Delete"，填充选区颜色如图 11-10 所示。

03 选择工具箱中的"加深工具" 和"减淡工具" ，绘制如图 11-11 所示立体效果。并按组合键"Ctrl+D"取消选区。

应用"加深工具" ，主要是对图形的暗部部分进行涂抹，使暗部部分加深颜色。应用"减淡工具" 🔍，主要是对图形的亮部部分进行涂抹，使亮部部分产生高光效果。

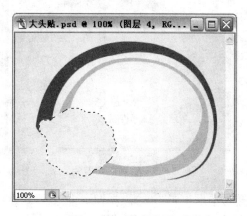

图 11-10　填充选区

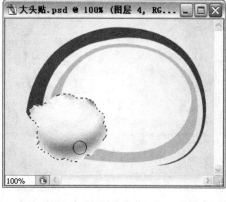

图 11-11　绘制立体效果

04 选择工具箱中的"钢笔工具" ✎，绘制如图 11-12 所示的路径。

05 选择工具箱中的"渐变工具" ▣ ，打开属性栏上的"渐变编辑器"，设置位置：0，颜色为橙色（R:220，G:164，B:122）。位置：100，颜色为粉色（R:246，G:225，B:204）。设置参数如图 11-3 所示。单击"确定"按钮。

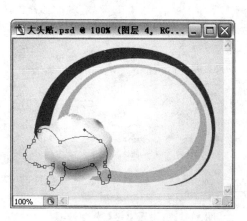

图 11-12　绘制路径

图 11-13　调整渐变色

06 新建"图层 5"，按组合键"Ctrl+Enter"，将路径转换为选区，渐变选区如图 11-14 所示。

07 选择工具箱中的"加深工具" 和"减淡工具" ，绘制山羊腿部的明暗效果如图 11-15 所示，并按组合键"Ctrl+D"取消选区。

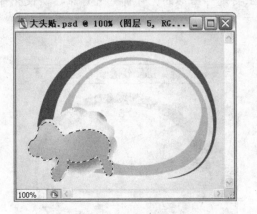

图 11-14　渐变选区

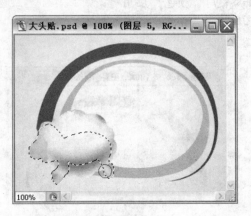

图 11-15　绘制明暗效果

08 新建"图层 6"，选择工具箱中的"椭圆选框工具" ，在窗口中绘制如图 11-16 所示的正圆选区，并填充选区为"白色"。按组合键"Ctrl+D"取消选区。

09 双击"图层 6"，打开"图层样式"对话框，选中"投影"复选框，设置参数如图 11-17 所示。单击"确定"按钮。

> **提示**　选择工具箱中的"椭圆选框工具" ，并按住 Shift 键拖动鼠标，可以绘制正圆选区。

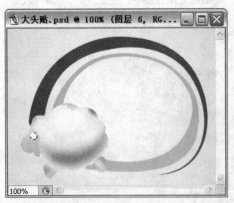

图 11-16　填充选区

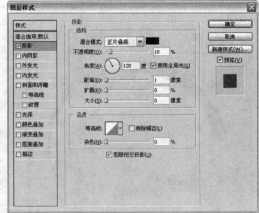

图 11-17　设置"投影"复选框

10 选择工具箱中的"钢笔工具" ，绘制如图 11-18 所示的路径。

11 新建"图层 7"，设置前景色为黑色（R:0，G:0，B:0）。按组合键"Ctrl+Enter"，将路径转换为选区，并按组合键"Alt+Delete"，填充选区颜色如图 11-19 所示。

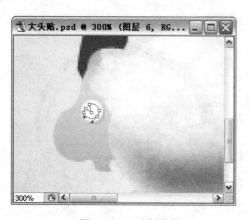

图 11-18 绘制路径

图 11-19 填充选区

12 新建"图层 8"，按住 Ctrl 键，单击"图层 4"的缩览窗口，将图形载入选区。并填充选区为"黑色"，效果如图 11-20 所示。

13 按组合键"Ctrl＋T"，执行"自由变换"命令。缩小图形放至如图 11-21 所示的位置。按 Enter 键确定，按组合键"Ctrl+D"取消选区。

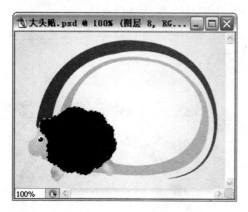

图 11-20 载入图形选区

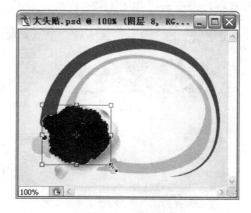

图 11-21 调整图形

14 调整"图层 8"到"图层 4"的下层，设置"图层 8"的"不透明度"为"32%"，阴影效果如图 11-22 所示。

15 选择工具箱中的"钢笔工具" ，绘制如图 11-23 所示的路径。

制作的阴影部分，不能在画布中呈现得过多，只需要现出头部的一点阴影效果。

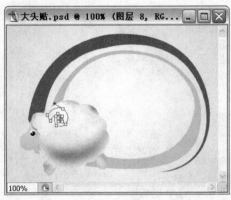

图 11-22　调整图层位置　　　　　　　图 11-23　绘制路径

16 选择工具箱中的"渐变工具" ，打开属性栏上的"渐变编辑器"，设置位置：0，颜色为（R:117，G:59，B:40）。位置：100，颜色为（R:185，G:131，B:96）。设置参数如图 1-24 所示。单击"确定"按钮。

17 新建"图层 9"，按组合键"Ctrl+Enter"，将路径转换为选区，单击属性栏中的反向复选框，渐变选区如图 11-25 所示。按组合键"Ctrl+D"取消选区。

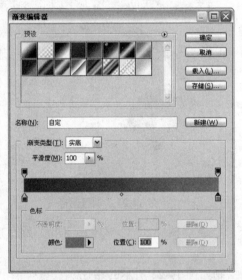
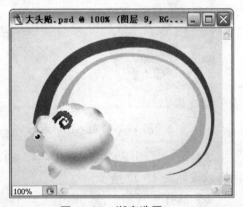

图 11-24　调整"渐变编辑器"对话框　　　　图 11-25　渐变选区

18 选择工具箱中的"钢笔工具" ，绘制如图 11-26 所示的路径。

19 新建"图层 10"，按组合键"Ctrl+Enter"，将路径转换为选区，填充选区为橙色（R:244，G:204，B:158），并按组合键"Ctrl+D"取消选区，如图 11-27 所示。

提示 每制作一个新的图形，都应该习惯性地新建一个图层，以便修改和调整。

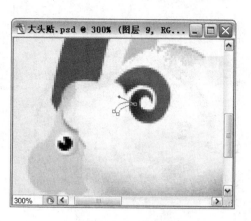

图 11-26 绘制路径

图 11-27 填充选区

20 选择工具箱中的"钢笔工具" ，绘制如图 11-28 所示的路径。

21 使用同样的方法，将路径转换为选区。并填充选区为橙色（R:239，G:169，B:153），按组合键"Ctrl+D"取消选区，如图 11-29 所示。

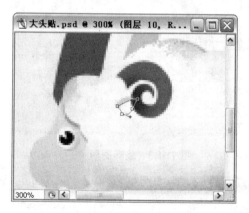

图 11-28 绘制路径

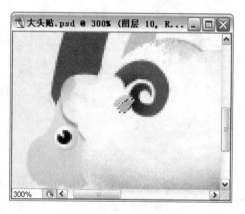

图 11-29 填充选区

3. 制作装饰物的花朵

01 新建"图层 11"，选择工具箱中的"椭圆选框工具" ⬭，在画布中绘制如图 11-30 所示的正圆选区，并填充选区为橙色（R:239，G:169，B:153），按组合键"Ctrl+D"取消选区。

02 选择工具箱中的"钢笔工具" ，绘制如图 11-31 所示的路径。

03 新建"图层 12"，按组合键"Ctrl+Enter"，将路径转换为选区，填充选区为（R:215，G:69，B:127），如图 11-32 所示。并按组合键"Ctrl+D"取消选区。

04 按组合键"Ctrl＋T"，旋转图形如图 11-33 所示，按 Enter 键确定。

05 按组合键"Ctrl+Alt+T"，旋转图形和位置如图 11-34 所示，按 Enter 键确定。

06 连续按组合键"Ctrl+Alt+Shift+T"5 次，复制多个花瓣效果如图 11-35 所示。

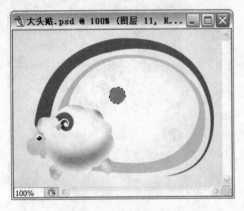

图 11-30 绘制正圆图形

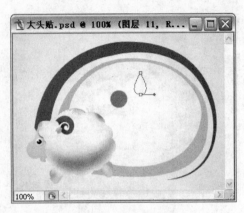

图 11-31 绘制路径

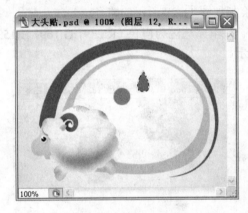

图 11-32 填充选区

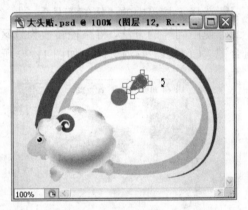

图 11-33 旋转图形

提示

按组合键"Ctrl+Alt+T",是执行"复制"命令,它与其他"复制"命令有所不同的是可以直接调整图形的形状和大小。而按组合键"Ctrl+Alt+Shift+T",则是执行"重复复制"命令。

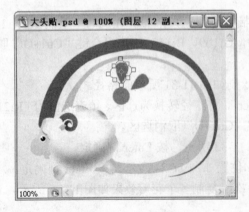

图 11-34 旋转图形

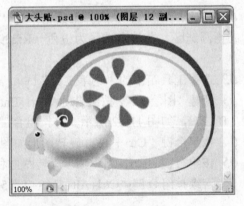

图 11-35 复制花瓣

07 合并"图层 11"和花瓣图形。并按组合键"Ctrl＋T",调整图形大小、位置如图 11-36 所示,按 Enter 键确定。

08 用同样的方法制作紫色花朵,并调整大小、位置如图 11-37 所示。

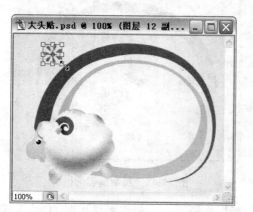

图 11-36　调整图形大小、位置

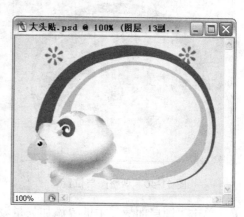

图 11-37　制作紫色花朵

09 按组合键"Ctrl+J",分别复制多个花朵副本,并调整位置如图 11-38 所示。

4.　将人物放置到大头贴中

01 执行"文件"|"打开"命令或按组合键"Ctrl＋O",打开如图 11-39 所示的素材图片"人物.tif"图片。

提示

按组合键"Ctrl+J",是执行"通过拷贝的图层"命令,它不但起着复制的作用,而且能够将选区内容自动放置到新的图层中。

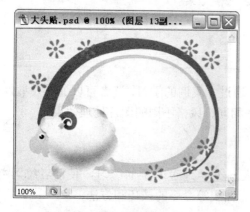

图 11-38　复制多个副本

图 11-39　打开素材图片

02 选择工具箱中的"移动工具" ,将图片拖动到"大头贴"文件窗口中,图层面板自动生成"图层 14",并调整图层到"图层 2"的下层,效果如图 11-40 所示。

03 选择工具箱中"椭圆选框工具" ，在画布中绘制椭圆选区，如图 11-41 所示。

图 11-40 调整图层位置　　　　　　　图 11-41 绘制椭圆选区

04 单击"图层面板"中的"添加矢量蒙版"按钮 ，最终效果如图 11-42 所示。

图 11-42 最终效果

11.3 破碎美人

本节介绍了如何制作人物的破碎效果，通过本案例的学习，读者可以通过发散性思维，将其他两个不同的材质相融合，制作出方法相同、风格不同的图片处理效果。

11.3.1 创意分析

本例制作一幅"破碎美人"（破碎美人.psd）。通过本例的练习，使读者练习并巩固 Photoshop 中色阶、浮雕效果、新调整图层、曲线等命令的技巧和方法。

11.3.2 最终效果

本例制作完成后的最终效果如图 11-43 所示。

图 11-43　最终效果

◐ 11.3.3　制作要点及步骤

- ◆ 打开"美人"素材图片,并为该图片去色。
- ◆ 打开"纹理"素材图片。
- ◆ 新建通道,拷贝纹理素材图片到美人素材图片通道中并调整其大小。
- ◆ 创建通道副本并调整其色阶。
- ◆ 载入通道选区并采用曲线调整。

1.　制作文件背景

01 执行"文件"│"打开"命令或按组合键"Ctrl+O"打开名为"美人.jpg"的素材文件,如图 11-44 所示。

02 按组合键"Ctrl+Shift+U"对"美人"素材图片进行去色,效果如图 11-45 所示。

图 11-44　打开素材图片　　　　　　　图 11-45　对图片进行去色

提示 在此使用"去色"命令，是为了让下一步使用"变化"命令时，图片颜色变为单色。

03 执行"图像"|"调整"|"变化"命令，打开"变化"对话框，各单击一次"加深黄色"、"加深红色"、"加深洋红"，如图 11-46 所示。

图 11-46　打开"变化"对话框

04 单击"确定"按钮后的效果如图 11-47 所示。

图 11-47　单击"确定"按钮后的效果

2. 打开素材图片并处理

01 执行"文件"|"打开"命令或按组合键"Ctrl+O"打开名为"纹理.jpg"的素材

文件，如图 11-48 所示。

02 按组合键"Ctrl+A"全选，按组合键"Ctrl+C"复制选区，单击"通道"面板"创建新通道" 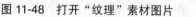 按钮，新建一个"Alpha1"通道，按组合键"Ctrl+V"将复制好的纹理粘贴到"Alpha1"通道中，如图 11-49 所示。

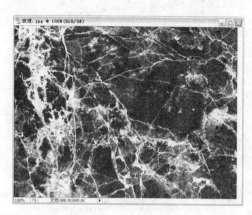

图 11-48　打开"纹理"素材图片

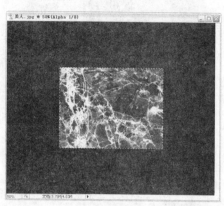

图 11-49　粘贴素材图片到"Alpha1"通道

03 按组合键"Ctrl＋T"打开"自由变换"调节框，按住"Shift+Alt"组合键等比例缩放，按 Enter 键确定，效果如图 11-50 所示。

04 按组合键"Ctrl+L"打开"色阶"对话框，对"Alpha1"通道进行色阶调整，在弹出的对话框中设定如图 11-51 所示的参数。

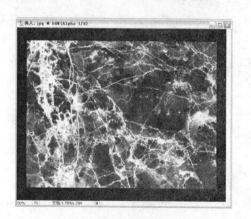

图 11-50　调整图片的大小

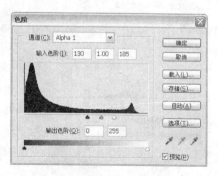

图 11-51　"色阶"对话框

05 在"通道面板"上，将"Alpha1"通道层拖动到"创建新通道" 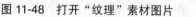 按钮上创建"Alpha1副本"通道，执行"滤镜"｜"风格化"｜"浮雕效果"命令，打开"浮雕效果"对话框，设置参数如图 11-52 所示。

在此使用"浮雕效果"命令是为了让纹理更加突出，显得更有凹凸感。

06 单击"确定"按钮后的效果如图11-53所示。

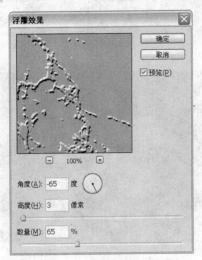

图11-52 "浮雕效果"对话框

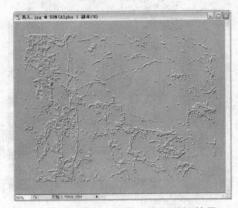

图11-53 单击"确定"按钮后的效果

07 在"通道面板"上复制"Alpha1 副本"为"Alpha1 副本 2",按组合键"Ctrl+L"打开"色阶"对话框,对"Alpha1 副本 2"进行色阶调整,在弹出的对话框中单击"设置白场"按钮，在文件窗口中单击并吸取灰色部分,如图11-54所示。

08 单击"确定"按钮后的效果如图11-55所示。

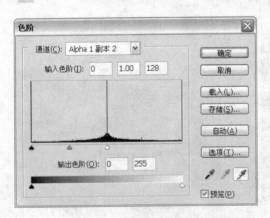

图11-54 打开"色阶"对话框

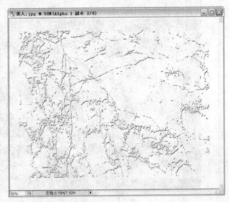

图11-55 单击"确定"按钮后的效果

09 按组合键"Ctrl+I"将"Alpha1 副本 2"进行反相,效果如图11-56所示。

10 单击"Alpha1 副本"使它成为当前通道,按组合键"Ctrl+L"打开"色阶"对话框,在弹出的对话框中单击"设置黑场"按钮，在画面中单击并吸取灰色部分,如图11-57所示。

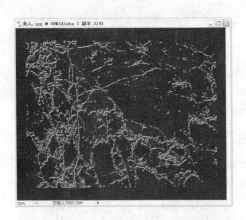

图 11-56 执行"反相"命令后的效果 　　　　　图 11-57　"色阶"对话框

3. 制作破碎的美人

01 单击"确定"按钮后的效果如图 11-58 所示。

02 在"通道面板"中单击"RGB 复合通道"，按住 Ctrl 键用鼠标单击"Alpha1"通道，将"Alpha1"通道载入选区，如图 11-59 所示。

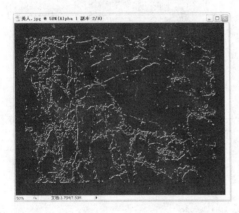

图 11-58　单击"确定"按钮后的效果 　　　　　图 11-59　载入"Alpha1"通道选区

03 执行"图层"｜"新建调整图层"｜"曲线"命令，弹出"新建图层"对话框，如图 11-60 所示。

04 单击"确定"按钮后，这时会弹出"曲线"对话框，调整曲线如图 11-61 所示。

在此使用"图层"、"新建调整图层"和"曲线"命令，此命令多了一个图层蒙版，是为了让原图能有更好的效果，而且不影响原图像的效果。而组合键"Ctrl+M"也可以打开"曲线"对话框，如果直接用这个曲线调整，将会影响到原图像的色彩以及原图像的效果。

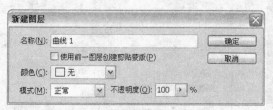

图 11-60　打开"新建图层"对话框

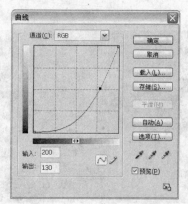

图 11-61　"曲线"对话框

05 单击"确定"按钮后的效果如图 11-62 所示。

06 按住 Ctrl 键用鼠标单击"Alpha1 副本"通道，将"Alpha1 副本"通道载入选区，用同样的方法打开"新建图层"对话框，单击"确定"按钮，弹出"曲线"对话框，设置参数如图 11-63 所示。

图 11-62　单击"确定"按钮后的效果

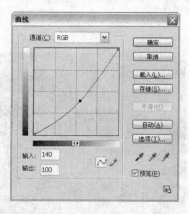

图 11-63　"曲线"对话框

07 单击"确定"按钮后的效果如图 11-64 所示。

图 11-64　单击"确定"按钮后的效果

08 按住 Ctrl 键用鼠标单击"Alpha1 副本 2"通道，将"Alpha1 副本 2"通道载入选区，用同样的方法打开"新建图层"对话框，单击"确定"按钮，弹出"曲线"对话框，设置参数如图 11-65 所示。

图 11-65　打开"曲线"对话框

09 单击"确定"按钮后的效果如图 11-66 所示。

图 11-66　单击"确定"按钮后的效果

10 按住 Ctrl 键，单击如图 11-67 所示的图层。

图 11-67　选择"图层"

11 单击工具箱中的"移动工具" ，将"纹理"素材图片移动到如图 11-68 所示的位置。

图 11-68 移动"纹理"效果

> **提示**
> 在此使用"移动工具" 是为了让纹理能把"美人"的面部和皮肤遮挡住。

12 用同样的方法单击"曲线 1"、"曲线 2"、"曲线 3"和背景图层，将图层拖动到"创建新图层"按钮 上创建图层副本，按组合键"Ctrl+E"合并所选图层为"曲线 3 副本"，单击"图层面板"上的"指示图层可视性"按钮 ，将"曲线 1"、"曲线 2"、"曲线 3"隐藏，这时的"图层面板"如图 11-69 所示。

图 11-69 合并图层后的"图层面板"

13 单击工具箱中的"钢笔工具" ，绘制如图 11-70 所示的路径。

图 11-70　绘制路径

14 按组合键"Ctrl+Enter"将路径转换为选区，效果如图 11-71 所示。

图 11-71　将路径转换为选区

15 按组合键"Ctrl+Shift+I"反向选定区域，然后按 Delete 键删除选定范围之外的区域，然后按组合键"Ctrl+D"取消选区如图 11-72 所示。

图 11-72　最终效果

提示 在此使用组合键"Ctrl+Shift+I"是为了删除面部和皮肤以外的图形。

11.4 改变质感的手表

本节将在原有的图片基础上进行材质改变,通过本案例的学习,可以思考制作木质的手表、玻璃的手表、扭曲的手表等的方法。这样您的制作范围和思考空间都会有所提高。

11.4.1 创意分析

本例制作一幅"手表"(手表.psd)。通过本例的练习,使读者练习并巩固 Photoshop 中使用通道和选择区域结合应用、填充渐变色的技巧和方法。

11.4.2 最终效果

本例制作完成后的最终效果如图 11-73 所示。

图 11-73 最终效果

11.4.3 制作要点及步骤

◆ 打开素材图片,绘制路径并转换为选区。

◆ 新建文件,并粘贴图片。

◆ 为"背景"图层填充渐变色。

◆ 复制图层并执行各种滤镜效果。

◆ 更改图层的混合模式。

01 执行"文件"|"打开"命令或按组合键"Ctrl+O"打开名为"手表.jpg"的素材文件，如图 11-74 所示。

02 单击工具箱中的"钢笔工具" ，绘制路径，按组合键"Ctrl+Enter"，将路径转换为选区，如图 11-75 所示。

图 11-74　打开素材图片

图 11-75　绘制路径并转换为选区

03 执行"文件"|"新建"命令或按组合键"Ctrl+N"，新建一个名称为"手表"的文件，设置参数如图 11-76 所示。

04 按组合键"Ctrl+C"复制选区内的图形，再按组合键"Ctrl+V"将手表粘贴到新建文件中，这时图层面板将自动生成"图层 1"，按组合键"Ctrl+J"复制图层副本，图层面板将自动生成"图层 1 副本"，如图 11-77 所示。

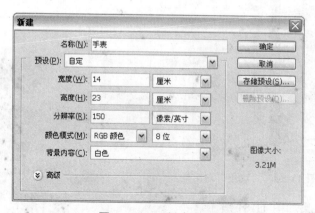

图 11-76　"新建"对话框

图 11-77　复制素材图片

05 选中"背景"图层，单击工具箱中的"渐变工具" ，打开"渐变编辑器"，设置位置：0，颜色为（R:255，G:255，B:255）。位置：100，颜色为（R:0，G:0，B:0）。设置如图 11-78 所示，单击"确定"按钮。

06 在属性栏上单击的"径向渐变"按钮 ，斜向拖动，并按组合键"Ctrl+D"取消选区，最终效果如图 11-79 所示。

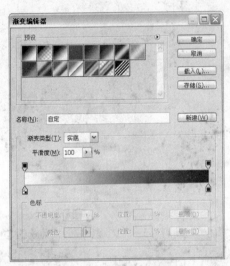

图 11-78 打开"渐变编辑器"对话框

图 11-79 填充渐变

07 选中"图层 1"，执行"滤镜"｜"画笔描边"｜"喷溅"命令，设置参数如图 11-80 所示。

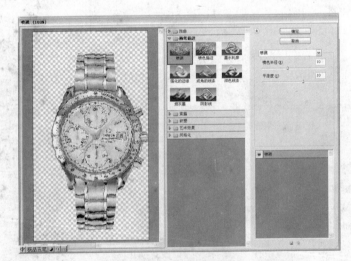

图 11-80 "喷溅"对话框

08 单击"确定"按钮后的效果如图 11-81 所示。

图 11-81　喷溅效果

09 执行"滤镜"｜"艺术效果"｜"干画笔"命令，设置参数如图 11-82 所示。

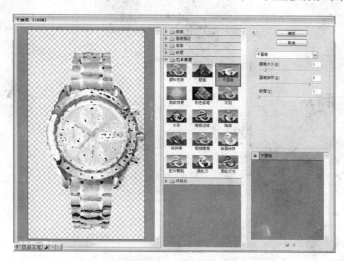

图 11-82　打开"干画笔"对话框

10 单击"确定"按钮后的效果如图 11-83 所示。

图 11-83　干画笔效果

11 执行"滤镜"│"渲染"│"光照效果"命令，设置参数如图 11-84 所示。

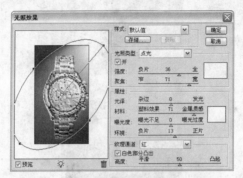

图 11-84　打开"光照效果"对话框

12 单击"确定"按钮后的效果如图 11-85 所示。

图 11-85　光照效果

13 按组合键"Ctrl+J"复制图层副本，图层面板将自动生成"图层 1 副本 2"，执行"滤镜"│"风格化"│"照亮边缘"命令，设置参数如图 11-86 所示。

图 11-86　打开"光照效果"对话框

14 单击"确定"按钮后的效果如图 11-87 所示。

图 11-87 光照效果

15 将"图层 1 副本 2"的混合模式设置为"色相",效果如图 11-88 所示。

图 11-88 更改图层"混合模式"的效果

16 用鼠标单击"图层 1 副本",按组合键"Ctrl+Shift+]"将"图层 1 副本"置为最高层,将图层面板的不透明度设置为"35%",效果如图 11-89 所示。

图 11-89 复制图层副本并更改图层的不透明度

17 按组合键"Ctrl+Shift+N"新建图层，单击工具箱中的"设置前景色" ■ 按钮，打开"拾色器"对话框，设置参数如图 11-90 所示。

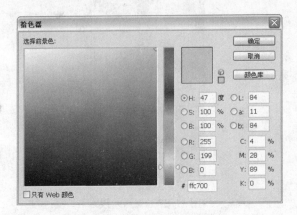

图 11-90 打开"拾色器"对话框

18 按组合键"Alt+Delete"填充前景色，如图 11-91 所示。

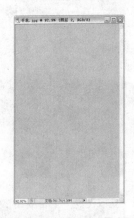

图 11-91 填充前景色

19 将图层面板上的混合模式设置为"颜色"，效果如图 11-92 所示。

图 11-92 最终效果

11.5　天空的鱼

本章主要制作了"天空的鱼"，它在鱼图片的基础上，采用渐变等手法制作鱼的身体被剖开的效果。如果读者感兴趣，也可以制作其他物体被剖开的形状。

11.5.1　创意分析

本例制作一幅"天空的鱼"（天空的鱼.psd）。通过本例的练习，使读者练习并巩固 Photoshop 中使用通道和选择区域结合应用、填充渐变色的技巧和方法。

11.5.2　最终效果

本例制作完成后的最终效果如图 11-93 所示。

图 11-93　最终效果

11.5.3　制作要点及步骤

- ◆ 打开天空素材图片，作为背景图层。
- ◆ 导入"鱼"素材图片。
- ◆ 绘制椭圆并保存选区在通道中。
- ◆ 复制椭圆选区通道并删除多余的椭圆。
- ◆ 删除选区内鱼肚皮的一部分，并填充黑色。
- ◆ 水平翻转并旋转后载入鱼层的选区，再删除多余的图形。
- ◆ 用同样的方法制作其余的图形。

1. 制作文件背景

01 执行"文件"|"打开"命令或按组合键"Ctrl+O"打开名为"天空.jpg"的素材文件，如图 11-94 所示。

02 按组合键"Ctrl+M"打开"曲线"对话框，选择"通道"为"蓝"，调整曲线如图 11-95 所示。

提示 在此使用"曲线"对话框并且在通道中选择蓝，是为了让天空变得更蓝，在调整曲线的过程中，曲线向上调天空的颜色就越蓝，曲线向下调天空的颜色就越暗。

图 11-94 打开素材图片

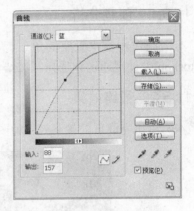

图 11-95 设置"曲线"对话框

03 单击"确定"按钮后的效果如图 11-96 所示。

04 单击工具箱中的"减淡工具" ，设置属性栏上的"画笔"的大小为"300"像素，对"天空"素材图片进行减淡，效果如图 11-97 所示。

提示 在此将背景局部减淡，目的是让"鱼"放在减淡的位置，使其更为突出。

图 11-96 蓝色天空效果

图 11-97 减淡后的局部效果

2. 制作剖开的"鱼"

01 执行"文件"|"打开"命令或按组合键"Ctrl+O"打开名为"鱼.jpg"的素材文

件，如图 11-98 所示。

02 单击工具箱中的"魔棒工具"，单击白色区域，按组合键"Ctrl+Shift+I"进行反向选择，如图 11-99 所示。

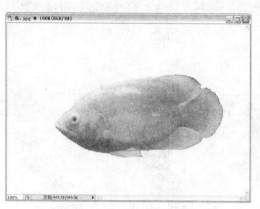
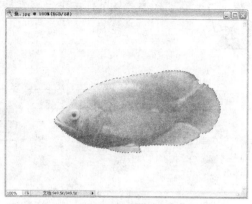

图 11-98　打开"鱼"素材图片　　　　图 11-99　执行"反向"命令

03 单击工具箱中的"移动工具"，将"鱼"移动到"天空"的文件中，"图层面板"将自动生成"图层 1"，按组合键"Ctrl＋T"打开"自由变换"调节框，按组合键"Shift+Alt"等比例缩小，按 Enter 键确定，效果如图 11-100 所示。

按住"Shift+Alt"组合键，拖动"自由变换"调节框右上方的节点，可以等比例调节其大小。

04 按组合键"Ctrl+J"复制出"图层 1 副本"，单击工具箱中的"椭圆选框工具"，在如图 11-101 所示的位置绘制椭圆选框。

图 11-100　比例缩小"鱼"　　　　图 11-101　绘制椭圆选框

05 执行"选择"I"存储选区"命令，打开"存储选区"对话框，设置文件名称为"椭圆选区"，如图 11-102 所示。

06 单击"确定"按钮后"通道面板"自动生成新通道"椭圆选区"，如图 11-103 所示。

在"存储选区"对话框中设置的名称，将与"通道面板"生成的新通道名称一致。

图 11-102　打开"存储选区"对话框

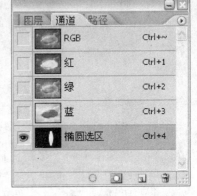

图 11-103　设置"通道面板"参数

07 按住 Shift 键同时单击键盘上的方向键"←"3 次，使选定的范围向左移动 3 个像素，用同样的方法打开"存储选区"对话框，设置参数如图 11-104 所示。

08 单击"确定"按钮后的"通道面板"自动生成新通道"椭圆选区 1"，如图 11-105 所示。

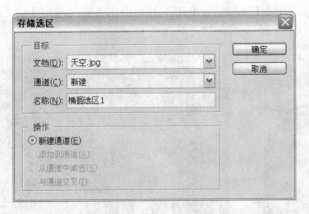

图 11-104　打开"存储选区"对话框

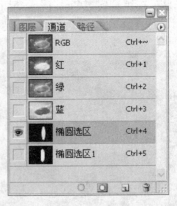

图 11-105　"通道面板"设置参数

09 在"通道面板"上，将"椭圆选区"通道层拖动到"创建新通道" 按钮上创建"椭圆选区 副本"通道，单击使"椭圆选区 副本"通道为当前通道层，这时文件窗口中显示的图像如图 11-106 所示。

10 按 Delete 键删除"椭圆选区副本"通道与"椭圆选区 1"通道相交区域的内容，

按组合键"Ctrl+D"取消选区，如图 11-107 所示。

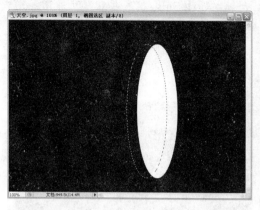

图 11-106　创建"椭圆选区副本"后的图像

图 11-107　删除图像后的效果

11 按住 Ctrl 键单击"椭圆选区副本"通道，载入选定范围，然后切换到"图层面板"，并选择"图层 1 副本"，然后按 Delete 键删除选定范围中的图像，如图 11-108 所示。

12 按住 Shift 键同时单击键盘上的方向键"←"3 次，使选定的范围向左移动到合适的位置后，再次按 Delete 键删除选定范围中的图像，效果如图 11-109 所示。

　如果此时方向键"←"移动 3 次后不能达到满意的位置，则可以多移动几次。

图 11-108　删除图像内容

图 11-109　使用同样的方法删除图像

13 使用同样的方法删除其他的图像，效果如图 11-110 所示。

14 单击"图层面板"上的"创建新图层按钮" ，新建一个图层。按住 Ctrl 键单击"通道面板"中的"椭圆选区 副本"通道，载入选区范围，设置"前景色"为黑色，按组合键"Alt+Delete"填充，如图 11-111 所示。

新建图层的方法有很多，其中按组合键 "Ctrl+Shift+N" 也可以新建图层。

图 11-110　用同样的方法删除图像内容　　图 11-111　新建图层载入选区并填充颜色

15 执行 "编辑" I "水平翻转" 命令，然后按组合键 "Ctrl＋T" 打开 "自由变换" 调节框，将黑色图形旋转移动到与鱼相接的位置，如图 11-112 所示。

也可以按组合键 "Ctrl＋T" 单击右键选择 "水平翻转" 命令。但是却不一定刚好与鱼的肚子相吻合。在此使用旋转移动是为了让黑色图形准确地移动到与鱼相接的位置。

16 按住组合键 "Ctrl+Alt+Shift" 单击 "图层面板" 上的 "图层 1"，得到当前选定范围与 "图层 1" 上的鱼相交的区域，如图 11-113 所示。

图 11-112　水平翻转黑色区域　　　　　图 11-113　选定与鱼相交的区域

按组合键 "Ctrl+Alt+Shift" 将保留两图层相交叉的区域。

17 按组合键 "Ctrl+Shift+I" 反向选定区域，然后按 Delete 键删除选定范围之外的区域，如图 11-114 所示。

图 11-114　删除多余的图形

18 用同样的方法为鱼制作其余的效果，按住 Ctrl 键单击并加选所有黑色区域的图层，按组合键 "Ctrl+E" 合并所选图层为 "图层 2"，如图 11-115 所示。

图 11-115　用同样的方法制作其余的效果

19 按住 Ctrl 键不放，单击 "图层 2" 前面的缩览框，载入选区。单击工具箱中的 "渐变工具"，打开 "渐变编辑器"，设置位置：0，颜色为（R:49，G:49，B:47）。位置：16，颜色为（R:131，G:128，B:128）。位置：50，颜色为（R:255，G:255，B:255）。位置：84，颜色为（R:131，G:128，B:128）。位置：100，颜色为（R:49，G:49，B:47）。设置如图 11-116 所示，单击 "确定" 按钮。

图 11-116　打开"渐变编辑器"对话框

20 在属性栏上单击的"线性渐变"按钮，斜向拖动，并按组合键"Ctrl+D"取消选区，最终效果如图 11-117 所示。

图 11-117　填充图形并取消选区

11.6　小结

本章主要讲解了图片处理的基本概念、制作大头贴、制作图片纹理、改变图片质感、改变图片形象等各方面的知识。建议读者在学习这些案例的过程中，学会举一反三，制作出相似的其他效果，这样才有助于平面设计上的提高。

第 12 章　使用电脑手绘制作广告

在现在社会，电脑手绘艺术已经成为一个单独的学科。学习并掌握该科目的知识以后，可以胜任广告插图、服装插画、工业设计等各个以绘图为主专业的要求。本章介绍两个电脑绘画，一个是以香水瓶为主题的产品设计，一个是以风景绘画为主的插画设计。通过本章的学习希望读者能够掌握电脑手绘知识的重点和难点，并绘制出其他不同的作品。

12.1　基本概念与知识

电脑手绘必须掌握到 Photoshop 软件中的钢笔工具、画笔工具、加深、减淡工具、渐变工具等与色彩有关的工具。因为钢笔工具是绘制图片的造型的，画笔工具是为图片上色的，而加深、减淡等工具是为图片调节色彩的。只有将三者相结合才能形成一个完整的手绘案例。

12.2　写实香水瓶

本案例着重讲解了如何制作香水瓶，该案例主要适合于对包装设计造型感兴趣的读者。在此包含了金属效果、玻璃效果、羽毛效果等各个方面的操作技巧，值得读者仔细阅读和借鉴学习。在此建议读者最好具备一定的美术功底，这样才能更好地表现香水瓶的质感。

12.2.1　创意分析

本例制作一幅"香水瓶"（绘制香水瓶.psd）。通过本例的练习，使读者练习并巩固 Photoshop 中画笔工具、涂抹工具等工具的使用方法和技巧。

12.2.2　最终效果

本例制作完成后的最终效果如图 12-1 所示。

图 12-1　绘制香水瓶的最终效果

● 12.2.3　制作要点及步骤

◆ 新建文件，填充渐变背景色。

◆ 绘制香水瓶路径，并填充块面颜色。

◆ 调整香水瓶的色彩。

◆ 绘制羽毛并输入文字。

01 执行"文件"|"新建"命令，打开"新建"对话框，设置"名称"绘制香水瓶，"宽度"为 17.86 cm，"高度"为 13.45 cm，"分辨率"为 150 像素/英寸，"模式"为"RGB 颜色"，"背景内容"为白色，如图 12-2 所示，单击"确定"按钮。

02 单击"新建图层"按钮 ，新建"图层 1"。单击"矩形选区工具" ，绘制矩形选区，如图 12-3 所示。

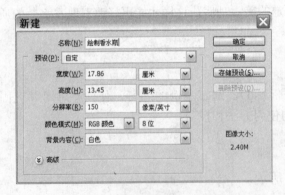

图 12-2　设置"新建"对话框

图 12-3　绘制矩形选区的效果

03 单击"渐变工具" ，打开属性栏上的"渐变编辑器"，设置位置：0，颜色为（R：238，G：200，B：196）。位置：100，颜色为（R：220，G：165，B：195）。设置参数如图 12-4 所示。单击"确定"按钮。

04 选择"线性渐变" ，在选区范围内，拖动鼠标填充渐变色。"渐变"后的效果如图 12-5 所示。按组合键"Ctrl+D"，取消选区。

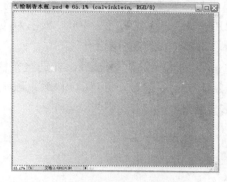

图 12-4 设置"渐变编辑器"对话框　　图 12-5 对选区进行渐变填充

05 单击"新建图层"按钮 ，新建"图层 2"。单击"钢笔工具" ，绘制"瓶体"路径。单击"转换点工具" 对路径的控制手柄进行调整，路径如图 12-6 所示。

06 按组合键"Ctrl+ Enter"，将路径转换为选区，效果如图 12-7 所示。

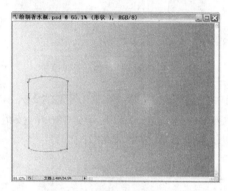

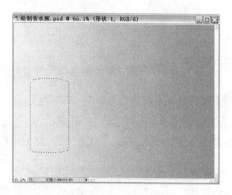

图 12-6 绘制路径效果　　　　　　图 12-7 将路径转换为选区效果

07 设置前景色为（R：196，G：229，B：186），按组合键"Alt+BakeSpace"填充。按组合键"Ctrl+D"取消选区。完成效果如图 12-8 所示。

08 新建"图层 3"。单击"钢笔工具" ，绘制路径，将路径转换为选区，如图 12-9 所示。

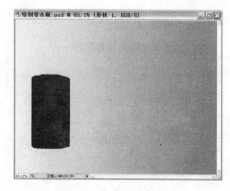

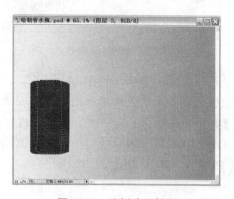

图 12-8 图填充黑色效果　　　　　　图 12-9 绘制选区效果

09 单击"渐变工具" ，打开属性栏上的"渐变编辑器"，设置位置：0，颜色为（R：254，G：210，B：200）。位置：100，颜色为（R：220，G：165，B：195）。设置参数如图 12-10 所示。单击"确定"按钮。

10 选择"线性渐变"按钮 ，在选区范围内，拖动鼠标填充渐变色。"渐变"后的效果如图 12-11 所示。按组合键"Ctrl+D"，取消选区。

图 12-10　设置"渐变编辑器"的参数

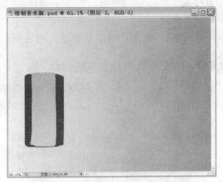

图 12-11　对选区进行渐变填充

11 新建"图层 4"。单击"钢笔工具" ，绘制"瓶盖"路径，如图 12-12 所示。

12 将路径转换为选区。设置前景色为黑色（R：196，G：229，B：186），按组合键"Alt+BakeSpace"填充。按组合键"Ctrl+D"取消选区，完成效果如图 12-13 所示。

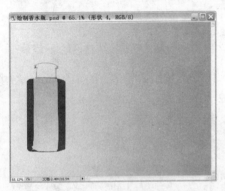

图 12-12　绘制路径效果

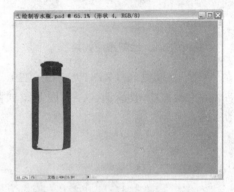

图 12-13　填充黑色效果

13 如上所示方法，制作"图层 5"。单击"钢笔工具" ，绘制如图路径，将路径转换为选区。设置前景色，进行填充，完成效果如图 12-14 所示。

14 单击"渐变工具" ，打开属性栏上的"渐变编辑器"，设置位置：0，颜色为（R：254，G：210，B：200）。位置：100，颜色为（R：220，G：165，B：195）。设置参数如图 12-15 所示，单击"确定"按钮。

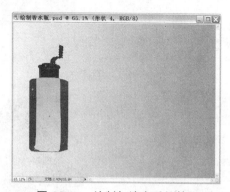

图 12-14 绘制与填充后的效果

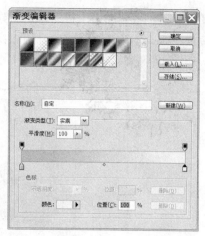

图 12-15 设置"渐变编辑器"对话框

15 选择"线性渐变"按钮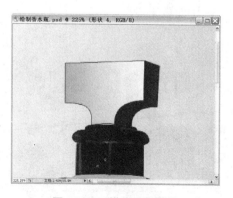，在选区范围内，拖动鼠标填充渐变色。"渐变"后的效果如图 12-16 所示。

16 执行"编辑"Ⅰ"描边"命令，打开"描边"对话框，设置"描边"颜色为灰色（R：175，G：176，B：178），其他参数设置如图 12-17 所示。

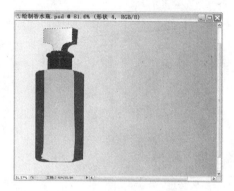

图 12-16 对选区进行渐变填充

图 12-17 设置"描边"对话框

17 单击"确定"按钮，完成效果如图 12- 1 8 所示。

图 12-18 描边后的效果

18 单击"新建图层"按钮 ，新建"图层 6"。单击"钢笔工具" ，绘制路径。单击"转换点工具" 对路径的控制手柄进行调整，按组合键"Ctrl+Enter"，将路径转换为选区，如图 12-19 所示。

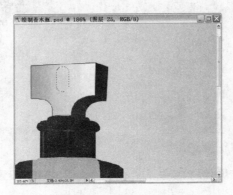

图 12-19　绘制选区效果

19 设置前景色为黑色（R：196，G：229，B：186），按组合键"Alt+BakeSpace"填充。按组合键"Ctrl+D"取消选区。完成效果如图 12-20 所示。

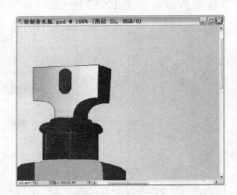

图 12-20　填充后的效果

20 如上方法绘制路径，设置前景色为灰色（R：220，G：165，B：186），进行填充，完成效果如图 12-21 所示。

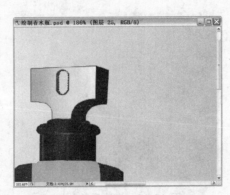

图 12-21　绘制与填充后的效果

21 新建"图层7"。单击"椭圆选区工具"　，按 Shift 键绘制正圆形选区，选区如图 12-22 所示。

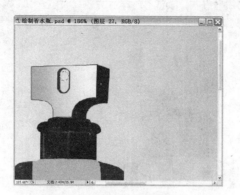

图 12-22　绘制椭圆选区

22 填充黄色，完成效果如图 12-23 所示。

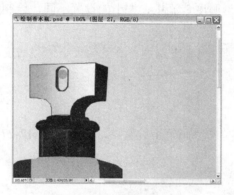

图 12-23　填充灰色效果

23 双击此图层，出现"图层样式"对话框，勾选其中的"投影"复选框，设置参数如图 12-24 所示。

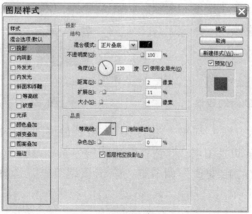

图 12-24　设置"投影"复选框

24 单击"确定"按钮，完成效果如图 12-25 所示。

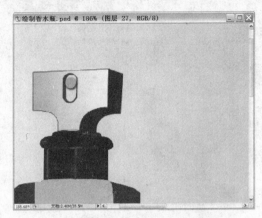

图 12-25　设置完成后图像效果

25 单击"新建图层"按钮 ，新建"图层 8"。单击"画笔工具" ，设置前景色的不同，通过对属性栏上的透明度、流量、大小的设置不同，绘制如图 12-26 所示效果。

 按下快捷键"{""}"可以调整画笔的大小；透明度与流量越大，画出来的颜色越暗。

26 新建"图层 9"，单击"画笔工具" ，绘制如图 12-27 所示效果。

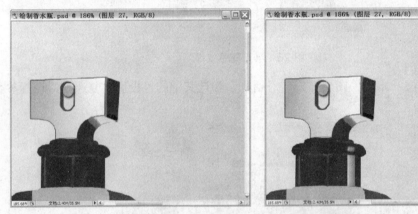

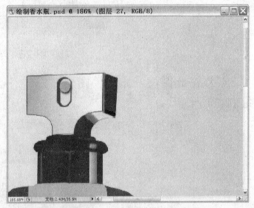

图 12-26　绘制后的效果　　　　　　　　　图 12-27　绘制后的效果

27 如图 12-27 所示方法，制作"图层 10"。绘制最终效果如图 12-28 所示。

28 在图层面板上拖动"图层 3"到"新建图层"按钮 ，制作"图层 3 副本"。按组合键"Ctrl＋T"，打开"自由变换"调节框，右击该调节框，选择"垂直翻转"调整图形位置，效果如图 12-29 所示。

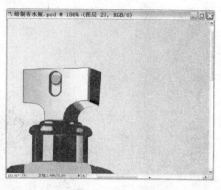

图 12-28　制作"图层 3 副本"后的效果

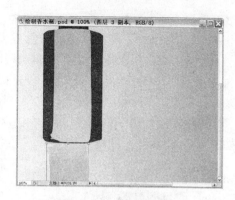

图 12-29　调整位置

29 按 Enter 键确定，最终效果如图 12-30 所示。

30 单击"新建图层"按钮 ，新建"图层 11"。单击"钢笔工具" ，绘制路径。将路径转换为选区，设置前景色为红色（R：205，G：121，B：78），进行填充，如图 12-31 所示。

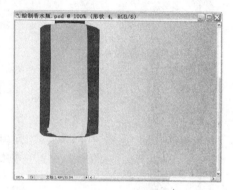

图 12-30　调整后的效果

图 12-31　绘制与填充颜色

31 使用同样的方法，绘制效果如图 12-32 所示。

32 新建"图层 12"。单击"钢笔工具" ，绘制路径。将路径转换为选区，效果如图 12-33 所示。

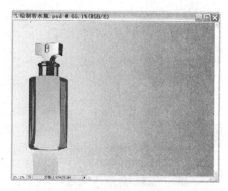

图 12-32　绘制其他图形效果

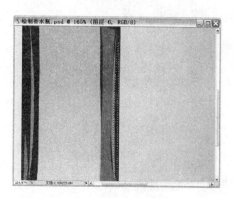

图 12-33　绘制选区效果

33 单击"渐变工具" ，打开属性栏上的"渐变编辑器"，设置位置：0，颜色为（R：127，G：47，B：48）。位置：13，颜色为（R：89，G：88，B：86）。位置：34，颜色为（R：150，G：47，B：57）。位置：54，颜色为（R：203，G：83，B：129）。位置：73，颜色为（R：174，G：82，B：132）。位置：100，颜色为（R：238，G：209，B：234）。设置参数如图 12-34 所示，单击"确定"按钮。

34 选择"线性渐变"按钮，在选区范围内，拖动鼠标填充渐变色。"渐变"后的效果如图 12-35 所示。

图 12-34　设置"渐变编辑器"的参数

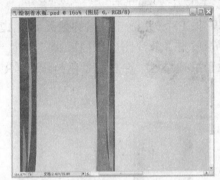

图 12-35　对选区进行渐变填充

35 新建"图层 13"。绘制选区，效果如图 12-36 所示。

36 单击"渐变工具" ，打开属性栏上的"渐变编辑器"，设置位置：0，颜色为（R：185，G：85，B：110）。位置：100，颜色为（R：238，G：209，B：277）。设置参数如图 12-37 所示，单击"确定"按钮。

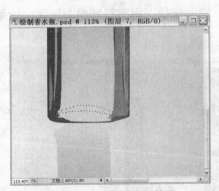

图 12-36　绘制选区效果

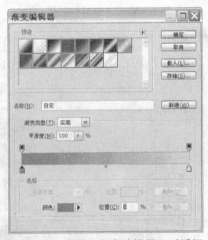

图 12-37　设置"渐变编辑器"对话框

37 选择"线性渐变"按钮，在选区范围内，拖动鼠标填充渐变色。"渐变"后的效果如图 12-38 所示。

38 在图层面板上拖动"图层 13"到"新建图层"按钮 🔲，制作"图层 13 副本"。按组合键"Ctrl＋T"，打开"自由变换"调节框，右击，选择"垂直翻转"，按 Enter 键确定调整图形位置，效果如图 12-39 所示。

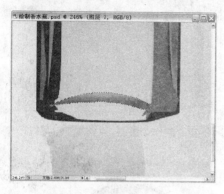
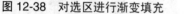

图 12-38　对选区进行渐变填充　　　　图 12-39　制作"图层 13 副本"效果

39 单击"渐变工具" 🔲，打开属性栏上的"渐变编辑器"，设置位置：0，颜色为（R：185，G：85，B：110）。位置：100，颜色为（R：243，G：220，B：235，设置参数如图 12-40 所示，单击"确定"按钮。

40 选择"线性渐变"按钮 🔲，进行渐变。"渐变"后的效果如图 12-41 所示。

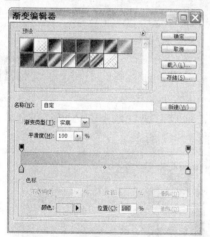
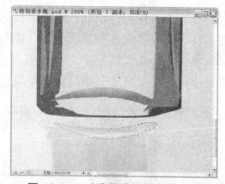

图 12-40　设置"渐变编辑器"对话框　　　　图 12-41　对选区进行渐变填充

41 单击"新建图层"按钮 🔲，新建"图层 14"。单击"钢笔工具" 🖊，绘制路径。将路径转换为选区，设置前景色填充颜色，效果如图 12-42 所示。

42 同样的方法，制作"图层 14 副本"，调整位置如图 12-43 所示。

43 新建"图层 15"。单击"钢笔工具" 🖊，绘制"叶片"，设置前景色，填充颜色，最终效果如图 12-44 所示。

44 新建"图层 15"。单击"钢笔工具" 🖊，绘制路径。按组合键"Ctrl+Enter"，将路径转换为选区，效果如图 12-45 所示。

图 12-42 绘制路径与填充颜色

图 12-43 制作"图层 14 副本"效果

图 12-44 绘制"叶片"后的效果

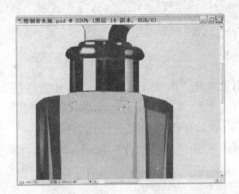

图 12-45 绘制"投影"路径

45 设置前景色进行填充，单击"画笔工具" ，设置前景色的不同，通过对属性栏上的透明度、流量、大小的设置不同，绘制如图 12-46 所示效果。

46 单击"画笔工具" ，设置前景色的不同，通过对属性栏上的透明度、流量、大小的设置不同，对"瓶子"进行调整，最终效果如图 12-47 所示。

图 12-46 填充颜色的效果

图 12-47 调整后的效果

47 设置前景色为白色（R：255，G：255，B：255）。单击"横排文字工具" ，输入文字，图层面板自动生成"图层 16"，如图 12-48 所示。

48 按组合键"Ctrl＋T"，打开"自由变换"调节框，右击选择"扭曲"命令，调整图形状，如图 12-49 所示，按 Enter 确定。

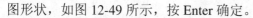

图 12-48　输入文字效果　　　　　　　　图 12-49　输入文字效果

49 单击"横排文字工具" **T**，输入文字，图层面板自动生成"图层 17"，如图 12-50 所示。

50 使用同样的方法，输入文字，调整位置，最终完成效果如图 12-51 所示。

图 12-50　输入文字效果　　　　　　　　图 12-51　最终完成效果

12.3　绘画风景

本节将制作一幅月色风景图案，该案例主要是考虑到颜色的搭配以及月夜景物的构图。读者只需要掌握简单的工具就可以制作出这幅美丽的图片。当然如果感兴趣，还可以设计出类似的作品，以提高自己的技艺。

12.3.1　创意分析

本例制作一幅"绘画风景"（绘画风景.psd）。通过本例的练习，使读者练习并巩固 Photoshop 中使用画笔工具、涂抹工具的使用技巧和方法。

12.3.2 最终效果

本例制作完成后的最终效果如图 12-52 所示。

图 12-52 最终效果

12.3.3 制作要点及步骤

◆ 新建文件，填充背景色。

◆ 绘制正圆选框并填充前景色。

◆ 绘制"树"的基本形状并进行涂抹。

◆ 绘制图形，进行涂抹并更改图层的不透明度。

01 执行"文件"I"新建"命令或按组合键"Ctrl+N"，新建一个名称为"绘画风景"的文件，设置参数如图 12-53 所示。

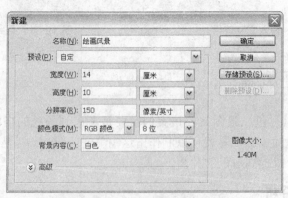

图 12-53 打开"新建"对话框

02 单击"设置背景色" 按钮，打开"拾色器"对话框，设置参数如图 12-54 所示。

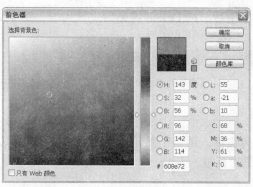

图 12-54　打开"拾色器"对话框

03 按组合键"Ctrl+Delete"，填充前景色，效果如图 12-55 所示。

04 按组合键"Ctrl+Shift+N"新建图层，单击工具箱中的"椭圆选框工具" ，绘制正圆选框，单击"设置前景色" 按钮，打开"拾色器"对话框，将设置前景色为白色，按组合键"Alt+Delete"，填充前景色，效果如图 12-56 所示。

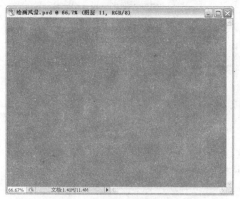

图 12-55　填充背景色

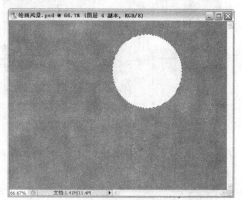

图 12-56　绘制正圆选框并填充颜色

05 将选区移动到如图 12-57 所示的位置。

06 按组合键"Ctrl+Alt+D"打开"羽化选区"对话框，设置参数如图 12-58 所示。

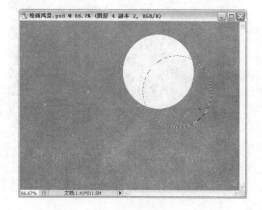

图 12-57　移动选区

图 12-58　打开"羽化选区"对话框

07 单击"确定"按钮后，按 Delete 键删除选区内容，效果如图 12-59 所示。

> 提示
>
> 使用羽化命令并按 Delete 键删除选区内容，是为了更能突出"月亮"在半圆时的效果。

08 将前景色设置为黑色，单击工具箱中的"画笔工具" ，单击属性栏上的 ，弹出如图 12-60 所示的画笔对话框。

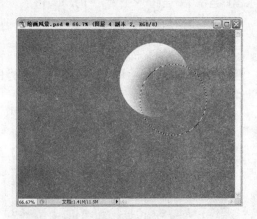

图 12-59 羽化效果

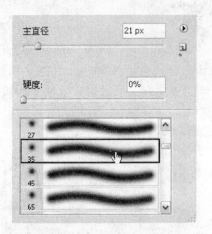

图 12-60 "画笔"选项框

09 新建图层，在如图 12-61 所示的位置绘制"树"的基本形状。

10 绘制好"树"的基本形状以后，用"画笔工具" 在"树"的空白区域填补，效果如图 12-62 所示。

图 12-61 绘制"树"基本形状

图 12-62 填补"树"的空白区域

11 单击工具箱中的"涂抹工具" ，在"树"的边缘进行涂抹，效果如图 12-63 所示。

用"涂抹工具" 对"树"进行涂抹，是为了让"树"感觉到有被微风吹的效果。

12 将前景色设置为白色，单击工具箱中的"画笔工具"，设置属性栏的参数如图 12-64 所示。

图 12-63　涂抹"树"的边缘　　　　图 12-64　设置画笔属性栏

13 新建图层，并在窗口中绘制如图 12-65 所示云雾效果。

14 单击工具箱中的"涂抹工具"对图形进行涂抹，效果如图 12-66 所示。

图 12-65　用画笔工具绘制图形　　　　图 12-66　对图形进行涂抹

15 在"图层面板"中，设置图形的"不透明度"为"60%"，效果如图 12-67 所示。

 在这里使用"涂抹工具"涂抹，是为了更能突出"云"覆盖着"月亮"和"树"的效果。

16 使用同样的方法绘制其余的图形，效果如图 12-68 所示。

图 12-67　更改图层的不透明度　　　　图 12-68　使用同样的方法绘制

12.4　小结

　　本章通过讲解两个手绘实例，让读者了解到手绘图案的绘制过程。同时练习一些电脑手绘所必须掌握的工具，例如，钢笔工具、画笔工具、橡皮擦工具等等。希望读者在练习完本章所提供的案例后能主动寻找一些相似的作品进行练习，以便提高自己的手绘功底。

第 13 章　壁　纸　设　计

壁纸在电脑生活中非常受欢迎，因为它将使电脑桌面的颜色和内容显得更丰富。壁纸设计有很多种类型，比如有金属质感、有水晶质感、有明星图案、有名车名模等。读者可以根据各人的喜好和需要设计出适合自己的壁纸作为电脑桌面，这样既有个性，又美化了生活。

13.1　基本概念与知识

电脑壁纸的大小应该与电脑桌面相当，即设计时的宽度和高度应当分别设计为 1024×768 像素。如果遇上喜欢的壁纸也应该更改为这个参数，才能将整个壁纸显示在电脑桌面上。如果希望得到现成的壁纸，在很多壁纸网站上直接下载即可。

13.2　时尚壁纸

本节讲解了壁纸的其中一种类型，它采用了图层样式和滤镜命令相结合的手法，制作出一个蓝色主题的壁纸图案。该案例制作方法简单有效，如果感兴趣的话，可以制作出类似的任意图案作为电脑桌面以彰显个性。

13.2.1　创意分析

本例制作一幅"时尚壁纸"（时尚壁纸.psd）。通过本例的练习，使读者练习并巩固 Photoshop 中使用钢笔工具、渐变工具、文字工具、加深工具、减淡工具的使用技巧和方法。

13.2.2　最终效果

本例制作完成后的最终效果如图 13-1 所示。

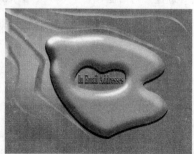

图 13-1　最终效果

13.2.3　制作要点及步骤

◆ 新建文件，填充渐变色作为背景色。

◆ 绘制浮雕效果的壁纸图案。

◆ 绘制装饰触须并输入文字。

1. 制作背景

01 执行"文件"|"新建"命令或按组合键"Ctrl+N"，新建一个名称为"时尚壁纸"的文件，设置参数如图 13-2 所示。

新建文件可以设置成 1024×768 像素，也可以设置成等比例缩放的尺寸。比如在这里的 28 cm×21 cm 就是等比例缩放后的尺寸。

02 按组合键"Ctrl+Shift+N"新建图层，单击工具箱中的"渐变工具" ，打开"渐变编辑器"，设置位置：0，颜色为（R:91，G:241，B:253）。位置：100，颜色为（R:47，G:132，B:200），设置如图 13-3 所示，单击"确定"按钮。

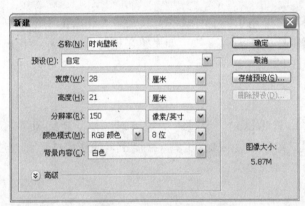

图 13-2　打开"新建"对话框　　　　图 13-3　打开"渐变编辑器"对话框

03 单击属性栏上的"径向渐变"按钮 ，在工作区域中拖动，渐变效果如图 13-4 所示。

04 执行"滤镜"|"纹理"|"拼缀图"命令，打开"拼缀图"对话框，设置参数如图 13-5 所示。

"拼缀图"对话框里的"方形大小"数值框设置的参数越大，类似于网格的格子就越大，"凸现"数值框设置的参数越大，其网格内的线条就越深。

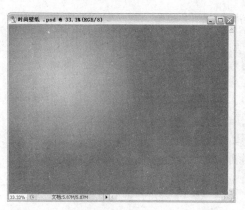
图 13-4　径向渐变

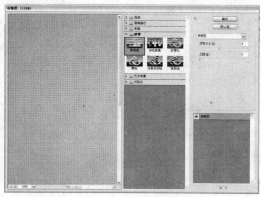
图 13-5　打开"拼缀图"对话框

2. 绘制壁纸图案

01 单击"确定"按钮后的效果如图 13-6 所示。

02 按组合键"Ctrl+Shift+N"新建图层，单击工具箱中的"钢笔工具" 绘制如图 13-7 所示的路径。

 在使用"钢笔工具" 绘制图形时，可以按住 Ctrl 键调整其线条的弯度。

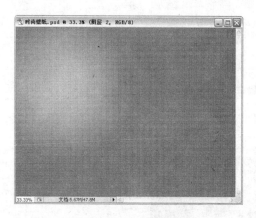
图 13-6　"拼缀图"效果

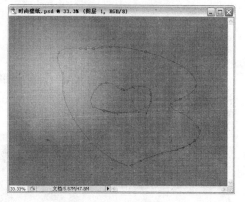
图 13-7　绘制路径

03 按组合键"Ctrl+Enter"，将路径转换为选区，如图 13-8 所示。

04 单击"设置前景色" 按钮，打开"拾色器"对话框，设置前景色颜色（R:50，G:199，B:255）；按组合键"Alt+Delete"，填充前景色，效果如图 13-9 所示。

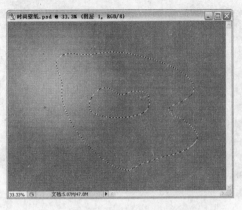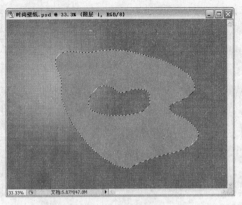

图 13-8　将路径转换为选区　　　　　　　　图 13-9　填充前景色

05 执行"图层"｜"图层样式"｜"斜面和浮雕"命令，打开"图层样式"对话框，设置参数如图 13-10 所示。

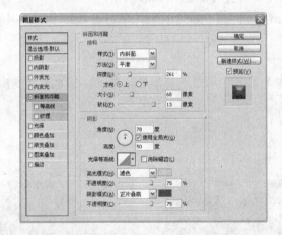

图 13-10　"图层样式"对话框

06 单击"确定"按钮后的效果如图 13-11 所示。

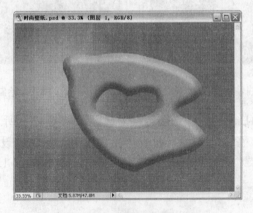

图 13-11　斜面和浮雕效果

07 执行"图层"|"图层样式"|"投影"命令,打开"图层样式"对话框,设置参数如图 13-12 所示。

08 单击"确定"按钮后的效果如图 13-13 所示。

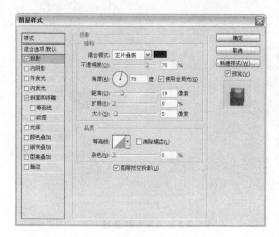

图 13-12 "图层样式"对话框

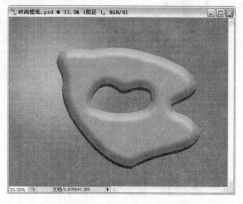

图 13-13 投影效果

09 单击工具箱中的"加深工具" ,对图形的局部进行加深,效果如图 13-14 所示。

> **提示** 在这里使用"加深工具" 主要是为了让壁纸的边缘更能突出,能有更好的光照效果。

10 新建图层,用同样的方法绘制路径并转换为选区,位置如图 13-15 所示。

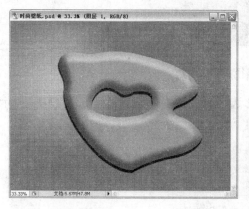

图 13-14 加深效果

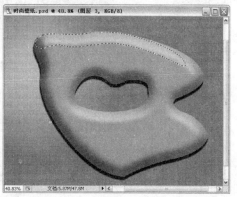

图 13-15 绘制路径并转换为选区

11 按组合键"Ctrl+Alt+D",打开"羽化选区"对话框,设置参数如图 13-16 所示。

12 单击"设置前景色" 按钮,打开"拾色器"对话框,设置前景颜色(R:105;255;251);按组合键"Alt+Delete",填充前景色,效果如图 13-17 所示。

> **提示** 这里先羽化再填充颜色主要是为了让图形既类似于外发光又类似于模糊的效果，让读者看起来更美观。

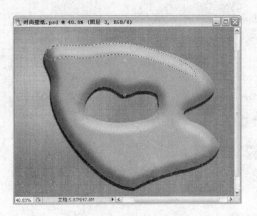

图 13-16　"羽化选区"对话框　　　　　　　　图 13-17　填充前景色

13 新建图层，用同样的方法绘制路径并转换为选区，位置如图 13-18 所示。

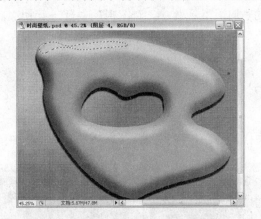

图 13-18　绘制路径并转换为选区

14 按组合键 "Ctrl+Alt+D"，打开 "羽化选区" 对话框，设置参数如图 13-19 所示。

图 13-19　"羽化选区"对话框

15 设置前景色为白色，按组合键 "Alt+Delete"，填充前景色，效果如图 13-20 所示。

16 新建图层，使用同样的方法绘制其余的图形，效果如图 13-21 所示。

在绘制其余的图形的时候，要注意一定要先使用"羽化"命令过后再填充颜色。

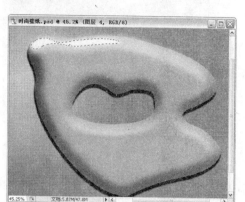

图 13-20 填充前景色

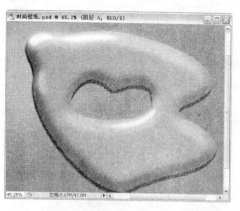

图 13-21 使用同样的方法绘制

3. 绘制壁纸"柱条"

01 按组合键"Ctrl+Shift+N"新建图层，单击工具箱中的"钢笔工具" 绘制路径并转换为选区，位置如图 13-22 所示。

02 单击"设置前景色" 按钮，打开"拾色器"对话框，设置前景颜色（R:68；140；199）；按组合键"Alt+Delete"，填充前景色，效果如图 13-23 所示。

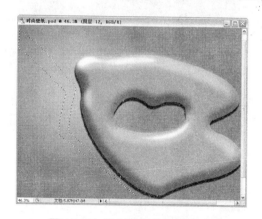

图 13-22 绘制路径并转换为选区

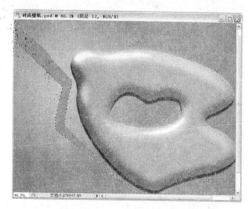

图 13-23 填充前景色

03 执行"图层"｜"图层样式"｜"斜面和浮雕"命令，打开"图层样式"对话框，设置参数如图 13-24 所示。

04 单击"确定"按钮后的效果如图 13-25 所示。

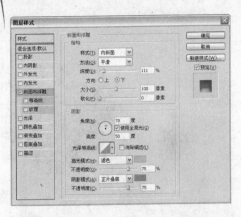

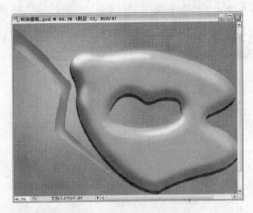

图 13-24　打开"图层样式"对话框　　　　图 13-25　斜面和浮雕效果

05 单击工具箱中的"减淡工具" ，对图形的局部进行减淡，效果如图 13-26 所示。

在这里使用"减淡工具" ，是为了让"柱条"更能突出高光效果。

06 使用同样的方法绘制其余的，效果如图 13-27 所示。

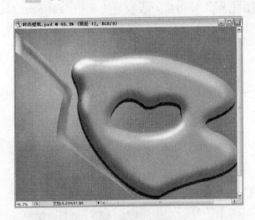

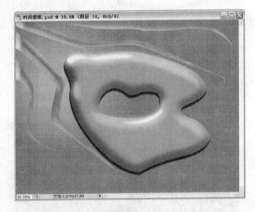

图 13-26　减淡效果　　　　　　　　图 13-27　使用同样的方法绘制

4．输入文字

01 设置前景颜色为（R:61，G:143，B:213），单击工具箱中的"横排文字工具" T，位置如图 13-28 所示。

02 执行"图层"｜"图层样式"｜"斜面和浮雕"命令，打开"图层样式"对话框，设置参数如图 13-29 所示。

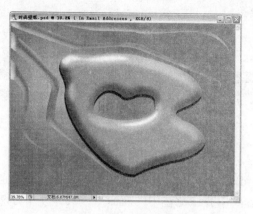

图 13-28　输入文字

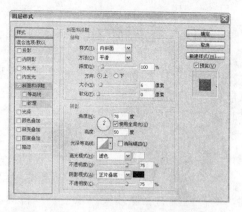

图 13-29　设置"图层样式"对话框

03 单击"确定"按钮后的效果如图 13-30 所示。

04 执行"图层"｜"图层样式"｜"投影"命令，打开"图层样式"对话框，设置参数如图 13-31 所示。

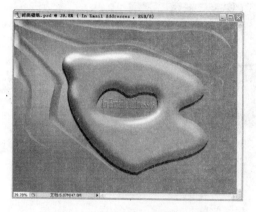

图 13-30　斜面和浮雕效果

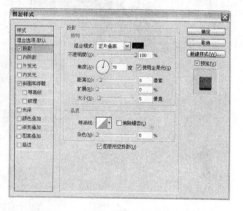

图 13-31　设置"图层样式"对话框

05 单击"确定"按钮后的效果如图 13-32 所示。

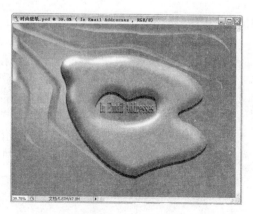

图 13-32　投影效果

13.3 超酷壁纸

本节将制作一幅水晶题材的壁纸，只要能掌握对高光、反光和倒影的表现方法，就可以制作任何水晶样式壁纸。下面将介绍一种最常用的水晶按钮制作方法，希望读者能够有所收获。

13.3.1 创意分析

本例制作一幅"超酷壁纸"（超酷壁纸.psd）。本实例主要采用"图层样式"的个别特性，制作图形的立体效果。以下实例将为读者简单介绍滤镜中的新命令，具体使用方法和操作技巧，以下实例将为读者讲解。

13.3.2 最终效果

本例制作完成后的最终效果如图 13-33 所示。

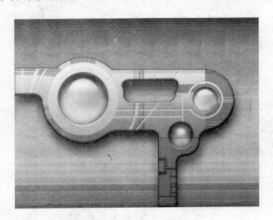

图 13-33　最终效果

13.3.3 制作要点及步骤

◆ 制作超酷壁纸的背景和外形。

◆ 绘制超酷壁纸中图形上的条纹。

◆ 绘制超酷壁纸中图形上的玻璃珠效果。

01 执行"文件"｜"新建"命令，打开"新建"对话框，设置"名称"为"超酷壁纸"，"宽度"为"17"cm，"高度"为"13"cm，"分辨率"为"150"像素/英寸，"颜色模式"为"RGB 颜色"，"背景内容"为"白色"，如图 13-34 所示，单击"确定"按钮。

02 执行"文件"｜"打开"命令或按组合键"Ctrl＋O"，打开如图 13-35 所示的素材图片"背景.jpg"图片。

图 13-34 "新建"对话框

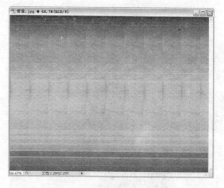

图 13-35 打开素材图片

03 选择工具箱中的"移动工具" ，将图片拖动到"超酷壁纸"文件窗口中，图层面板自动生成"图层 1"，调整图形如图 13-36 所示。

04 选择工具箱中的"钢笔工具" ，在属性栏中单击"路径"按钮 ，绘制如图 13-37 所示的路径。

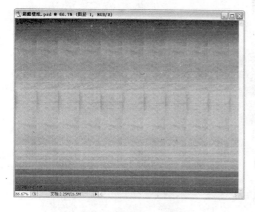

图 13-36 导入图片

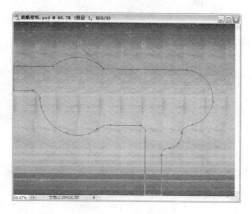

图 13-37 绘制路径

05 选择工具箱中的"渐变工具" ，打开属性栏上的"渐变编辑器"，设置位置：0，颜色为（R:255，G:255，B:255）。位置：100，颜色为（R:142，G:142，B:142）。设置参数如图 13-38 所示，单击"确定"按钮。

06 新建"图层 2"，按组合键"Ctrl+Enter"，将路径转换为选区，并渐变选区如图 13-39 所示。按组合键"Ctrl+D"取消选区。

在"渐变编辑器"对话框中，可以将调整的渐变色创建为自定义渐变样式。调整好渐变色后单击对话框中的"新建"按钮，可以创建渐变样式。

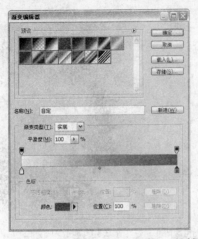

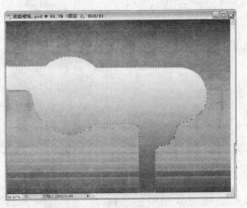

图 13-38 设置"渐变编辑器"对话框　　　　　　　图 13-39　渐变选区

07 双击"图层 2",打开"图层样式"对话框,在对话框选择"描边"复选框,设置描边颜色为黑色,设置其他参数如图 13-40 所示。

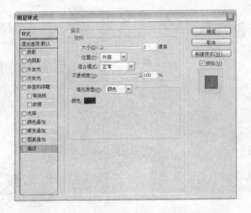

图 13-40 设置"描边"复选框

08 设置完"描边"复选框后,选择"斜面和浮雕"复选框,设置参数如图 13-41 所示。

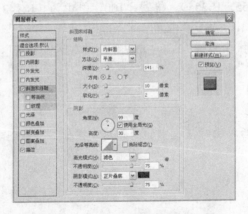

图 13-41 设置"斜面和浮雕"复选框

09 设置完"斜面和浮雕"复选框后，选择"内阴影"复选框，设置参数如图 13-42 所示。

10 设置完"内阴影"复选框后，选择"投影"复选框，设置参数如图 13-43 所示。单击"确定"按钮。

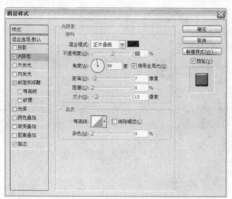

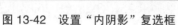

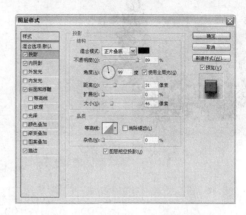

图 13-42 设置"内阴影"复选框   图 13-43 设置"投影"复选框

11 选择工具箱中的"椭圆工具" ，按住组合键"Alt+Shift"绘制正圆路径，如图 13-44 所示。

12 按组合键"Ctrl+Enter"，将路径转换为选区。并按 Delete 键删除选区内容，效果如图 13-45 所示。按组合键"Ctrl+D"取消选区。

> **提示** 选择"椭圆工具" ，按住组合键"Alt+Shift"绘制路径，可以绘制从中间放大的正圆路径。按住 Shift 键可以绘制正圆路径。

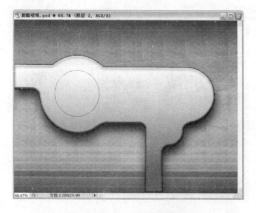

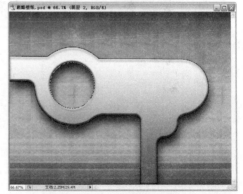

图 13-44 绘制正圆路径   图 13-45 删除选区内容

13 使用同样的方法，绘制路径，并删除选区内容，效果如图 13-46 所示。按组合键"Ctrl+D"取消选区。

14 按住 Ctrl 键，单击"图层 2"的缩览窗口，将载入图形选区，如图 13-47 所示。

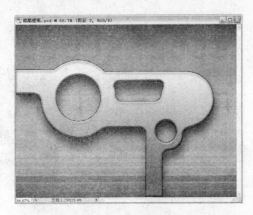

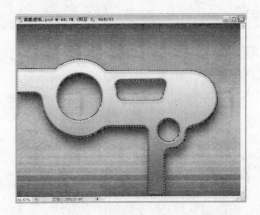

图 13-46　删除选区内容　　　　　　　图 13-47　载入图形选区

15 选择工具箱中的"渐变工具" ，打开属性栏上的"渐变编辑器"，设置位置：0，颜色为（R:225，G:225，B:229）。位置：100，颜色为（R:25，G:25，B:26）。设置参数如图 13-48 所示，单击"确定"按钮。

16 新建"图层 3"，按住 Shift 键，从上往下拖动，渐变选区如图 13-49 所示。按组合键"Ctrl+D"取消选区。

 选择"渐变工具" ，按住 Shift 键从上往下拖动，能使渐变色成直线渐变。

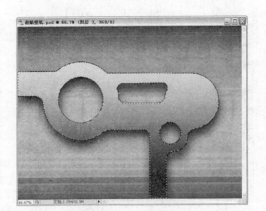

图 13-48　设置"渐变编辑器"对话框　　　　　图 13-49　渐变选区

17 双击"图层 3"，打开"图层样式"对话框，在对话框中选择"斜面和浮雕"复选框，设置参数如图 13-50 所示，单击"确定"按钮。

18 选择工具箱中的"钢笔工具" ，绘制路径如图 13-51 所示。

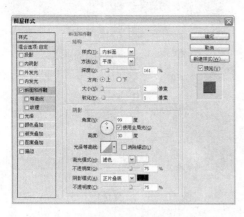

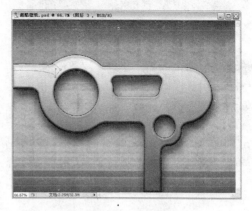

图 13-50　设置"斜面和浮雕"复选框　　　　图 13-51　绘制路径

19 按组合键"Ctrl+Enter"，将路径转换为选区，设置"前景色"为灰色（R:169，G:169，B:169），并按组合键"Alt+Delete"，填充选区如图 13-52 所示。按组合键"Ctrl+D"取消选区。

20 使用同样的方法绘制路径，并填充选区如图 13-53 所示。按组合键"Ctrl+D"取消选区。

按"D"键，可以恢复"前景色"和"背景色"的默认颜色。

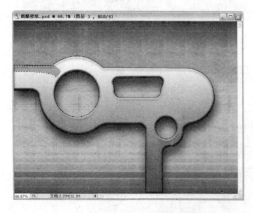

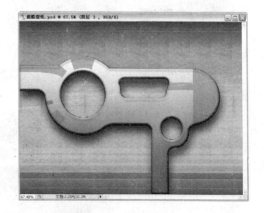

图 13-52　填充选区　　　　　　　　图 13-53　绘制路径

21 选择工具箱中的"钢笔工具" ，绘制路径如图 19-54 所示。

22 按组合键"Ctrl+Enter"，将路径转换为选区，设置"前景色"为深灰色（R:42，G:42，B:42），并按组合键"Alt+Delete"，填充选区如图 13-55 所示。按组合键"Ctrl+D"取消选区。

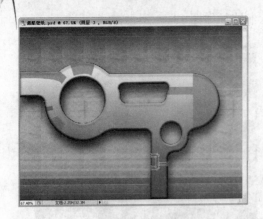

图 13-54　绘制路径

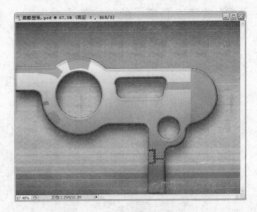

图 13-55　填充选区

23 选择工具箱中的"画笔工具" ，在属性栏中单击"画笔预设"下拉列表框 ，打开下拉列表，在列表中选择"硬边方形 3 像素"样式画笔，如图 13-56 所示。

24 设置"前景色"为白色。按住 Shift 键绘制白色线条如图 13-57 所示。

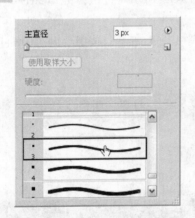

图 13-56　选择画笔样式

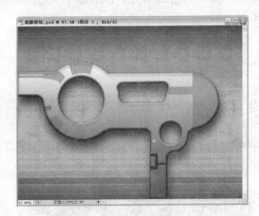

图 13-57　绘制白色线条

25 使用同样的方法绘制白色线条，如图 13-58 所示。

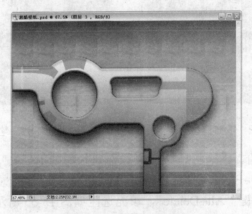

图 13-58　绘制白色线条

26 设置"前景色"为灰色（R:135，G:135，B:135），使用同样的方法绘制灰色线条，如图 13-59 所示。

 在绘制线条时，可以通过按键盘中的"["键和"']"键，调整画笔的大小。

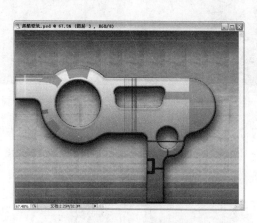

图 13-59　绘制灰色线条

27 按住 Ctrl 键，单击"图层 2"的缩览窗口，将载入图形选区，如图 13-60 所示。

28 按组合键"Ctrl+Shift+I"反选选区，并按 Delete 键删除选区内容如图 13-61 所示。

图 13-60　载入图形选区

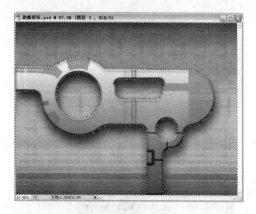

图 13-61　删除选区内容

29 选择工具箱中的"画笔工具"，设置"前景色"为深灰色（R:42，G:42，B:42）。按住 Shift 键绘制深灰色线条如图 13-62 所示。

30 设置"前景色"为灰色（R:229，G:229，B:229），使用同样的方法绘制线段如图 13-63 所示。

 选择"画笔工具"，按住 Shift 键绘制线条，能绘制直线。

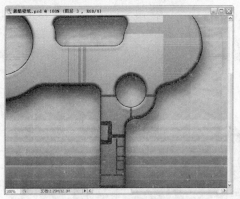

图 13-62　绘制深灰色线条

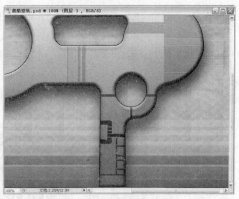

图 13-63　绘制灰色线段

31 选择工具箱中的"钢笔工具"，绘制路径如图 13-64 所示。

32 按组合键"Ctrl+Enter"，将路径转换为选区。并按 Delete 键删除选区内容，效果如图 13-65 所示。按组合键"Ctrl+D"取消选区。

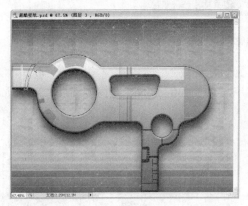

图 13-64　绘制路径

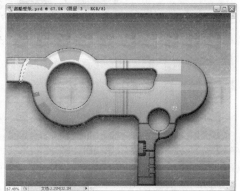

图 13-65　删除选区内容

33 用同样的方法制作线条，并删除选区内容如图 13-66 所示。

34 选择"图层 2"，单击工具箱中的"魔棒工具"，选择如图 13-67 所示的选区。

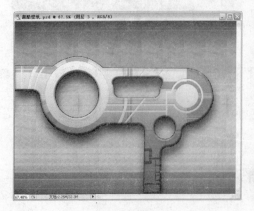

图 13-66　删除选区内容

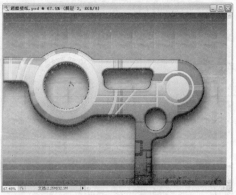

图 13-67　选择选区

35 新建"图层 4"，设置"前景色"为（R:255，G:126，B:0），设置"背景色"为（R:252，G:255，B:33），并执行"滤镜"|"渲染"|"云彩"命令，效果如图 13-68 所示。

36 执行"图像"|"调整"|"曲线"命令，打开"曲线"对话框。调整曲线如图 13-69 所示，单击"确定"按钮。

 "云彩"命令产生的效果，是根据"前景色"与"背景色"的颜色变化而变化的颜色。

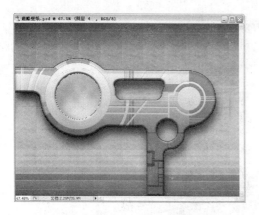

图 13-68　执行"云彩"命令

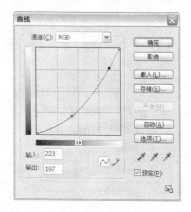

图 13-69　调整"曲线"对话框

37 执行"滤镜"|"像素化"|"晶格化"命令，打开"晶格化"对话框，设置参数如图 13-70 所示，单击"确定"按钮。

38 执行"滤镜"|"画笔描边"|"喷溅"命令，打开"喷溅"对话框，设置参数如图 13-71 所示，单击"确定"按钮。

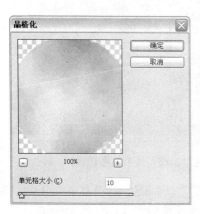

图 13-70　设置"晶格化"对话框

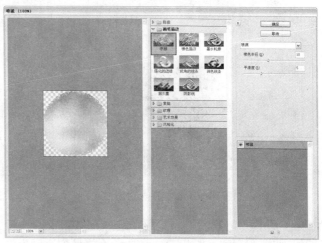

图 13-71　设置"喷溅"对话框

39 选择工具箱中的"画笔工具" ，在属性栏中单击"画笔预设"下拉列表框，打开下拉列表，在列表中选择"柔角65像素"样式画笔，如图13-72所示。

40 新建"图层5"，设置"前景色"为黑色，在选区边部绘制如图13-73所示的阴影效果。

可以通过更改属性栏中的"不透明度"和"流量"来更改画笔绘制的阴影效果。

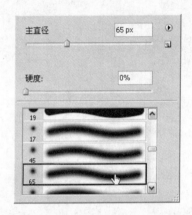

图 13-72　选择画笔样式

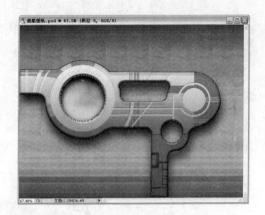

图 13-73　绘制阴影效果

41 设置"图层5"的"不透明度"为"70%"，效果如图13-74所示。按组合键"Ctrl+D"取消选区。

42 选择工具箱中的"椭圆选框工具" ，在画布中绘制如图13-75所示的椭圆选区。

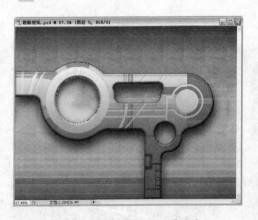

图 13-74　设置"不透明度"

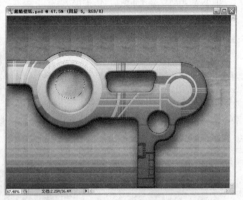

图 13-75　绘制椭圆选区

43 设置"前景色"为白色，选择工具箱中的"渐变工具" ，打开属性栏上的"渐变编辑器"对话框，在对话框中选择"前景到透明"渐变样式如图13-76所示。单击"确定"按钮。

44 执行"选择"Ⅰ"羽化"命令，打开"羽化选区"对话框，设置羽化半径为"2"像素，单击"确定"按钮，如图 13-77 所示。

提示　在"羽化选区"对话框中，设置的参数越大，填充图形的边就越柔软。

图 13-76　设置"渐变编辑器"对话框　　　图 13-77　设置"羽化选区"对话框

45 新建"图层 6"，渐变选区如图 13-78 所示。按组合键"Ctrl+D"取消选区。

46 选择"图层 4"、"图层 5"、"图层 6"，按组合键"Ctrl+E"合并图层，并重命名为"玻璃球"，如图 13-79 所示。

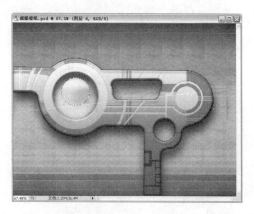

图 13-78　渐变选区　　　　　　　　　图 13-79　合并图层

47 选择"玻璃球"图层，按组合键"Ctrl+J"复制图层，系统自动创建"玻璃球 副本"图层，并按组合键"Ctrl＋T"，调整图形如图 13-80 所示。按 Enter 键确定。

48 用同样的方法制作另一颗玻璃球效果，最终效果如图 13-81 所示。

提示　如果颜色过暗或者过亮，可以通过工具箱中的加深、减淡工具调整。

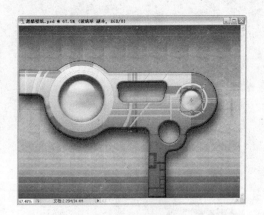

图 13-80　调整图形

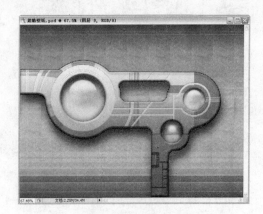

图 13-81　最终效果

13.4　小结

　　本章以两张壁纸的制作过程为例，分别介绍制作浮雕效果和水晶效果的过程。同时它们都配合了滤镜命令制作出样式丰富的内容和效果。通过本章的学习和练习，希望读者能掌握到壁纸的制作方法和操作技巧。

第14章 标志的设计

本章通过制作一个完整的标志，希望能够指导读者对标志进行观察。标志是整个品牌的灵魂，标志也是代表公司品牌的象征。所以标志设计的优劣程度直接与该公司在消费者心目中的位置有关。

14.1 基本概念与知识

标志是现代经济的产物，现代标志承载着企业的无形资产，是企业综合信息传递的媒介。商标,标志作为企业 CIS 战略的最主要部分，在企业形象传递过程中，是应用最广泛、出现频率最高，同时也是最关键的元素。企业强大的整体实力、完善的管理机制、优质的产品和服务，都被涵盖于标志中，通过不断地刺激和反复刻画，深深地留在受众心中。

14.2 标志设计

通过本例中"标志设计"的练习，使读者练习并巩固 Photoshop 中使用钢笔工具、椭圆选框工具、文字工具、画笔工具的使用技巧和方法。

14.2.1 创意分析

本例制作一幅"标志设计"（标志设计.psd）。该案例由红色的背景搭配黑色的字母构成，色彩上引人注目。构图上活泼、火热的形象特征，表现出对年青人有朝气的特点。

14.2.2 最终效果

本例制作完成后的最终效果如图 14-1 所示。

图 14-1 最终效果

◐ 14.2.3　制作要点及步骤

◆ 新建文件，填充背景色。

◆ 绘制路径并对路径进行描边。

◆ 绘制椭圆。

◆ 输入文字并进行路径描边。

1.　绘制标志形状

01 执行"文件"|"新建"命令或按组合键"Ctrl+N"，新建一个名称为"标志设计"的文件，设置参数如图 14-2 所示。

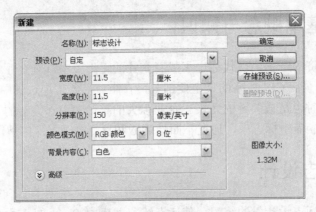

图 14-2　打开"新建"对话框

02 单击"设置背景色" 按钮，打开"拾色器"对话框，设置前景颜色（R:0，G:48，B:25）；按组合键"Ctrl+Delete"，填充背景色，效果如图 14-3 所示。

图 14-3　填充背景色

03 按组合键"Ctrl+Shift+N"新建图层，单击工具箱中的"钢笔工具" ，在属性栏上单击"添加路径区域"按钮 ，绘制如图 14-4 所示的路径。

在这一步中，单击"添加路径区域"按钮 是因为绘制的路径不是一个整体，而是几个部分组成的。

04 按组合键"Ctrl+Enter"，将路径转换为选区，如图 14-5 所示。

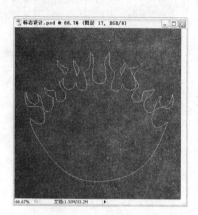

图 14-4　绘制路径

图 14-5　将路径转换为选区

05 单击"设置前景色" 按钮，打开"拾色器"对话框，设置前景颜色（R:210，G:35，B:42）；按组合键"Alt+Delete"，填充前景色，效果如图 14-6 所示。

06 新建图层，使用同样的方法绘制路径并转换为选区，将前景色设置为黑色，按组合键"Alt+Delete"，填充前景色，效果如图 14-7 所示。

图 14-6　填充前景色

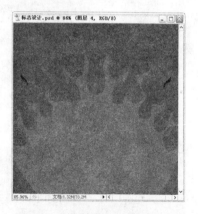

图 14-7　绘制路径并填充前景色

2.　对标志进行进一步绘制

01 按组合键"Ctrl+Shift+N"新建图层，单击工具箱中的"钢笔工具" ，在属性栏上单击"添加路径区域"按钮 ，在如图 14-8 所示的位置绘制路径。

02 将前景色设置为白色，选择工具箱中的"画笔工具" ，单击属性栏上的"切换画笔调板"按钮 ，打开画笔调板选项框，设置参数如图 14-9 所示。

提示 在使用画笔时，首先设置前景色的原因是：画笔描边的颜色会随着前景色的变化而改变。

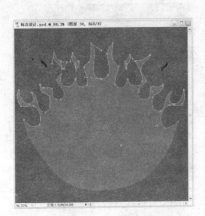

图 14-8　绘制路径

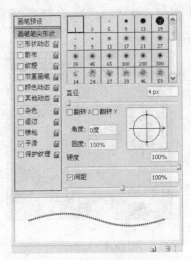

图 14-9　打开画笔预设选项框

03 单击工具箱中的"钢笔工具" ，在窗口中右击，弹出如图 14-10 所示的快捷菜单。

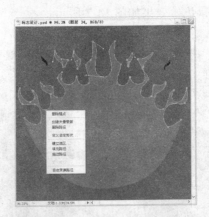

图 14-10　描边路径快捷菜单

04 选择"描边路径"选项，弹出"描边路径"对话框，单击小三角形按钮 选择"画笔"，如图 14-11 所示。

图 14-11　"描边路径"对话框

05 单击"确定"按钮后的效果如图 14-12 所示。

06 将前景色设置为黑色，新建图层，单击工具箱中的"钢笔工具" 绘制路径，用同样的方法为路径描边，效果如图 14-13 所示。

 在这一步中，设置画笔选项框的参数和上面一样，做法也相同，在这里就不再多讲解了，希望读者多加练习。

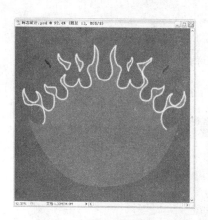

图 14-12　画笔描边

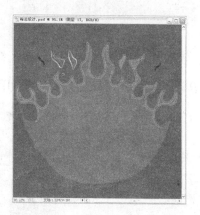

图 14-13　使用同样的方法描边

07 按组合键"Ctrl+Shift+N"，新建图层，单击工具箱中的"钢笔工具" 绘制路径，按组合键"Ctrl+Enter"，将路径转换为选区，如图 14-14 所示。

08 单击"设置前景色" 按钮，打开"拾色器"对话框，设置前景颜色（R:249，G:244，B:24）；按组合键"Alt+Delete"，填充前景色，效果如图 14-15 所示。

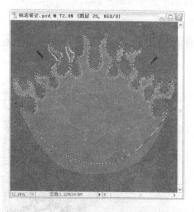

图 14-14　绘制路径并转换为选区

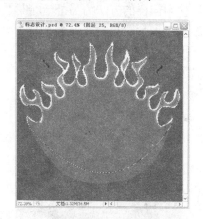

图 14-15　填充前景色

09 选中黑色的图形，执行"图层"｜"图层样式"｜"描边"命令，打开"图层样式"对话框，设置参数如图 14-16 所示。

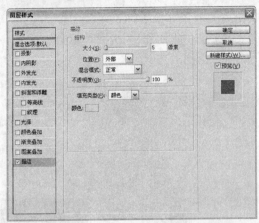

图 14-16　打开"图层样式"对话框

10 单击"确定"按钮后的效果如图 14-17 所示。

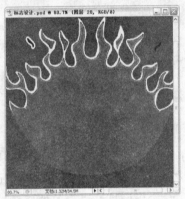

图 14-17　描边效果

11 使用同样的方法为另外一个黑色图形描边，效果如图 14-18 所示。

12 新建图层，单击工具箱中的"椭圆选框工具" 绘制椭圆选框，单击"设置前景色" 按钮，打开"拾色器"对话框，设置前景为黑色，按组合键"Alt+Delete"，填充前景色，位置如图 14-19 所示。

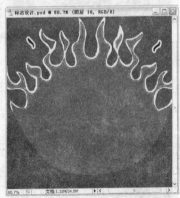

图 14-18　使用同样的方法描边

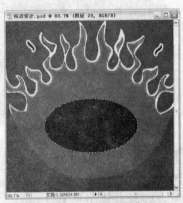

图 14-19　绘制椭圆选框

13 新建图层，单击"设置前景色" 按钮，打开"拾色器"对话框，设置前景颜色（R:230，G:232，B:51）；按组合键"Alt+Delete"填充前景色，按组合键"Ctrl+D"取消选区。单击工具箱中的"移动工具" ，将黄色椭圆移动到如图 14-20 所示的位置。

 要将黄色的圆放到黑色圆形的下面，按"Ctrl+["组合键。

14 选中黑色椭圆，按组合键"Ctrl+J"复制，单击工具箱中的"移动工具" ，将黑色椭圆移动到如图 14-21 所示的位置。

图 14-20　移动黄色椭圆

图 14-21　复制黑色椭圆并移动

3. 输入文字并描边

01 将前景色设置为黑色，单击工具箱中的"横排文字工具" ，输入如图 14-22 所示的文字。

02 单击属性栏上的"创建文字变形"按钮 ，打开"变形文字"对话框，设置参数如图 14-23 所示。

图 14-22　输入文字

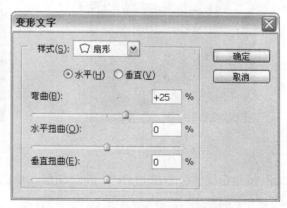

图 14-23　打开"变形文字"对话框

提示 在"变形文字"对话框中，样式的弯曲度、水平扭曲、垂直扭曲是可以根据自己的需要来改变的。

03 单击"确定"按钮后的效果如图 14-24 所示。

04 执行"图层"｜"图层样式"｜"描边"命令，打开"图层样式"对话框，设置参数如图 14-25 所示。

图 14-24　输入文字

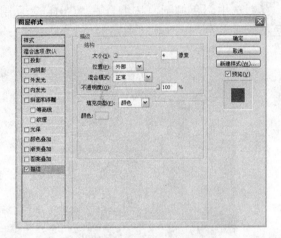

图 14-25　打开"图层样式"对话框

05 单击"确定"按钮后的效果如图 14-26 所示。

06 用同样的方法输入文字并对文字进行描边，按组合键"Ctrl＋T"打开"自由变换"对话框，调整文字如图 14-27 所示。

图 14-26　描边效果

图 14-27　输入文字并描边

07 按组合键"Ctrl+Shift+N"，新建图层，单击工具箱中的"钢笔工具" 绘制如图 14-28 所示的路径。

08 设置前景颜色（R:249，G:222，B:9），选择工具箱中的"画笔工具" ，单击属

性栏上的"切换画笔调板"按钮 ，打开画笔调板选项框，设置参数如图 14-29 所示。

图 14-28　绘制路径

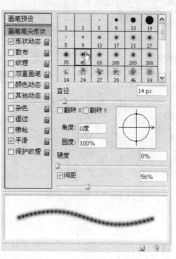

图 14-29　打开画笔选项框

09 单击工具箱中的"钢笔工具" ，在窗口中右击，在快捷菜单中选择"描边路径"选项，弹出"描边路径"对话框，单击小三角形按钮 選择画笔，单击"确定"按钮，效果如图 14-30 所示。

10 使用同样的方法绘制如图 14-31 所示的描边路径。

图 14-30　对路径进行描边

图 14-31　对路径进行描边

4.　输入文字并处理

01 将前景色设置为黑色，单击工具箱中的"横排文字工具" **T**，输入如图 14-32 所示的文字。

02 单击属性栏上的"创建文字变形"按钮 ，打开"变形文字"对话框，设置参数如图 14-33 所示。

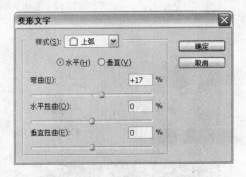

图 14-32　输入文字　　　　　　　图 14-33　打开"变形文字"对话框

03 单击"确定"按钮后的效果如图 14-34 所示。

图 14-34　对文字进行变形

04 执行"图层"｜"图层样式"｜"描边"命令，打开"图层样式"对话框，设置参数如图 14-35 所示。

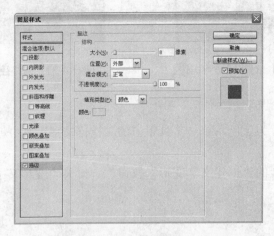

图 14-35　打开"图层样式"对话框

05 单击"确定"按钮后的效果如图 14-36 所示。

图 14-36 对文字进行描边

06 执行"图层"｜"图层样式"｜"投影"命令，打开"图层样式"对话框，设置参数如图 14-37 所示，单击"确定"按钮。

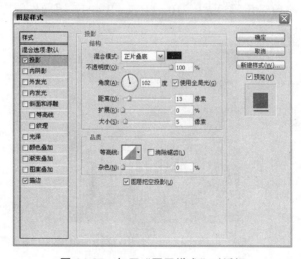

图 14-37 打开"图层样式"对话框

07 设置前景色为白色，按住 Ctrl 键单击"文字"图层的缩览窗口载入图层选区，单击"路径"面板中的"从选区生成工作路径"按钮 ，选择工具箱中的"画笔工具" ，单击属性栏上的"切换画笔调板"按钮 ，打开"画笔"调板选项框，设置参数如图 14-38 所示。

 单击"从选区生成工作路径"按钮 可以将选区转换为路径。

08 新建图层，选择工具箱中的"直接选择工具" 框选所有的路径，选择"钢笔工具" ，在窗口中右击，在快捷菜单中选择"描边路径"选项，弹出"描边路径"对话框，

单击小三角形按钮 选择画笔，单击"确定"按钮，效果如图 14-39 所示。

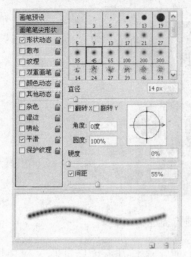

图 14-38 打开"画笔"选项框

图 14-39 画笔描边效果

09 新建图层，将前景色颜色（R:210，G:45，B:49），用同样的方法对路径进行描边，效果如图 14-40 所示。

图 14-40 用同样的方法描边

10 单击工具箱中的"钢笔工具" ，在如图 14-41 所示的位置绘制路径。

图 14-41 绘制路径

11 新建图层，设置前景颜色（R:192，G:32，B:39），选择工具箱中的"画笔工具" ，单击属性栏上的"切换画笔调板"按钮 ，打开画笔调板选项框，设置参数如图 14-42 所示。

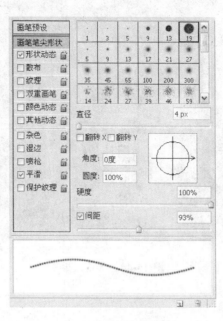

图 14-42　画笔选项框

12 选择"钢笔工具" ，在窗口中右击，在快捷菜单中选择"描边路径"选项，弹出"描边路径"对话框，单击小三角形按钮 选择画笔，单击"确定"按钮，效果如图 14-43 所示。

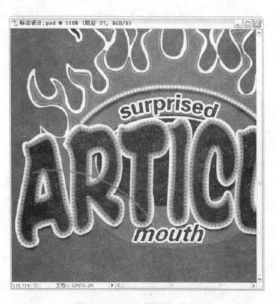

图 14-43　画笔描边效果

13 用同样的方法绘制红色线条，最终效果如图 14-44 所示。

图 14-44　最终效果

14.3　小结

　　通过本章的制作，读者应当注意到标志设计应在详尽明了设计对象的使用目的、适用范畴及有关法规等情况和深刻领会其功能性要求的前提下进行。另外，标志设计须充分考虑其实现的可行性。设计要符合作用对象的直观接受能力、审美意识、社会心理和禁忌。最后，标志设计构思应力求深刻、巧妙、新颖、独特、表意准确，能经受住时间的考验。

第15章 卡片的设计

卡片的类型包括很多种，比如游戏卡、会员卡、贺卡、电子贺卡等。在本章中我们将列举三种常见的卡片类型：游戏点卡、积分卡、新年贺卡。读者通过制作这几类不同的实例能感受到其间的不同与相同之处。

15.1 基本概念与知识

生活中，很多时候都需要制作卡片，有的需要制作名片、有的需要制作贺卡、还有的时候需要制作积分卡等。制作卡片的特点是设计的幅面范围很小，色彩上区分为胶印和彩印，便于保存等。接着在下面的章节中将带领读者一步步地制作出卡片，同时读者还可以有意识地观察这些卡片的制作特点。

15.2 游戏点卡

本案例将以水晶按钮为制作重点，制作一张"游戏点卡"。首先，读者要考虑到画面与宣传内容的一致性，然后再考虑游戏文字的设计处理，最后将细节上的文字信息表现在卡片上。本章制作了卡片的正面，如果读者感兴趣可以收集一张点卡，观察卡片背面的文字信息都包括哪些内容，然后制作一张完整的卡片。

15.2.1 创意分析

本例制作一幅"游戏点卡"（游戏点卡.psd）。该案例中的图案由中国传统图案龙纹以及时尚的水晶按钮组成，色彩上采用红色为主的色调，配合浮雕文字等的衬托，使读者感受到卡片中弥漫的游戏氛围。

15.2.2 最终效果

本例制作完成后的最终效果如图15-1所示。

图 15-1　最终效果

○ **15.2.3 制作要点及步骤**

◆ 新建文件，制作龙纹背景。

◆ 制作水晶按钮。

◆ 输入文字信息。

01 执行"文件"｜"新建"命令，打开"新建"对话框，设置"名称"为"游戏公司名片"，"宽度"为"15"cm，"高度"为"11.25"cm，"分辨率"为"300"像素/英寸，"颜色模式"为"RGB 颜色"，"背景内容"为"白色"，如图 15-2 所示。单击"确定"按钮。

图 15-2 设置"新建"对话框参数

02 选择工具箱中的"钢笔工具" [钢笔]，绘制如图 15-3 所示的路径。

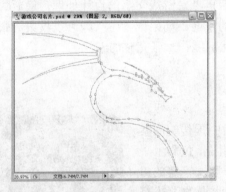

图 15-3 绘制路径

03 按组合键"Ctrl+Enter"，将路径转化为选区，效果如图 15-4 所示。

04 设置"前景色"为灰色（R:113，G:112，B:112），如图 15-5 所示。

05 单击"图层面板"下方的"创建新图层"按钮 [图标]，新建"图层 1"，按组合键"Alt+Delete"，填充选区颜色，效果如图 15-6 所示。

06 新建"图层 2"并更改图层名称为"背景"图层，并将其放置到最下层。设置"前景色"为黑色，按组合键"Alt+Delete"，填充选区颜色。选择工具箱中的"椭圆选框工具"

，按住 Shift 键不放绘制正圆，位置如图 15-7 所示。

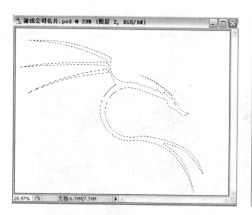

图 15-4　将路径转化为选区

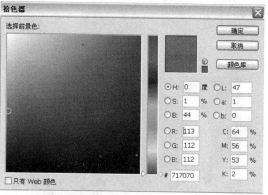

图 15-5　设置前景色参数

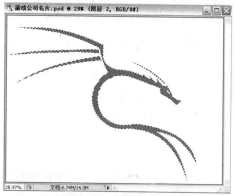

图 15-6　新建图层并填充颜色

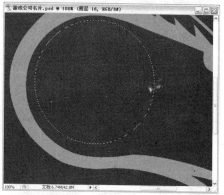

图 15-7　填充背景色并绘制正圆选区

07 设置"前景色"为白色，新建图层并更改名称为"白色圆形"，按组合键"Alt+Delete"，填充选区颜色，效果如图 15-8 所示。

08 执行"选择"|"变换选区"命令，按住组合键"Alt+Shift"，等比例缩放大小，效果如图 15-9 所示。

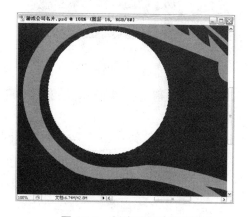

图 15-8　新建图层并填充颜色

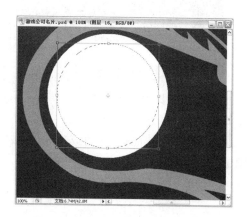

图 15-9　等比例缩放选区大小

09 设置"前景色"为白色,新建图层并更改名称为"白色圆形",按组合键"Alt+Delete",填充选区颜色,效果如图 15-10 所示。

10 执行"选择"|"变换选区"命令,按住组合键"Alt+Shift",等比例缩放大效果如图 15-11 所示。

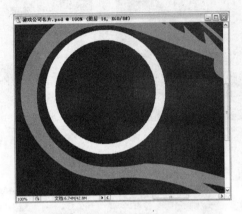

图 15-10　填充选区颜色　　　　　　　　图 15-11　　等比例缩放大效果

11 选择工具箱中的"钢笔工具" ,绘制如图 15-12 所示的路径。

12 设置"前景色"为白色(R:255,G:255,B:255)。按组合键"Ctrl+Enter",将路径转换为选区,并按组合键"Alt+Delete",填充选区颜色如图 15-13 所示。按组合键"Ctrl+D"取消选区。

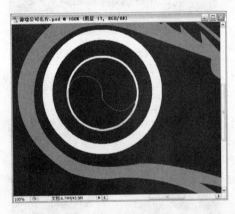

图 15-12　绘制路径　　　　　　　　　　图 15-13　填充选区颜色

13 选择工具箱中的"画笔工具" ,设置属性栏中"画笔"为"尖角 30 像素" ,绘制如图 15-14 所示的圆点。

14 单击"样式面板"右上方的下拉按钮 ,在弹出来的列表中追加"Web 翻转样式",如图 15-15 所示。

图 15-14　绘制圆点

图 15-15　追加 "Web 翻转样式"

15 选择"图层 2",在"样式面板"中选择"拉丝面金属按钮"浮雕样式,如图 15-16 所示。

图 15-16　选择"拉丝面金属按钮"浮雕样式

16 选择"拉丝面金属按钮"浮雕样式后的效果如图 15-17 所示。

图 15-17　选择浮雕样式后的效果

17 双击"图层2",打开"图层样式"对话框,在对话框中选择"斜面和浮雕"复选框,设置参数如图 15-18 所示。

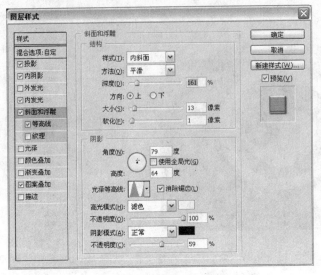

图 15-18 设置"斜面和浮雕"复选框

18 设置完"斜面和浮雕"复选框后,在对话框中选择"投影"复选框,设置参数如图 15-19 所示,单击"确定"按钮。

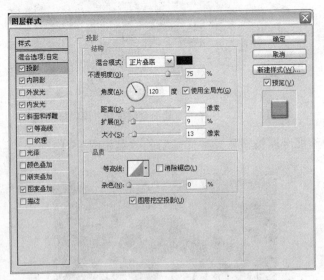

图 15-19 设置"投影"复选框

19 按住 Ctrl 键,单击"图层 2 副本"的缩览窗口,将载入图形的外轮廓边框,如图 15-20 所示。

20 选择工具箱中的"渐变工具" ，打开属性栏上的"渐变编辑器",设置位置:0,颜色为(R:219,G:219,B:219)。位置:100,颜色为(R:0,G:0,B:0)。设置参数如图 15-21 所示,单击"确定"按钮。

图 15-20　载入图形的外轮廓边框　　　图 15-21　调整"渐变编辑器"对话框

21 新建"图层 3"，在选区中拖动鼠标，渐变选区如图 15-22 所示。按组合键"Ctrl+D"取消选区。

22 选择工具箱中的"椭圆选框工具" ，绘制椭圆选区，并执行"选择" | "变换选区"命令，调整选区如图 15-23 所示，按 Enter 键确定。

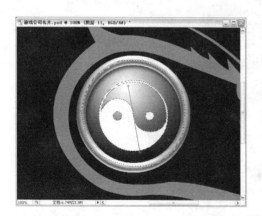

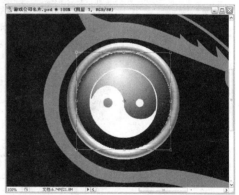

图 15-22　渐变选区　　　　　　　图 15-23　调整选区

23 选择工具箱中的"渐变工具" ，打开属性栏上的"渐变编辑器"，设置位置：0，颜色为（R:255，G:255，B:255）。位置：100，颜色为（R:0，G:0，B:0）。设置参数如图 15-24 所示，单击"确定"按钮。

24 新建"图层 4"，在选区中拖动鼠标，渐变选区如图 15-25 所示。按组合键"Ctrl+D"取消选区。

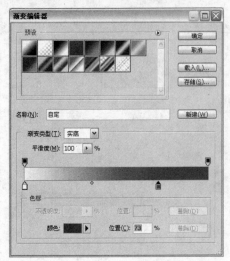

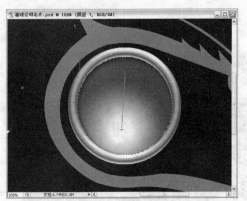

图 15-24　调整"渐变编辑器"对话框　　　　图 15-25　渐变选区

25 选择工具箱中的"橡皮擦工具" ，设置属性栏上的参数如图 15-26 所示。

图 15-26　设置属性栏上的参数

26 在窗口中擦除渐变图形如图 15-27 所示。

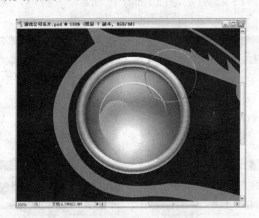

图 15-27　擦除渐变图形

27 设置"图层 4"的"不透明度"为 64%，如图 15-28 所示。

图 15-28　设置图层"不透明度"

28 选择工具箱中的"钢笔工具" ，绘制如图 15-29 所示的路径。

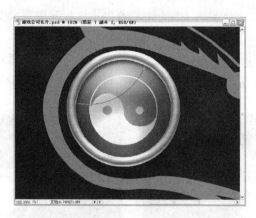

图 15-29　绘制路径

29 新建"图层 5"，设置"前景色"为白色（R:255，G:255，B:255）。按组合键"Ctrl+Enter"，将路径转换为选区，并按组合键"Alt+Delete"，填充选区颜色如图 15-30 所示。按组合键"Ctrl+D"取消选区。

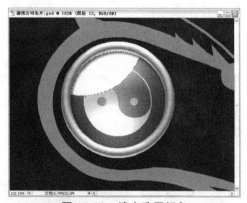

图 15-30　填充选区颜色

30 设置"图层 5"的"不透明度"为 45%，选择工具箱中的"橡皮擦工具" ，在窗口中擦除图形如图 15-31 所示。

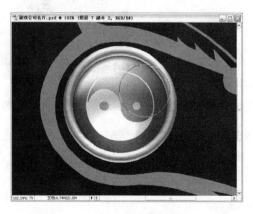

图 15-31　擦除图形效果

31 按住 Ctrl 键，单击"图层 1"的缩览窗口，将载入图形的外轮廓边框，如图 15-32 所示。

32 新建"图层 6"，设置"前景色"为白色（R:255，G:255，B:255）。并按组合键 "Alt+Delete"，填充选区颜色如图 15-33 所示。按组合键"Ctrl+D"取消选区。

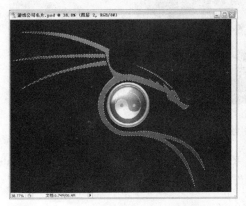 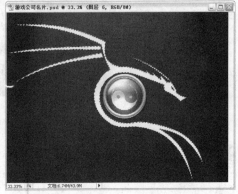

图 15-32　载入图形的外轮廓边框　　　　图 15-33　填充选区颜色

33 执行"滤镜"|"模糊"|"动感模糊"命令，打开"动感模糊"对话框，设置参数 如图 15-34 所示，单击"确定"按钮。

34 拖动"图层 6"到"图层 1"的下层，并调整"图层 6"的"不透明度"为 35%，效果如图 15-35 所示。

 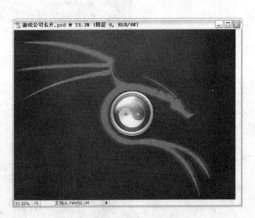

图 15-34　设置"动感模糊"对话框　　　　图 15-35　调整图层顺序

35 执行"图像"|"调整"|"亮度/对比度"命令，打开"亮度/对比度"对话框，设 置参数如图 15-36 所示，单击"确定"按钮。

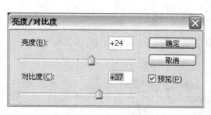

图 15-36　设置"亮度/对比度"对话框

36 执行"文件"|"打开"命令或按组合键"Ctrl+O",打开如图 15-37 所示的素材图片"文字.tif"。

图 15-37　打开素材图片

37 选择工具箱中的"移动工具" ,将图片拖动到"游戏公司名片"文件窗口中,图层面板自动生成"文字"图层。并按组合键"Ctrl＋T",调整图片大小位置如图 15-38 所示,按 Enter 键确定。

38 按住 Ctrl 键,单击"文字"图层的缩览窗口,将载入文字的外轮廓边框,如图 15-39 所示。

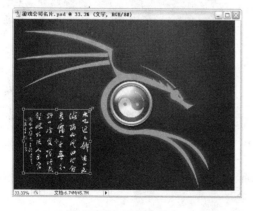

图 15-38　导入文字

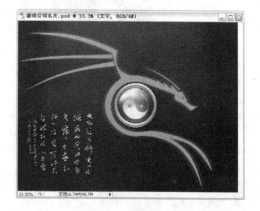

图 15-39　载入文字的外轮廓边框

39 选择工具箱中的"渐变工具" ,打开属性栏上的"渐变编辑器",设置位置:0,颜色为(R:0,G:0,B:0)。位置:100,颜色为(R:218,G:218,B:218)。设置参数如图

15-40 所示，单击"确定"按钮。

40 在文字选区中拖动鼠标，渐变文字如图 15-41 所示，按组合键"Ctrl+D"取消选区。

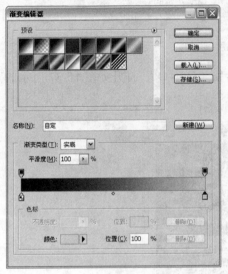

图 15-40　调整"渐变编辑器"对话框

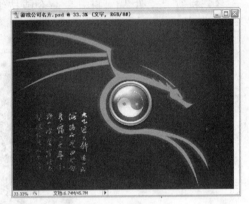

图 15-41　渐变文字

41 执行"文件"|"打开"命令或按组合键"Ctrl+O"，打开如图 15-42 所示的素材图片："文字 2.tif"。

42 选择工具箱中的"移动工具" ，将图片拖动到"游戏公司名片"文件窗口中，图层面板自动生成"文字 2"图层。调整文字位置如图 15-43 所示。按 Enter 键确定。

图 15-42　打开素材图片

图 15-43　导入文字图片

43 单击"样式面板"右上方的下拉按钮 ，在弹出来的列表中追加"文字效果"样式，如图 15-44 所示。

44 选择"文字 2"，在"样式面板"中选择"无光金属"浮雕样式，如图 15-45 所示。

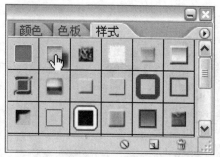

图 15-44　追加"文字效果"　　　　图 15-45　选择"无光金属"浮雕样式

45 选择"背景"图层右击，在列表中选择"拼合图像"命令，合并所有图层，如图 15-46 所示。

46 执行"图像"｜"调整"｜"色彩平衡"命令，打开"色彩平衡"对话框，设置参数如图 15-47 所示，单击"确定"按钮。

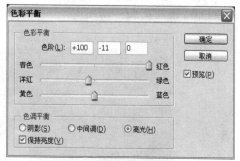

图 15-46　拼合图像　　　　　图 15-47　设置"色彩平衡"参数

47 调整"色彩平衡"后的效果如图 15-48 所示。

48 选择工具箱中的"裁剪工具" ，裁切图片如图 15-49 所示。

图 15-48　调整"色彩平衡"后的效果　　　　图 15-49　裁切图片

49 设置"前景色"为白色。选择工具箱中的"横排文字工具" T ，输入如图 15-50 所示的文字。

50 选择工具箱中的"圆角矩形工具" ，设置属性栏上的"半径"为"100px" 半径: 100 px ，绘制路径如图 15-51 所示。

图 15-50　输入文字　　　　　　　　　图 15-51　绘制路径

51 按组合键"Ctrl+Enter"，将路径转换为选区，按组合键"Shift+Ctrl+I"反选选区，并按 Delete 键删除选区内容，按组合键"Ctrl+D"取消选区，最终效果如图 15-52 所示。

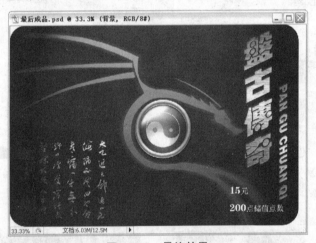

图 15-52　最终效果

15.3　积分卡

15.3.1　创意分析

本例制作一张"积分卡"（积分卡.psd）。

◑ 15.3.2 最终效果

本例制作完成后的最终效果如图 15-53 所示。

图 15-53 最终效果

◑ 15.3.3 制作要点及步骤

- ◆ 新建文件，制作"积分卡"的背景图形。
- ◆ 制作"积分卡"中的人物图形和广告文字。
- ◆ 调整"积分卡"中文字图形的位置。

01 执行"文件"｜"新建"命令，打开"新建"对话框，设置"名称"为"积分卡"，"宽度"为"9" cm，"高度"为"6" cm，"分辨率"为"300"像素/英寸，"颜色模式"为"RGB 颜色"，"背景内容"为"白色"，如图 15-54 所示，单击"确定"按钮。

02 选择工具箱中的"渐变工具" ，打开属性栏上的"渐变编辑器"，设置位置：0，颜色为（R:0，G:38，B:110）。位置：100，颜色为（R:25，G:149，B:244）。设置参数如图 15-55 所示，单击"确定"按钮。

图 15-54 新建文件

图 15-55 "渐变编辑器"对话框

03 按住 Shift 键，在窗口中从上往下拖动鼠标，渐变背景如图 15-56 所示。

04 选择工具箱中的"钢笔工具" ，在属性栏中单击"路径"按钮 ，绘制如图 15-57 所示的路径。

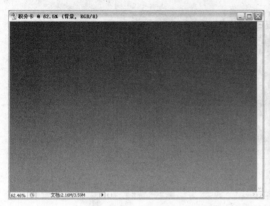
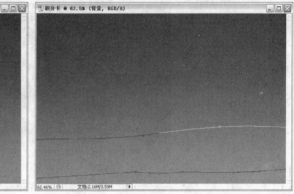

图 15-56　渐变背景颜色　　　　　　　　　　图 15-57　绘制路径

05 设置"前景色"为蓝色（R:104，G:193，B:254）。按组合键"Ctrl+Enter"，将路径转换为选区，并按组合键"Alt+Delete"，填充选区颜色如图 15-58 所示。按组合键"Ctrl+D"取消选区。

06 选择工具箱中的"钢笔工具" ，绘制如图 15-59 所示的路径。

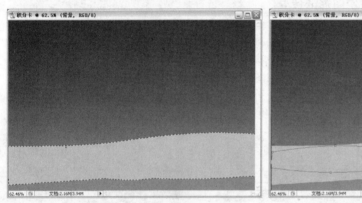

图 15-58　填充选区颜色　　　　　　　　　　图 15-59　绘制路径

07 设置"前景色"为蓝色（R:157，G:211，B:250）。按组合键"Ctrl+Enter"，将路径转换为选区，并按组合键"Alt+Delete"，填充选区颜色如图 15-60 所示。按组合键"Ctrl+D"取消选区。

08 选择工具箱中的"横排文字工具" ，输入如图 15-61 所示的文字。

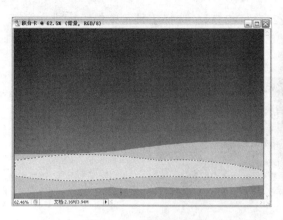

图 15-60 填充选区颜色

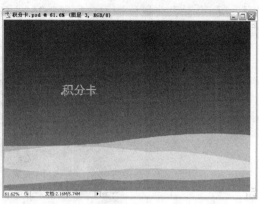

图 15-61 输入文字

09 单击"样式面板"右上方的下拉按钮⊙，在弹出来的列表中追加"文字效果 2"样式，如图 15-62 所示。

图 15-62 追加样式

10 在追加的"样式面板"样式中，选择"渐变蓝色枕状浮雕"样式效果，如图 15-63 所示。

图 15-63 选择样式效果

11 设置"前景色"为白色（R:255，G:255，B:255）。选择工具箱中的"横排文字工具" T ，输入如图 15-64 所示的文字。

图 15-64　输入文字

12 执行"文件" | "打开"命令或按组合键"Ctrl+O"，打开如图 15-65 所示的素材图片"标志.tif"。

图 15-65　打开素材图片

13 选择工具箱中的"移动工具" ，将图片拖动到"积分卡"文件窗口中，图层面板自动生成"标志"图层，调整图片位置如图 15-66 所示。

图 15-66　导入图片

14 设置"前景色"为蓝色（R:0，G:0，B:134）。选择工具箱中的"横排文字工具" T ，输入如图 15-67 所示的文字。

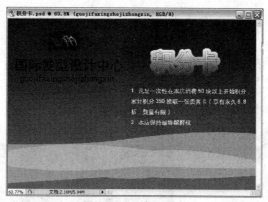

图 15-67 输入文字

15 双击"文字图层",打开"图层样式"对话框,在对话框中选择"描边"复选框,设置参数如图 15-68 所示,单击"确定"按钮。

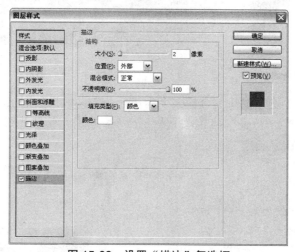

图 15-68 设置"描边"复选框

16 将制作好的文字和图片分别放到如图 15-69 所示的位置。

图 15-69 分别放到合适位置

17 执行"文件"│"打开"命令或按组合键"Ctrl+O"，打开如图15-70所示的素材图片"美女.tif"。

18 选择工具箱中的"移动工具" ，将图片拖动到"积分卡"文件窗口中，图层面板自动生成"美女"图层，调整图片位置如图15-71所示。

图15-70　打开素材图片　　　　图15-71　导入图片

19 设置"美女"图层的"混合模式"为正片叠底，效果如图15-72所示。

20 执行"滤镜"│"渲染"│"镜头光晕"命令，打开"镜头光晕"对话框，设置参数如图15-73所示，单击"确定"按钮。

图15-72　设置"混合模式"　　　　图15-73　设置"镜头光晕"对话框

21 执行完以上操作后，最终效果如图15-74所示。

图 15-74 最终效果

15.4 新年贺卡

15.4.1 创意分析

本例制作一张"新年贺卡"（新年贺卡.psd）。本实例主要让读者更加熟悉工具箱中工具和工具的使用技巧。本实例也采用了滤镜中个别新的内容。

15.4.2 最终效果

本例制作完成后的最终效果如图 15-75 所示。

图 15-75 最终效果

15.4.3 制作要点及步骤

◆ 新建文件，制作新年贺卡的背景图形。
◆ 制作新年贺卡中的礼花图形。
◆ 制作新年贺卡铃铛中的背景图形。
◆ 制作新年贺卡中的文字效果。

01 执行"文件"│"新建"命令，打开"新建"对话框，设置"名称"为"新年贺卡"，"宽度"为"10"cm，"高度"为"8"cm，"分辨率"为"150"像素/英寸，"颜色模式"为"RGB 颜色"，"背景内容"为"白色"，如图 11-76 所示，单击"确定"按钮。

02 选择工具箱中的"钢笔工具"，在属性栏中单击"路径"按钮，绘制如图 15-77 所示的路径。

> 选择工具箱中的"转换点工具" ，可以调整路径。

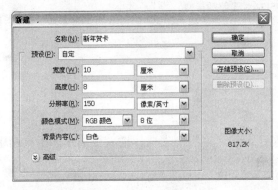

图 15-76　新建文件

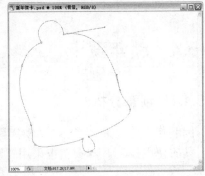

图 15-77　绘制路径

03 按组合键"Ctrl+Enter"，将路径转换为选区，并按组合键"Ctrl+Shift+I"，反选选区如图 15-78 所示

04 新建"图层 1"，设置"前景色"为绿色（R:198，G:5，B:5）。按组合键"Alt+Delete"执行"填充前景色"命令，填充选区颜色如图 15-79 所示。按组合键"Ctrl+D"取消选区。

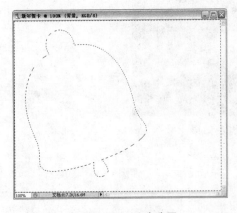

图 15-78　反选选区

图 15-79　填充选区颜色

05 执行"滤镜"│"纹理"│"纹理化"命令，打开"纹理化"对话框，设置参数如图 15-80 所示，单击"确定"按钮。

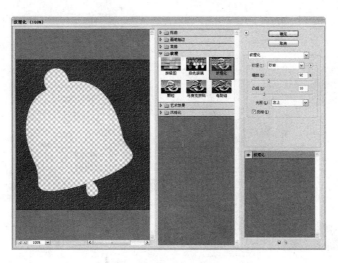

图 15-80 设置"纹理化"对话框

06 双击"图层 1",打开"图层样式"对话框,在对话框中选择"投影"复选框。设置参数如图 15-81 所示。

在"纹理化"对话框,也可以选择其他纹理效果。

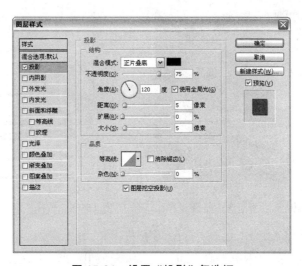

图 15-81 设置"投影"复选框

07 单击"路径面板"中的"工作路径",按组合键"Ctrl+T",并按住"Shift+Alt"组合键比例放大路径如图 15-82 所示。按 Enter 键确定。

08 选择工具箱中"画笔工具" ,单击属性栏中的"切换画笔调板"按钮 ,打开"画笔调板"列表框,选择"画笔笔尖形状",设置画笔如图 15-83 所示。

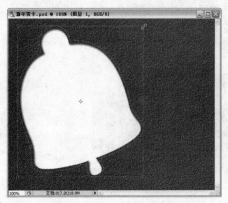

图 15-82　比例放大路径

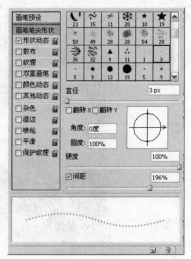

图 15-83　设置画笔

09 新建"图层 2"，设置"前景色"为白色，单击"路径面板"中的"用画笔描边路径"按钮 ，将描边路径，效果如图 15-84 所示，在"路径面板"空白处单击鼠标，取消路径显示。

10 选择工具箱中的"画笔工具" ，在属性栏中单击"画笔预设"下拉列表框 ，打开下拉列表，在列表中选择"雪花"样式画笔，如图 15-85 所示。

图 15-84　用画笔描边路径

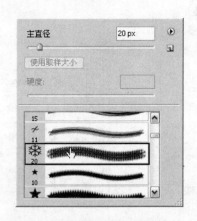

图 15-85　选择"雪花"样式画笔

11 在窗口中绘制如图 15-86 所示的雪花效果。

12 选择工具箱中的"钢笔工具" ，绘制路径如图 15-87 所示。

提示　用"画笔工具" 绘制图形时，可以通过按键盘中的"["键和"]"键，调整画笔的大小。

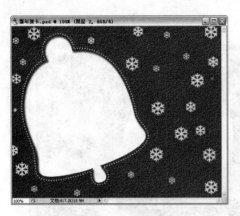

图 15-86　绘制雪花效果

图 15-87　绘制路径

13 选择工具箱中的"渐变工具"，打开属性栏上的"渐变编辑器"，设置位置：0，颜色为（R:224，G:35，B:35）。位置：30，颜色为（R:255，G:255，B:255）。位置：65，颜色为（R:224，G:35，B:35）。位置：80，颜色为（R:255，G:255，B:255）。位置：95，颜色为（R:224，G:35，B:35）。设置参数如图 15-88 所示，单击"确定"按钮。

14 新建"图层 3"，按组合键"Ctrl+Enter"，将路径转换为选区。并渐变选区如图 15-89 所示。

图 15-88　调整"渐变编辑器"对话框

图 15-89　渐变选区

15 执行"选择"|"修改"|"收缩选区"命令，打开"收缩选区"对话框，设置收缩量为"5"像素，如图 15-90 所示，单击"确定"按钮。

16 新建"图层 4"，按组合键"Alt+Delete"，填充选区如图 15-91 所示。

在"收缩选区"对话框中输入的参数越大，选区收缩就越小。

图 15-90　执行"收缩选区"命令　　　　　　图 15-91　填充选区

17 执行"选择"I"修改"I"收缩选区"命令，打开"收缩选区"对话框，设置收缩量为"5"像素，如图 15-92 所示，单击"确定"按钮。

18 按 Delete 键，删除选区内容如图 15-93 所示，按组合键"Ctrl+D"取消选区。

图 15-92　执行"收缩选区"命令　　　　　　图 15-93　删除选区内容

19 选择工具箱中的"钢笔工具"，绘制路径如图 15-94 所示。

20 选择工具箱中的"渐变工具"，打开属性栏上的"渐变编辑器"，设置位置：0，颜色为（R:184，G:0，B:57）。位置：25，颜色为（R:235，G:0，B:0）。位置：50，颜色为（R:255，G:255，B:255）。位置：75，颜色为（R:235，G:0，B:0）。位置：100，颜色为（R:184，G:0，B:57）。设置参数如图 15-95 所示，单击"确定"按钮。

　打开"渐变编辑器"对话框，双击对话框中的颜色滑块，可以打开"拾色器"进行调整颜色。

图 15-94 绘制路径

图 15-95 调整"渐变编辑器"对话框

21 新建"图层 5",按组合键"Ctrl+Enter",将路径转换为选区,并渐变选区如图 15-96 所示。按组合键 "Ctrl+D"取消选区。

22 选择工具箱中的"钢笔工具" ,绘制路径如图 15-97 所示。

图 15-96 渐变选区

图 15-97 绘制路径

23 按组合键"Ctrl+Enter",将路径转换为选区,并填充选区为白色,如图 15-98 所示。按组合键"Ctrl+D"取消选区。

24 用同样的方法制作另一条白边,效果如图 15-99 所示。

> 设置的另一条白边要宽一点,这样就会有近大远小的透视效果。

图 15-98　填充白色

图 15-99　制作另一条白边

25 选择"图层 5"，按组合键"Ctrl+J"复制图层为"图层 5 副本"，并单击副本图层的"指示图层可视性"按钮，将显示图层隐藏，如图 15-100 所示。

图 15-100　隐藏显示图层

26 双击"图层 5"，打开"图层样式"对话框，在对话框中选择"投影"复选框。设置参数如图 15-101 所示，单击"确定"按钮。

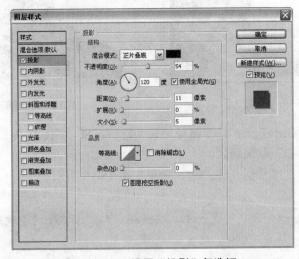

图 15-101　设置"投影"复选框

27 按组合键 "Ctrl+Alt+T"，旋转图形和位置如图 15-102 所示，按 Enter 键确定。

28 连续按组合键 "Ctrl+Alt+Shift+T" 2 次，复制多个图形效果如图 15-103 所示。

 提示 按组合键 "Ctrl+Alt+T"，是执行 "复制" 命令，它与其他 "复制" 命令有所不同的是可以直接调整图形的形状和大小。而按组合键 "Ctrl+Alt+Shift+T"，则是执行 "重复复制" 命令。

图 15-102　旋转图形

图 15-103　复制多个图形

29 选择 "图层 5"、"图层 5 副本 2"、"图层 5 副本 3"、"图层 5 副本 4"，按组合键 "Ctrl+E" 合并图层，并重命名为 "装饰花"，如图 15-104 所示。

30 选择 "装饰花" 图层，按组合键 "Ctrl+J" 复制图层，并按组合键 "Ctrl＋T" 旋转图形如图 15-105 所示，按 Enter 键确定。

图 15-104　合并图层

图 15-105　旋转图形

31 用同样的方法复制图层，并调整图形如图 15-106 所示，按 Enter 键确定。

32 选择 "图层 5 副本"，单击图层的 "指示图层可视性" 按钮，将隐藏图层显示，如图 15-107 所示。

按组合键"Ctrl + T",并按住组合键"Ctrl+Shift",可以比例缩放图形。

图 15-106　调整图形

图 15-107　显示隐藏图层

33 按组合键"Ctrl＋T"调整图形如图 15-108 所示,按 Enter 键确定。

34 选择工具箱中的"钢笔工具" ,绘制路径如图 15-109 所示。

图 15-108　调整图形

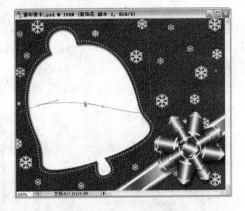

图 15-109　绘制路径

35 选择工具箱中的"渐变工具" ,打开属性栏上的"渐变编辑器",设置位置:0,颜色为(R:101,G:235,B:236)。位置:100,颜色为(R:12,G:132,B:223)。设置参数如图 15-110 所示,单击"确定"按钮。

36 执行"选择"|"羽化"命令,打开"羽化选区"对话框,设置参数如图 15-111 所示。单击"确定"按钮。

打开"渐变编辑器"对话框,单击颜色滑块,在"位置"文本框中可以设置色块的颜色。

图 15-110 调整"渐变编辑器"对话框

图 15-111 执行"羽化"命令

37 新建"图层 5",按组合键"Ctrl+Enter",将路径转换为选区。渐变选区如图 15-112 所示,按组合键"Ctrl+D"取消选区。

38 拖动"图层 5"到"图层 1"的下层,效果如图 15-113 所示。

图 15-112 渐变选区

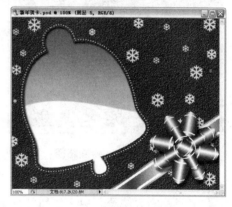

图 15-113 调整图层位置

39 选择工具箱中的"钢笔工具",绘制路径如图 15-114 所示。

40 新建"图层 6",按组合键"Ctrl+Enter",将路径转换为选区,并填充选区为白色,如图 15-115 所示,按组合键"Ctrl+D"取消选区。

按组合键"Ctrl+Delete",可以填充背景色。按组合键"Alt+Delete",可以填充前景色。

41 选择工具箱中的"钢笔工具",绘制路径如图 15-116 所示。

图 15-114　绘制路径

图 15-115　填充选区

42 新建"图层 7"，按组合键"Ctrl+Enter"，将路径转换为选区，并填充选区为白色，如图 15-117 所示，按组合键"Ctrl+D"取消选区。

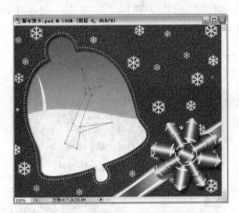

图 15-116　绘制路径

图 15-117　填充选区

43 按组合键"Ctrl＋T"，调整图形如图 15-118 所示，按 Enter 键确定。

44 用同样的方法绘制树上的树枝如图 15-119 所示。

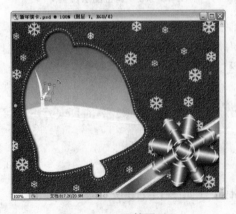

图 15-118　调整图形

图 15-119　绘制树上的树枝

树上的树枝是用以上的制作方法制作的，树枝有相同的，可以复制图形调整大小。

45 合并绘制的树枝图层，并重命名为"树"图层，如图 15-120 所示。

46 复制多个"树"图层，并调整各图形的位置和大小、方向如图 15-121 所示。

图 15-120　重命名为"树"图层

图 15-121　复制多个"树"图层

47 按组合键"Ctrl+Shift+N"，打开"新建图层"对话框，并在"名称"文本框中输入"雪人"图层名，单击"确定"按钮，如图 15-122 所示。

图 15-122　新建图层

48 采用工具箱中的工具，绘制如图 15-123 所示的雪人图形。

图 15-123　绘制雪人图形

提示

主要是让读者练习，如何用工具箱中工具绘制图形。具体采用了"钢笔工具" ✒️、"椭圆选区工具" ⭕、"画笔工具" ✏️、"橡皮擦工具" 🧽制作的雪人。

49 执行"文件"|"打开"命令或按组合键"Ctrl＋O"，打开如图 15-124 所示的素材图片"礼物.tif"图片。

50 选择工具箱中的"移动工具" ➕，将图片拖动到"牛奶包装设计"文件窗口中，图层面板自动生成"图层 5"，并调整图片位置如图 15-125 所示。

图 15-124　打开素材图片　　　　　　　图 15-125　导入图片

51 选择工具箱中的"画笔工具" ✏️，在属性栏中设置"画笔"为尖角"5"像素，如图 15-126 所示。

52 用同样的方法导入图片，并调整大小、位置如图 15-127 所示，按 Enter 键确定。

图 15-126　在图片的底部绘制白色圆点　　　图 15-127　导入图片

提示

选择"画笔工具" ✏️，在属性栏中单击"画笔预设"下拉列表框 ，可以在列表框中选择画笔的大小。

53 执行"图像"|"调整"|"色相/饱和度"命令，打开"色相/饱和度"对话框，在对话中单击"着色"复选框，调整参数如图 15-128 所示，单击"确定"按钮。

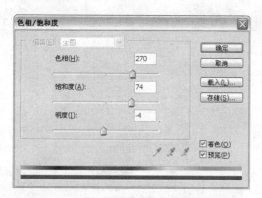

图 15-128　调整 "色相/饱和度" 对话框

54 用同样的方法，选择 "画笔工具" ，在图片的底部绘制如图 15-129 所示的效果。

图 15-129　在图片的底部绘制白色圆点

55 用同样的方法导入多个 "礼物" 图片，并调整颜色和位置、大小如图 15-130 所示。

图 15-130　导入多个 "礼物" 图片

56 选择工具箱中的 "画笔工具" ，在属性栏中单击 "画笔预设" 下拉列表框 ，打开下拉列表，在列表中选择 "柔角 9 像素" 样式画笔，如图 19-131 所示。

提示 导入多个"礼物"图片，并调整图片的大小，可以体现出近大远小的透视效果。

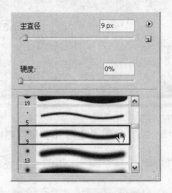

图 15-131 选择画笔样式

57 新建"图层 14"，绘制如图 15-132 所示的雪花效果。

图 15-132 绘制雪花效果

58 设置"前景色"为红色（R:228，G:32，B:32），选择工具箱中的"横排文字工具"
T，输入文字如图 15-133 所示。

图 15-133 输入文字

59 双击"文字"图层,打开"图层样式"对话框,在对话框中选择"描边"复选框,设置描边"颜色"为白色。设置其他参数如图 15-134 所示。

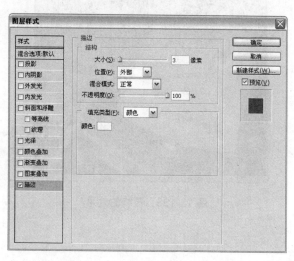

图 15-134 设置"描边"复选框

60 设置完"描边"复选框后,选择"投影"复选框,设置参数如图 15-135 所示,单击"确定"按钮。

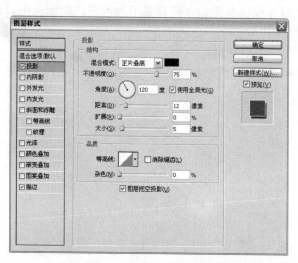

图 15-135 设置"投影"复选框

在"投影"复选框中,更改"角度"的参数,可以更改投影的方向。

61 选择工具箱中的"移动工具" ，调整文字的位置,最终效果如图 15-136 所示。

图 15-136　最终的效果

15.5　小结

　　本章主要讲解了卡片的制作。在工作中，如果卡片印刷的量大则制作成本相应降低，另外，如果是胶印印刷则应当注意到颜色的搭配最好不要超过 3 种，其中黑色与白色只算 1 种颜色。而贺卡的制作或点卡的制作需要采用四色彩色印刷，所以色彩上可以制作得相对丰富一些。

图 16-3 打开素材图片

03 选择工具箱中的"移动工具" ，将图片拖动到"房地产广告"文件窗口中，图层面板自动生成"图层 1"，调整图形如图 16-4 所示。

04 执行"图像"|"调整"|"曲线"命令，打开"曲线"对话框，调整曲线如图 16-5 所示，单击"确定"按钮。

图 16-4 导入图片

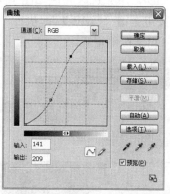

图 16-5 设置"曲线"对话框

05 新建"图层 2"，选择工具箱中的"矩形选框工具" ，绘制矩形选区。按组合键"Alt+Delete"，填充选区为"黑色"如图 16-6 所示，按组合键"Ctrl+D"取消选区。

06 选择工具箱中的"钢笔工具" ，在属性栏中单击"路径"按钮 ，绘制如图 16-7 所示的路径。

图 16-6 绘制"黑色"矩形

图 16-7 绘制路径

07 新建"图层 3"，设置"前景色"为灰色（R:220，G:221，B:216）。按组合键"Ctrl+Enter"，将路径转换为选区，并按组合键"Alt+Delete"，填充选区颜色如图 16-8 所示。按组合键

"Ctrl+D"取消选区。

08 选择工具箱中的"矩形选框工具" ，绘制矩形选区如图 16-9 所示。

图 16-8　填充选区颜色　　　　　　　　　图 16-9　绘制矩形选区

09 新建"图层 4"，设置"前景色"为白色（R:255，G:255，B:255），并按组合键"Alt+Delete"，填充选区颜色如图 16-10 所示。按组合键"Ctrl+D"取消选区。

10 按组合键"Ctrl＋T"，执行"自由变换"命令。并按住 Ctrl 键调整矩形如图 16-11 所示，按 Enter 键确定。

图 16-10　填充选区颜色　　　　　　　　　图 16-11　调整矩形

11 新建"图层 5"，选择工具箱中的"矩形选框工具" ，绘制矩形选区。设置"前景色"为灰色（R:194，G:194，B:194），并按组合键"Alt+Delete"，填充选区颜色如图 16-12 所示。按组合键"Ctrl+D"取消选区。

12 按组合键"Ctrl＋T"，执行"自由变换"命令。并按住 Ctrl 键调整矩形如图 16-13 所示，按 Enter 键确定。

图 16-12　填充选区颜色　　　　　　　　　图 16-13　调整矩形

13 新建"图层 6",选择工具箱中的"矩形选框工具"□,绘制矩形选区。设置"前景色"为白色（R:255，G:255，B:255），并按组合键"Alt+Delete"，填充选区颜色如图 16-14 所示。按组合键"Ctrl+D"取消选区。

14 按组合键"Ctrl＋T"，执行"自由变换"命令。并按住 Ctrl 键调整矩形如图 16-15 所示，按 Enter 键确定。

图 16-14　填充选区颜色

图 16-15　调整矩形

15 复制多个"图层 5"和"图层 6"图形，并调整矩形位置如图 16-16 所示。

16 选择"图层 3"到"图层 6 副本 2"之间的图层，按组合键"Ctrl+E"合并图层。并重命名为"石梯"，如图 16-17 所示。

图 16-16　复制多个"石梯"矩形

图 16-17　合并图层

17 拖动"石梯"图层到"图层 2"的下层，并调整"石梯"的位置如图 16-18 所示。

18 执行"文件"|"打开"命令或按组合键"Ctrl+O"，打开如图 16-19 所示的素材图片"小提琴.tif"。

图 16-18　调整图层

图 16-19　打开素材图片

19 选择工具箱中的"移动工具"，将图片拖动到"房地产广告"文件窗口中，图层面板自动生成"图层 3"，按组合键"Ctrl+T"，调整图形如图 16-20 所示，按 Enter 键确定。

20 选择工具箱中的"钢笔工具"，绘制如图 16-21 所示的路径。

图 16-20 导入图片　　　　　　　图 16-21 绘制路径

21 按组合键"Ctrl+Enter"，将路径转换为选区。并按 Delete 键删除选区内容，如图 16-22 所示。按组合键"Ctrl+D"取消选区。

22 按住 Ctrl 键，单击"图层 3"的缩览窗口，将载入图形边框选区，如图 16-23 所示。

图 16-22 删除选区内容　　　　　　图 16-23 载入图形边框选区

23 新建"图层 4"，设置"前景色"为白色（R:255，G:255，B:255），按组合键"Alt+Delete"，填充选区颜色如图 16-24 所示。

24 单击"图层面板"中"图层 3"的"指示图层可视性"按钮，将显示图层隐藏，如图 16-25 所示。

图 16-24 填充选区颜色　　　　　　图 16-25 隐藏图层

25 新建"图层 5",设置"前景色"为灰色(R:220,G:220,B:217)。选择工具箱中的"画笔工具" ,在属性栏中设置"画笔"为"柔角 17 像素" ,在选区中绘制如图 16-26 所示的立体效果。按组合键"Ctrl+D"取消选区。

26 选择工具箱中的"钢笔工具" ,绘制如图 16-27 所示的路径。

图 16-26 绘制立体效果

图 16-27 绘制路径

27 新建"图层 6",设置"前景色"为白色(R:255,G:255,B:255)。按组合键"Ctrl+Enter",将路径转换为选区,并按组合键"Alt+Delete",填充选区颜色如图 16-28 所示。

28 新建"图层 7"。用同样的方法,采用"画笔工具" 绘制立体效果,如图 16-29 所示。按组合键"Ctrl+D"取消选区。

图 16-28 填充选区颜色

图 16-29 绘制立体效果

29 选择工具箱中的"钢笔工具" ,绘制如图 16-30 所示的路径。

30 选择工具箱中的"画笔工具" ,在属性栏中单击"画笔预设"下拉列表框 ,在列表中选择"尖角 3 像素"画笔样式,如图 16-31 所示。

图 16-30 绘制路径

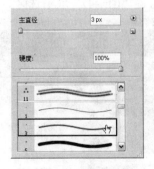
图 16-31 选择画笔样式

31 新建"图层8",设置"前景色"为灰色(R:152,G:152,B:144)。单击"路径面板"中的"用画笔描边路径"按钮 ,在路径面板的空白区域单击鼠标,取消路径显示,效果如图16-32所示。

32 选择工具箱中的"钢笔工具" ,绘制如图16-33所示的路径。

图 16-32　用画笔描边路径　　　　　　　　　图 16-33　绘制路径

33 新建"图层9",设置"前景色"为灰色(R:152,G:152,B:144)。单击"路径面板"中的"用画笔描边路径"按钮 ,在路径面板的空白区域单击鼠标,取消路径显示,效果如图16-34所示。

34 复制多条线段,并放置在如图16-35所示的位置。

图 16-34　用画笔描边路径　　　　　　　　　图 16-35　复制多条线段

35 选择工具箱中的"钢笔工具" ,绘制如图16-36所示的路径。

36 新建"图层10",设置"前景色"为灰色(R:152,G:152,B:144)。按组合键"Ctrl+Enter",将路径转换为选区,并按组合键"Alt+Delete",填充选区颜色如图16-37所示。按组合键"Ctrl+D"取消选区。

图 16-36　绘制路径　　　　　　　　　　　图 16-37　填充选区颜色

37 按组合键"Ctrl+T",执行"自由变换"命令。调整图形如图 16-38 所示,按 Enter
键确定。

38 选择工具箱中的"画笔工具"![笔], 设置属性栏中"画笔"为"尖角 5 像素" 画笔: 5 ,
绘制如图 16-39 所示的圆形。

图 16-38 调整图形　　　　　　　　　　图 16-39 绘制圆形

39 选择"图层 4"到"图层 10"之间的图层,按组合键"Ctrl+E"合并图层。并重
命名为"石琴",如图 16-40 所示。

40 新建"图层 4",选择工具箱中的"画笔工具"![笔],在属性栏上设置"画笔"为"柔
角 40 像素"。设置"前景色"为灰色(R:59,G:59,B:59),绘制如图 16-41 所示的阴影效果。

图 16-40 合并图层　　　　　　　　　　图 16-41 绘制阴影效果

41 选择工具箱中的"画笔工具"![笔],在属性栏上设置"流量"为 20%。绘制如图
16-42 所示的阴影效果。

42 选择工具箱中的"直排文字工具"![T],设置"前景色"为黄色(R:255,G:191,
B:68),输入文字。并采用"画笔工具"![笔],绘制如图 16-43 所示的直线。

图 16-42 绘制阴影效果　　　　　　　　图 16-43 输入文字

43 执行"文件"|"打开"命令或按组合键"Ctrl+O",打开如图 16-44 所示的素材图片"标志.tif"。

44 选择工具箱中的"移动工具" ⊕ ,将图片拖动到"车身广告"文件窗口中,图层面板自动生成"图层 7",调整图形如图 16-45 所示。

图 16-44 打开素材图片

图 16-45 导入图片

45 设置"前景色"为白色(R:255,G:255,B:255),输入相关文字,最终效果如图 16-46 所示。

图 16-46 最终效果

16.3 酒类广告

酒产品在生活中很常见,酒类广告经常都会出现在电视、报纸等媒体上。本节将以啤酒广告为例制作一幅色彩丰富的画面。由于该啤酒瓶是绿色的,所以整个画面配合酒瓶的颜色,在颜色上会显得协调一致。

16.3.1 创意分析

本例制作一幅"酒类广告"(报纸酒类广告.psd)。通过本例的练习,使读者练习并巩固 Photoshop 中使用渐变工具、画笔工具、钢笔工具的使用技巧和方法。

16.3.2　最终效果

本例制作完成后的最终效果如图 16-47 所示。

图 16-47　最终效果

16.3.3　制作要点及步骤

- ◆ 新建文件，绘制矩形选框填充渐变色。
- ◆ 绘制路径并转换为选区填充前景色。
- ◆ 导入素材图片并放置。
- ◆ 绘制"房子"。
- ◆ 绘制"星星"。

1.　绘制图形

01 执行"文件"I"新建"命令或按组合键"Ctrl+N"，新建一个名称为"报纸酒类广告"的文件，设置参数如图 16-48 所示。

02 按组合键"Ctrl+Shift+N"新建图层，单击工具箱中的"矩形选框工具" ，在如图 16-49 所示的位置绘制矩形选框。

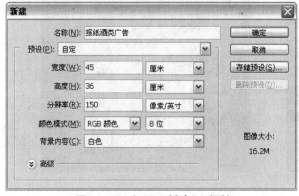

图 16-48　打开"新建"对话框

图 16-49　绘制矩形选框

03 单击工具箱中的“渐变工具”，打开“渐变编辑器”，设置位置：0，颜色为（R:49，G:49，B:47）。位置：16，颜色为（R:131，G:128，B:128）。位置：50，颜色为（R:255，G:255，B:255）。位置：84，颜色为（R:131，G:128，B:128）。位置：100，颜色为（R:49，G:49，B:47）。设置如图 16-50 所示，单击“确定”按钮。

04 在属性栏上单击“线性渐变”按钮，效果如图 16-51 所示。

提示

在按住 Shift 键垂直拖动一次后，达不到满意的效果，可以按住 Shift 键多垂直拖动几次。

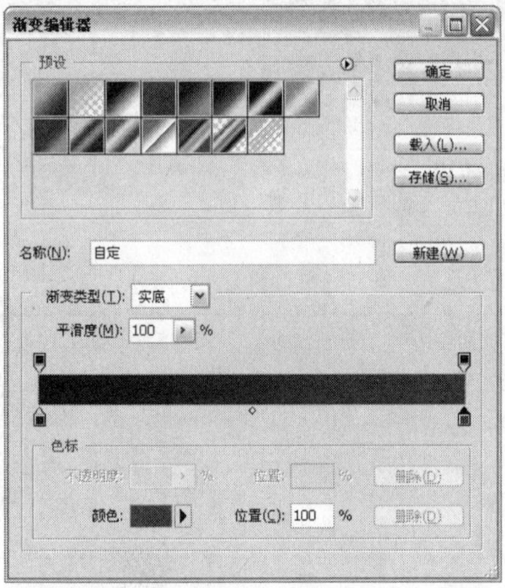

图 16-50　打开“渐变编辑器”对话框

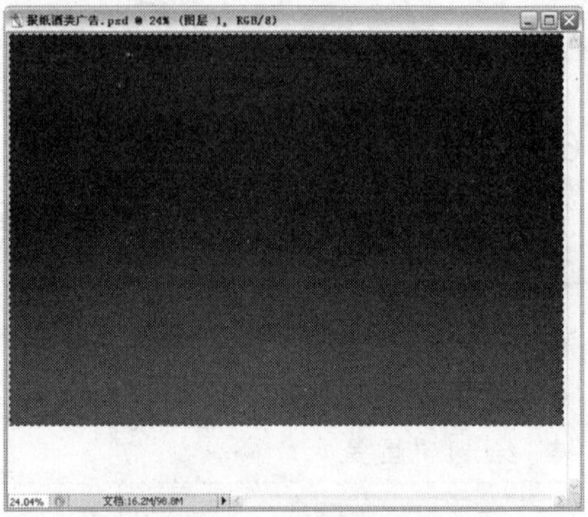

图 16-51　填充渐变色

05 按组合键“Ctrl+Shift+N”新建图层，单击工具箱中的“钢笔工具”，绘制如图 16-52 所示的路径。

06 按组合键“Ctrl+Enter”，将路径转换为选区，如图 16-53 所示。

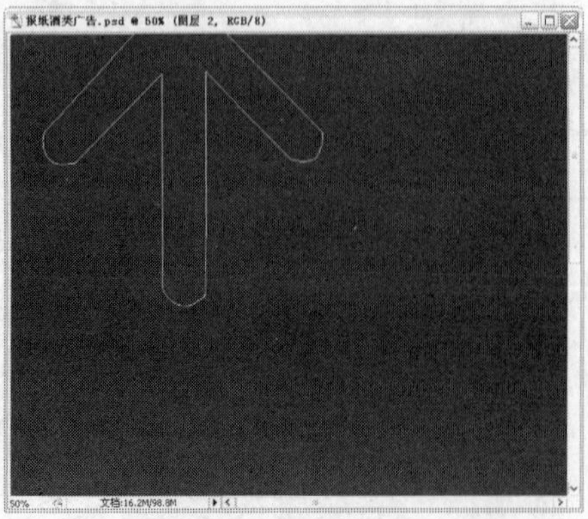

图 16-52　绘制路径

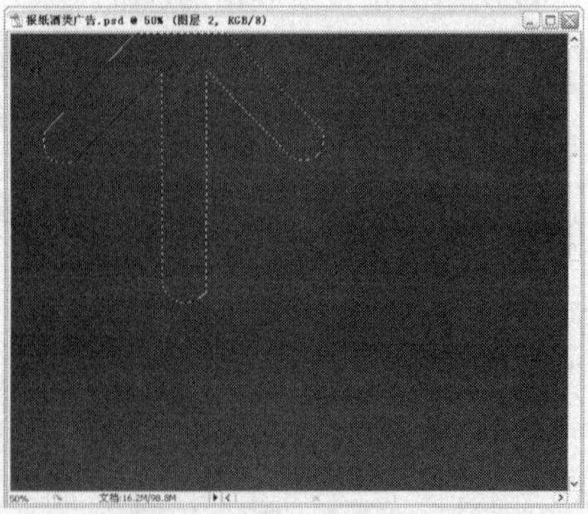

图 16-53　将路径转换为选区

07 单击"设置前景色" 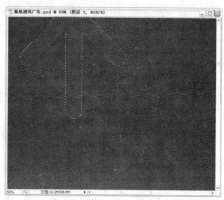 按钮，打开"拾色器"对话框，设置如图 16-54 所示。

08 按组合键"Alt+Delete"，填充前景色，效果如图 16-55 所示。

图 16-54　打开"拾色器"对话框

图 16-55　填充图形

09 选择其他位置，如图 16-56 所示。

10 按组合键"Ctrl+J"复制图层副本并按组合键"Ctrl＋T"缩小，如图 16-57 所示。

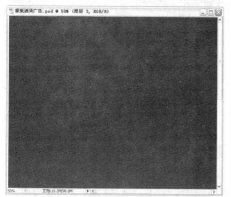

图 16-56　用同样的方法绘制图形

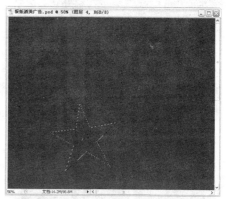

图 16-57　绘制路径并转换为选区

11 单击"设置前景色" 按钮，打开"拾色器"对话框，设置如图 16-58 所示。

12 按组合键"Alt+Delete"，填充前景色，效果如图 16-59 所示。

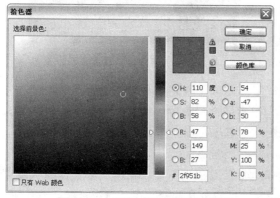

图 16-58　打开"拾色器"对话框

图 16-59　填充前景色

13 新建图层，单击工具箱中的"多边形套索工具" ，在如图16-60所示的绘制套索。

提示 在这个步骤中，也可以用"钢笔工具" 绘制路径后，按组合键"Ctrl+Enter"
转换为选区，但是为了更快捷、更方便，建议读者用"多边形套索工具"，
而且要勤加练习。

14 单击"设置前景色" 按钮，打开"拾色器"对话框，设置如图16-61所示。

图16-60　套索图形　　　　　　　　　　图16-61　打开"拾色器"对话框

15 按组合键"Alt+Delete"，填充前景色，效果如图16-62所示。
16 新建图层，用同样的方法套索如图16-63所示的图形。

图16-62　填充图形　　　　　　　　　图16-63　用同样的方法套索图形

17 新建图层，单击工具箱中的"钢笔工具" ，绘制如图16-64所示的路径。
18 选择工具箱中的"画笔工具" ，单击属性栏上的"切换画笔调板"按钮，弹
出"画笔预设"选项框，单击"画笔笔尖形状"选项，设置参数如图16-65所示。

提示 用"画笔工具" 对路径描边在Photoshop中是经常用的，希望读者要勤加练
习，在"画笔"选项中，直径越大，描的边就越粗，直径越小，描的边就越细。

图 16-64 绘制路径

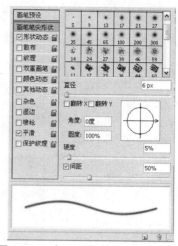

图 16-65 打开"画笔"预设选项框

19 用钢笔工具在绘制的路径上右击,弹出快捷菜单,选择"描边路径"命令,如图 16-66 所示。

20 当单击描边路径后,弹出如图 16-67 所示的"描边路径"对话框。

图 16-66 选择描边路径

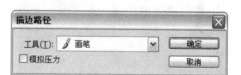

图 16-67 打开"描边路径"对话框

21 单击"确定"按钮后的效果如图 16-68 所示。

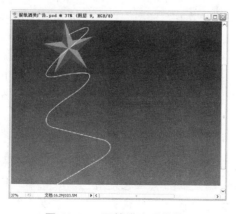

图 16-68 画笔描边后的效果

22 执行"图层"｜"图层样式"｜"外发光"命令，打开"图层样式"对话框，外发光颜色为（R：255，G：255，B：190）。设置参数如图 20-69 所示。

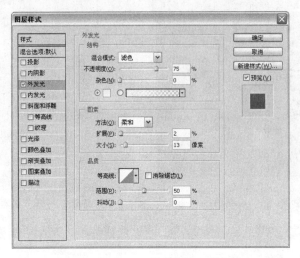

图 16-69　打开"图层样式"对话框

23 单击"确定"按钮后的效果如图 16-70 所示。

24 用同样的方法绘制如图 16-71 所示的画笔描边路径。

图 16-70　外发光效果

图 16-71　用同样的方法绘制

2. 导入素材图片

01 执行"文件"｜"打开"命令或按组合键"Ctrl+O"打开名为"酒.jpg"的素材文件，单击工具箱中的绘制路径，按组合键"Ctrl+Enter"，将路径转换为选区，如图 16-72 所示。

在此用"钢笔工具" 绘制路径后并转换为选区，再移动到工作文件中，而不用"魔棒工具" 是因为背景色是白色，用魔棒工具不能全部的选全，而"钢笔工具" 绘制好路径后并转换为选区，可以将图片移动到文件中。

02 将"酒"素材移动到工作文件中，并按组合键"Ctrl＋T"将"酒"缩小并放到如图 16-73 所示的位置。

图 16-72　打开素材图片并绘制路径　　　　　图 16-73　放置素材图片

03 单击"设置前景色"按钮，打开"拾色器"对话框，设置如图 16-74 所示。

04 用同样的方法打开素材图片"跳舞的人.jpg"，单击工具箱中的"魔棒工具"，单击白色区域，按组合键"Ctrl+Shift+I"进行反向选择，如图 16-75 所示。

 在此步骤中，使用"魔棒工具"是因为用魔棒工具单击白色区域并反向选择，即可直接选中人。

图 16-74　打开"拾色器"对话框　　　　　图 16-75　对图片进行反向选择

05 按组合键"Alt+Delete"填充前景色，效果如图 16-76 所示。

06 将"跳舞的人"素材移动到工作文件中，按组合键"Ctrl＋T"将"跳舞的人"缩小并放到如图 16-77 所示的位置，并右击执行"水平翻转"命令。

图 16-76　反向选择素材图片

图 16-77　放置素材图片并水平翻

07 按组合键 "Ctrl+J" 复制图层副本，按组合键 "Ctrl＋T"，在图层上右击，选择 "垂直翻转" 命令，并在图层面板上更改图层 "不透明度" 为 20%，效果如图 16-78 所示。

08 用同样的方法制作出如图 16-79 所示的效果。

在此步骤中做法都是一样的，但这些人都是用了组合键 "Ctrl＋T"，然后右击选择 "水平翻转" 命令。

图 16-78　复制图层副本

图 16-79　用同样的方法制作

3.　绘制 "房子"

01 新建图层，单击工具箱中的 "钢笔工具"，绘制路径并转换为选区，如图 16-80 所示。

02 单击 "设置前景色" 按钮，打开 "拾色器" 对话框，设置如图 16-81 所示。

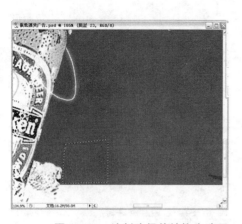

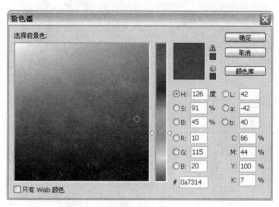

图 16-80　绘制路径并转换为选区　　　　图 16-81　打开"拾色器"对话框

03 按组合键"Alt+Delete"填充前景色，效果如图 16-82 所示。

04 按组合键"Ctrl+D"取消选区，用同样的方法绘制如图 16-83 所示的图形并填充。

　在绘制房子的过程中，只简单地介绍绘制房子的方法，其余的绘制方法都是一样的，在绘制其余的房子用了"渐变工具"。

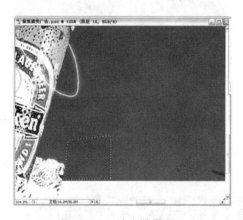

图 16-82　填充前景色　　　　　　　图 16-83　用同样的方法绘制

05 新建图层，单击工具箱中的"钢笔工具"绘制路径，单击前景色图标，设置前景色为（R：160，G：188，B：132），按组合键"Alt+Delete"填充前景色，执行"图层"｜"图层样式"｜"浮面和浮雕"命令，打开"图层样式"对话框，设置参数如图 16-84 所示。

06 单击确定后的效果如图 16-85 所示。

06 用同样的方法绘制如图 16-86 所示的图形。

07 单击工具箱中的"横排文字工具"，输入文字并执行"图层样式"外发光效果，如图 16-87 所示。

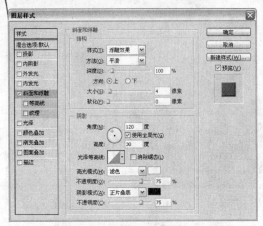

图 16-84　打开"图层样式"对话框

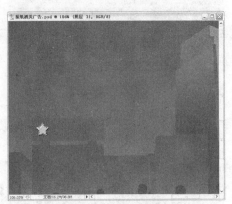

图 16-85　斜面和浮雕效果

图 16-86　用同样的方法绘制图形

图 16-87　输入文字

4. 绘制"星星"

01 新建图层，单击工具箱中的"画笔工具" ，单击属性栏上的 ，弹出如图 16-88 所示的画笔对话框。

02 将前景色设置为"白色"，在工作文件中单击一下，就会得到如图 16-89 所示的效果。

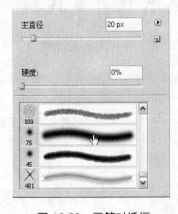

图 16-88　画笔对话框

图 16-89　画笔效果

03 用同样的方法绘制如图 16-90 所示的画笔效果。

04 新建图层，用同样的方法绘制画笔效果，并在图层面板上将图层的不透明度设置为 "45%"，效果如图 16-91 所示。

在用"画笔工具" ✏️.绘制其余的"星星"时，要更改"画笔"的主直径。

图 16-90　画笔效果　　　　　　　　图 16-91　画笔效果

05 新建图层，单击工具箱中的"画笔工具" ✏️，单击属性栏上的 ▾，弹出如图 16-92 所示的画笔对话框。

06 在工作区域中单击一下，效果如图 16-93 所示。

如果在画笔预设的选项里没有四角星画笔，可以用"钢笔工具" ✍.绘制好以后转换为选区并填充前景色，执行"编辑"|"定义画笔预设"这样就可以定义画笔预设了。

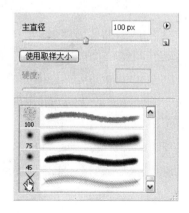

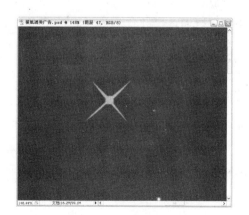

图 16-92　"画笔"选项框　　　　　　图 16-93　画笔效果

07 在圆形的画笔在四角形画笔的中间单击一下，效果如图 16-94 所示。

> **提示** 在此再用圆形的画笔在四角星画笔上单击一下，是为了增加四角星的亮度。

08 用同样的方法绘制如图 16-95 所示的图形。

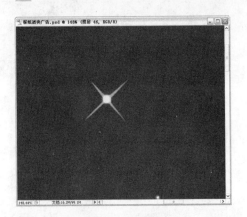

图 16-94　画笔效果

图 16-95　用同样的方法绘制

16.4　食品广告

食品是人类赖以生存的物品，所以食品广告在生活中处处可见，小到其包装，大到巨幅广告等。在本节中将向读者展示一幅饮料广告的制作过程，希望能对大家有所帮助。

● 16.4.1　创意分析

本例制作一幅"报版饮料广告"（报版饮料广告.psd）。通过本例的练习，使读者练习并巩固 Photoshop 中使用矩形选框工具、椭圆选框工具、渐变工具、钢笔工具、多边形套索工具等使用的技巧和方法。

● 16.4.2　最终效果

本例制作完成后的最终效果如图 16-96 所示。

图 16-96　最终效果

◐ 16.4.3 制作要点及步骤

- ◆ 新建文件，绘制矩形选框填充前景色。
- ◆ 绘制路径并转换为选区填充渐变色。
- ◆ 绘制路径，转换为选区并羽化填充前景色。
- ◆ 绘制椭圆选区填充前景色并执行斜面和浮雕效果。
- ◆ 输入文字并对文字进行变形。

1. 制作背景

01 执行"文件"|"新建"命令或按组合键"Ctrl+N"，新建一个名称为"报版饮料广告"的文件，设置参数如图 16-97 所示。

02 按组合键"Ctrl+Shift+N"新建图层，单击工具箱中的"矩形选框工具" ，在如图 16-98 所示的位置绘制矩形选框。

图 16-97 "新建"对话框

图 16-98 绘制矩形选框工具

03 将前景色设置为默认颜色，按组合键"Alt+Delete"，填充前景色，效果如图 16-99 所示。

在 Photoshop 中的默认颜色为黑色和白色。

04 按组合键"Ctrl+Shift+N"新建图层，用同样的方法绘制矩形选区，位置如图 16-100 所示。

图 16-99　填充前景色　　　　　图 16-100　　绘制矩形选框

05 单击工具箱中的"渐变工具" ，打开"渐变编辑器"，设置位置：0，颜色为（R:214，
G:20，B:8）。位置：100，颜色为（R:221，G:227，B:251）。设置如图 16-101 所示，单击
"确定"按钮。

06 单击属性栏上的"线性渐变"按钮 ，按住 Shift 键拖动，效果如图 16-102 所示。

 　按住 Shift 键可以垂直或水平拖动。

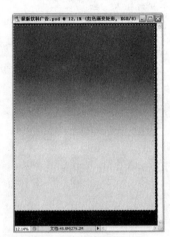

图 16-101　打开"渐变编辑器"对话框　　　　图 16-102　填充渐变色

07 用同样的方法新建图层并绘制矩形选框，单击"设置前景色" 按钮，打开"拾
色器"对话框，设置如图 16-103 所示。

08 按组合键"Alt+Delete"，填充前景色，效果如图 16-104 所示。

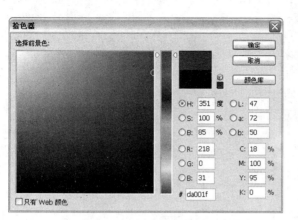

图 16-103　打开"拾色器"对话框　　　　图 16-104　填充前景色

2. 绘制"饮料瓶子"

01 按组合键"Ctrl+Shift+N"新建图层，单击工具箱中的"钢笔工具"绘制路径，按组合键"Ctrl+Enter"，将路径转换为选区，如图 16-105 所示。

> 在这一步操作中也可以直接用"多边形套索工具"绘制。

02 单击工具箱中的"渐变工具"，打开"渐变编辑器"，设置位置：0，颜色为（R:203，G:41，B:2）。位置：100，颜色为（R:17，G:3，B:0）。设置如图 16-106 所示，单击"确定"按钮。

图 16-105　绘制路径并转换为选区　　　图 16-106　打开"渐变编辑器"对话框

03 按住 Shift 键斜向下拖动，效果如图 16-107 所示。

04 用同样的方法绘制如图 16-108 所示的图形。

图 16-107　填充渐变色

图 16-108　用同样的方法绘制并填充渐变色

05 按组合键"Ctrl+Shift+N"新建图层，单击工具箱中的"钢笔工具" ，绘制路径，按组合键"Ctrl+Enter"，将路径转换为选区，如图 16-109 所示。

06 单击工具箱中的"渐变工具" ，打开"渐变编辑器"，设置位置：0，颜色为（R:214，G:44，B:2）。位置：100，颜色为（R:251，G:233，B:228）。设置如图 16-110 所示，单击"确定"按钮。

图 16-109　绘制路径并转换为选区

图 16-110　打开"渐变编辑器"对话框

07 按住 Shift 键斜向拖动，效果如图 16-111 所示。

08 新建图层，用同样的方法绘制图形并转换为选区，如图 16-112 所示。

图 16-111　填充渐变色

图 16-112　绘制路径并转换为选区

09 单击"设置前景色" 按钮，打开"拾色器"对话框，设置如图 16-113 所示。

10 按组合键"Alt+Delete"，填充前景色，效果如图 16-114 所示。

图 16-113　打开"拾色器"对话框

图 16-114　填充前景色

11 新建图层，单击工具箱中的"多边形套索工具" ，选择如图 16-115 所示图形。

12 单击"设置前景色" 按钮，打开"拾色器"对话框，设置前景色为白色，按组合键"Alt+Delete"，填充前景色，效果如图 16-116 所示。

 黑色和白色是 Photoshop 中默认的前景色和背景色，按"X"和"D"键可以互换。

图 16-115　套索图形

图 16-116　填充前景色

13 新建图层，用同样的方法绘制，设置前景色为白色，按组合键 "Alt+Delete" 填充前景色，位置如图 16-117 所示。

14 按组合键 "Ctrl+Shift+N" 新建图层，单击工具箱中的 "钢笔工具" 绘制路径，按组合键 "Ctrl+Enter"，将路径转换为选区，按组合键 "Ctrl+Alt+D" 打开 "羽化选区" 对话框，将羽化半径设置为 "20 像素"，单击 "确定" 按钮，效果如图 16-118 所示。

图 16-117　用同样的方法绘制图形

图 16-118　绘制路径转换为选区并羽化

15 单击 "设置前景色" 按钮，打开 "拾色器" 对话框，设置前景色为（R:229，G:231，B:243）；按组合键 "Alt+Delete"，填充前景色，效果如图 16-119 所示。

16 新建图层，用同样的方法绘制图形，设置羽化半径为 "20 像素"，设置前景色为（R:247，G:181，B:5）；按组合键 "Alt+Delete"，填充前景色，效果如图 16-120 所示。

图 16-119　填充前景色

图 16-120　用同样的方法羽化并填充前景色

2.　绘制"牛奶"

01 单击工具箱中的"椭圆选框工具" 绘制椭圆选框，单击"设置前景色" 按钮，打开"拾色器"对话框，设置前景色为（R:229，G:231，B:243）；按组合键"Alt+Delete"，填充前景色，位置如图 16-121 所示。

02 新建图层，单击工具箱中的"钢笔工具" 绘制路径，按组合键"Ctrl+Enter"，将路径转换为选区，如图 16-122 所示。

图 16-121　绘制椭圆并填充前景色

图 16-122　绘制路径并转换为选区

03 单击"设置前景色" 按钮，打开"拾色器"对话框，设置前景色为（R:232，G:234，B:248）；按组合键"Alt+Delete"填充前景色，效果如图 16-123 所示。

04 执行"图层"｜"图层样式"｜"斜面和浮雕"命令，打开"图层样式"对话框，设置参数如图 16-124 所示。

提示

斜面和浮雕的样式有外斜面、内斜面、浮雕效果、枕状浮雕、描边浮雕等。

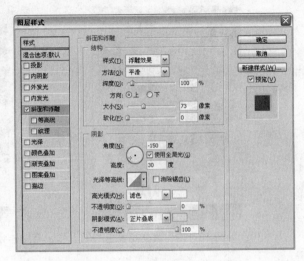

图 16-123　填充前景色　　　　图 16-124　打开"图层样式"对话框

05 单击"确定"按钮后的效果如图 16-125 所示。

06 单击工具箱中的"画笔工具" ，单击"设置前景色" 按钮，打开"拾色器"对话框，设置前景色为（R:234，G:229，B:223），在如图所示的位置绘制，效果如图 16-126所示。

图 16-125　斜面和浮雕效果　　　　图 16-126　画笔工具绘制图形

07 单击工具箱中的"椭圆选框工具" 绘制椭圆选区，单击"设置前景色" 按钮，打开"拾色器"对话框，设置前景色为（R:232，G:234，B:248）；按组合键"Alt+Delete"填充前景色，位置如图 16-127 所示。

08 执行"图层"｜"图层样式"｜"斜面和浮雕"命令，打开"图层样式"对话框，设置参数如图 16-128 所示。

图 16-127　绘制椭圆并填充前景色

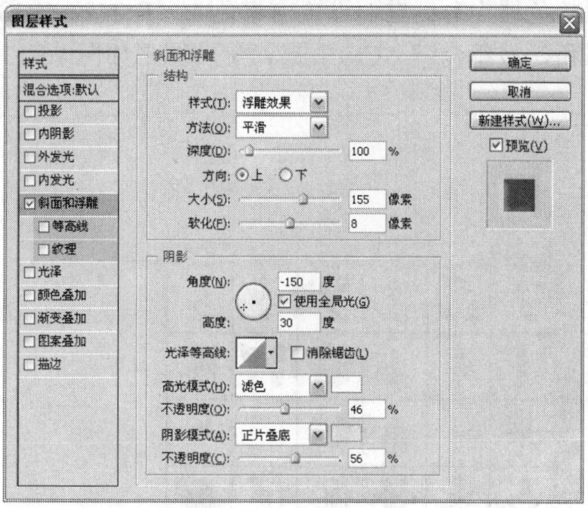

图 16-128　打开"图层样式"对话框

09 单击"确定"按钮后的效果如图 16-129 所示。

10 按组合键"Ctrl+J"复制图层副本，并按组合键"Ctrl＋T"，调整图形如图 16-130 所示，按 Enter 键确定。

图 16-129　斜面和浮雕效果

图 16-130　复制图层副本并缩小

3.　绘制图形并对文字进行变形

01 单击工具箱中的"自定义形状工具" ，单击属性栏上的 ▾，打开"自定义形状"对话框，选择如图 16-131 所示的自定义形状图形。

> 如果在"自定义形状"对话框中没有自己喜欢的形状，可以单击"自定义形状"对话框右上边的小三角形按钮 ⊙，打开"自定义形状"快捷菜单，选择全部，弹出警告对话框，直接单击"确定"按钮。

02 新建图层，在工作区域中绘制将路径并转换为选区，单击"设置前景色" ■ 按钮，

打开"拾色器"对话框，设置前景色为（R:247，G:181，B:5）；按组合键"Alt+Delete"填充前景色，按组合键"Ctrl＋T"，旋转图形如图 16-132 所示。

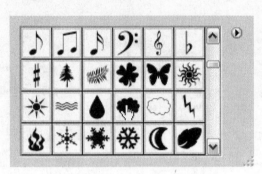

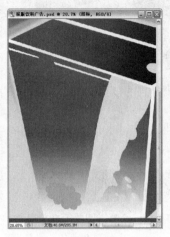

图 16-131　"自定义形状"对话框　　　　图 16-132　填充前景色并旋转

03 执行"图层"｜"图层样式"｜"斜面和浮雕"命令，打开"图层样式"对话框，设置参数如图 16-133 所示。

04 单击"确定"按钮后的效果如图 16-134 所示。

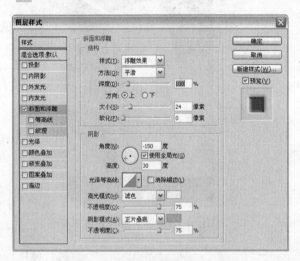

图 16-133　打开"图层样式"对话框　　　　图 16-134　斜面和浮雕效果

05 设置前景色为白色，单击工具箱中的"横排文字工具" **T.**，输入"小"字，在属性栏上将字体设置为 方正粗倩简体 ，按组合键"Ctrl＋T"，调整文字如图 16-135 所示。

在这一步操作中首先将前景色设置为白色，是因为字的颜色是随着前景色的变化而变化的。

06 输入文字，用同样的方法调整其文字的形状和样式，效果如图 16-136 所示。

 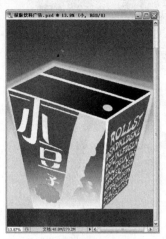

图 16-135　输入文字并对文字变形　　　图 16-136　用同样的方法输入文字并变形

4.　绘制"卡通人物"

01 单击工具箱中的"椭圆选框工具" 绘制正圆选框，位置如图 16-137 所示。

02 单击工具箱中的"渐变工具"，打开"渐变编辑器"，设置位置：0，颜色为（R:255，G:252，B:243）。位置：60，颜色为（R:254，G:230，B:171）。位置：100，颜色为（R:255，G:180，B:93）。设置如图 16-138 所示，单击"确定"按钮。

图 16-137　绘制正圆选框　　　图 16-138　打开"渐变编辑器"对话框

03 单击属性栏上的"径向渐变"按钮，在正圆选框内拖动，效果如图 16-139 所示。

04 执行"图层"｜"图层样式"｜"投影"命令，打开"图层样式"对话框，设置参数如图 16-140 所示。

图 16-139　填充渐变

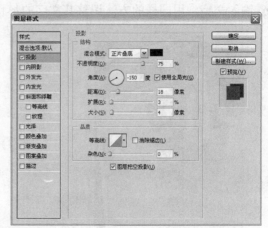

图 16-140　打开"图层样式"对话框

05 单击"确定"按钮后的效果如图 16-141 所示。

图 16-141　投影效果

06 新建图层，单击工具箱中的"钢笔工具" 绘制路径，按组合键"Ctrl+Enter"，将路径转换为选区，位置如图 16-142 所示。

图 16-142　绘制路径并转换为选区

07 单击"设置前景色" ![按钮] 按钮，打开"拾色器"对话框，设置前景色为（R:247，G:0，B:0）；按组合键"Alt+Delete"填充前景色，效果如图 16-143 所示。

08 新建图层，用同样的方法绘制路径，并转换为选区，设置前景色为黑色，按组合键"Alt+Delete"填充前景色，效果如图 16-144 所示。

图 16-143　填充前景色

图 16-144　用同样的方法绘制图形

09 新建图层，用同样的方法绘制路径，并转换为选区，前景色设置为白色，按组合键"Alt+Delete"填充前景色，效果如图 16-145 所示。

10 新建图层，用同样的方法绘制如图 16-146 所示图形。

图 16-145　用同样的方法绘制图形

图 16-146　用同样的方法绘制其余的部分

11 单击工具箱中的"横排文字工具" **T** 输入文字，效果如图 16-147 所示。

按组合键"Ctrl + T"可以对文字进行旋转和倾斜等操作。

图 16-147　最终效果

16.5　小结

本章讲解了 3 个报版广告中常见的广告类型，如地产广告、酒类广告和食品广告等。其中每个案例都将让读者学习到新的知识，同时也可以让读者了解到基础知识的综合运用。如果读者感兴趣可以在网络上查找一些与报版广告相关的知识，比如价格、形式等进行总结积累。

第17章 海报和DM单广告

本章重点介绍海报招贴设计，其中有生活中常见电影海报、DM 单折页等。在这些案例中读者将会把填充工具、画笔工具、模糊命令等结合在一起综合运用。其中电影海报常以大幅海报的形式出现在人们的视野中，而招贴通常是贴在店面的显眼位置，DM 单则主要以传单的形式纷发。读者应当注意他们之间的区别。

17.1 海报设计的相关知识

海报设计种类分为商业海报和分商业海报。它首先应具有传播信息和视觉刺激的特点。所谓"视觉刺激"，是指吸引观众发生兴趣，并在瞬间自然产生 3 个步骤，即刺激、传达、印象的视觉心理过程。"刺激"是让观众注意它，"传达"是把要传达的信息尽快地传递给观众，"印象"即所表达的内容给观众形成形象的记忆。

17.2 电影海报

如果是浪漫的影片，那么设计的色彩也应当以温馨浪漫的色彩为主。另外构图也是一个重点，在突出主人公的情况下，加一些剧情的点缀，更加突出海报设计的主次。最后，文字的设计也相对比较重要。如果文字设计的有特点，那么整个海报就更显得精致。

17.2.1 创意分析

本例制作一幅"电影海报"（电影海报.psd）。本实例主要采用"油漆桶工具"和"画笔工具"绘制背景，以下实例将为读者详细的讲解具体的使用方法和技巧。

17.2.2 最终效果

本例制作完成后的最终效果如图 17-1 所示。

图 17-1 最终效果

17.2.3　制作要点及步骤

◆　新建文件，制作"电影海报"的背景。

◆　制作"电影海报"中的广告图形。

◆　制作"电影海报"中的主题文字。

◆　输入"电影"中的"导演"和"主演"的相关文字。

01 执行"文件"｜"新建"命令，打开"新建"对话框，设置"名称"为"电影海报"，"宽度"为"14"cm，"高度"为"20"cm，"分辨率"为"150"像素/英寸，"颜色模式"为"RGB颜色"，"背景内容"为"白色"，如图17-2所示，单击"确定"按钮。

图 17-2　新建文件

02 选择工具箱中的"渐变工具" ，打开属性栏上的"渐变编辑器"，设置位置：0，颜色为（R:236，G:106，B:48）。位置：100，颜色为（R:245，G:190，B:136）。设置参数如图17-3所示，单击"确定"按钮。

图 17-3　调整渐变色

03 新建"图层1"，选择工具箱中的"画笔工具" ，设置属性栏上的"画笔"为"尖角1像素" ，绘制如图17-4所示的直线。

图 17-4　绘制直线

04 选择"动作面板",单击"创建新动作"按钮 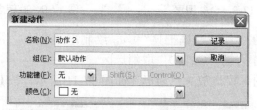 ，打开"新建动作"对话框,如图 17-5 所示,单击"记录"按钮。

图 17-5　"新建动作"对话框

05 选择"图层 1",按组合键"Ctrl+J"复制"图层 1",并按组合键"Ctrl＋T",在属性栏中设置旋转为"4"度 度,如图 17-6 所示,按 Enter 键确定。

06 单击"动作面板"中的"停止"按钮 ,将停止记录所做的操作。单击"动作面板"中的"播放选定的动作"按钮 ,将重复所记录的操作。多次单击"播放选定的动作" 按钮 ,制作出如图 17-7 所示的扇形效果。

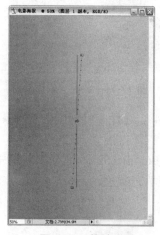

图 17-6　旋转直线

图 17-7　制作扇形效果

07 选择"图层 1"和所有"副本图层",按组合键"Ctrl+E"合并图层。并重命名为"扇形",如图 17-8 所示。

08 按组合键"Ctrl+T",旋转扇形图形如图 17-9 所示,按 Enter 键确定。

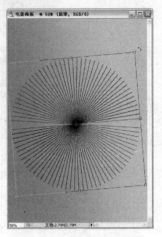

图 17-8　合并图层　　　　　图 17-9　旋转扇形图形

09 选择工具箱中的"矩形选框工具" ,绘制矩形选区。并按 Delete 键删除选区内容如图 17-10 所示。按组合键"Ctrl+D"取消选区。

10 按组合键"Ctrl+T",放大"扇形"如图 17-11 所示,按 Enter 键确定。

图 17-10　删除选区内容　　　　图 17-11　放大"扇形"

11 设置"前景色"为红色(R:210,G:46,B:34),选择工具箱中的"油漆桶工具",在如图 17-12 所示的位置单击鼠标左键填充颜色。

12 设置"前景色"为粉红色(R:230,G:14196,B:162),选择工具箱中的"油漆桶工具",在如图 17-13 所示的位置单击鼠标左键填充颜色。

图 17-12　填充颜色　　　　　　　　　图 17-13　填充颜色

13 用同样的方法，调整不同的颜色制作如图 17-14 所示的彩色扇形效果。

14 新建"图层 1"，设置"前景色"为黄色（R:250，G:229，B:0），选择工具箱中的"矩形选框工具" ，绘制矩形选区。并按组合键"Alt+Delete"，填充选区颜色如图 17-15 所示。

图 17-14　制作彩色扇形效果　　　　　图 17-15　填充选区颜色

15 选择工具箱中的"画笔工具" ✎，在属性栏中单击"画笔预设"下拉列表框 画笔: 1 ▾，打开下拉列表，在列表中选择"星形"样式画笔，如图 17-16 所示。

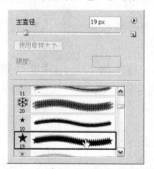

图 17-16　选择"星形"样式画笔

16 新建"图层 2",设置"前景色"为红色(R:224,G:28,B:27),在窗口中绘制"星形"如图 17-17 所示。

图 17-17　绘制"星形"

17 设置"前景色"为蓝色(R:9,G:157,B:229),在窗口中绘制"星形",如图 17-18 所示。

18 用同样的方法,调整不同的颜色绘制如图 17-19 所示的彩色星星效果。

图 17-18　绘制"星形"　　　　　　　图 17-19　绘制彩色星星效果

19 执行"文件"|"打开"命令或按组合键"Ctrl+O",打开如图 17-20 所示的素材图片"群星.tif"。

20 选择工具箱中的"移动工具" ，将图片拖动到"电影海报"文件窗口中,图层面板自动生成"图层 3"。并按组合键"Ctrl＋T",调整图片大小位置如图 17-21 所示。按 Enter 键确定。

图 17-20　打开素材图片

图 17-21　导入素材图片

21 新建"图层 4"，设置"前景色"为黄色（R:250，G:229，B:0），选择工具箱中的"画笔工具" ，绘制如图 17-22 所示的星形。

22 执行"文件"|"打开"命令或按组合键"Ctrl+O"，打开如图 17-23 所示的素材图片"花边.tif"。

图 17-22　绘制星形

图 17-23　打开素材图片

23 选择工具箱中的"移动工具" ，将图片拖动到"电影海报"文件窗口中，图层面板自动生成"图层 5"，并按组合键"Ctrl＋T"，并调整图片位置如图 17-24 所示，按 Enter 键确定。

24 按组合键"Ctrl+J"，"图层面板"自动生成"图层 5 副本"，执行"编辑"|"变换"|"水平翻转"命令，并调整副本图形位置如图 17-25 所示。

25 选择工具箱中的"钢笔工具" ，在属性栏中单击"路径"按钮 ，绘制如图 17-26 所示的路径。

26 新建"图层 6"，设置"前景色"为黄色（R:255，G:238，B:0），按组合键"Ctrl+Enter"，将路径转换为选区，按组合键"Alt+Delete"，填充选区颜色如图 17-27 所示。按组合键

"Ctrl+D"取消选区。

图 17-24　导入素材图片

图 17-25　调整图形位置

图 17-26　绘制路径

图 17-27　填充选区颜色

27 双击"图层 6",打开"图层样式"对话框,在对话框中选择"描边"复选框,设置参数如图 17-28 所示,单击"确定"按钮。

28 选择工具箱中的"钢笔工具" ,绘制如图 17-29 所示的路径。

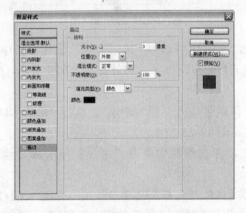

图 17-28　设置"描边"复选框

图 17-29　绘制路径

29 新建"图层 7",设置"前景色"为绿色(R:109,G:173,B:48),按组合键"Ctrl+Enter",将路径转换为选区,按组合键"Alt+Delete"填充选区颜色,并用同样的方法"描边",如图 17-30 所示。按组合键"Ctrl+D"取消选区。

30 选择工具箱中的"钢笔工具" ,绘制如图 17-31 所示的路径。

图 17-30　填充选区颜色

图 17-31　绘制路径

31 新建"图层 7",设置"前景色"为蓝色(R:0,G:155,B:153),按组合键"Ctrl+Enter",将路径转换为选区,按组合键"Alt+Delete"填充选区颜色,并用同样的方法"描边",如图 17-32 所示。按组合键"Ctrl+D"取消选区。

32 执行"文件"|"打开"命令或按组合键"Ctrl+O",打开如图 17-33 所示的素材图片"雕像.tif"。

图 17-32　填充选区颜色

图 17-33　打开素材图片

33 选择工具箱中的"移动工具" ,将图片拖动到"电影海报"文件窗口中,图层面板自动生成"图层 9",并按组合键"Ctrl+T",并调整图片位置如图 17-34 所示。按 Enter 键确定。

34 拖动"图层 9"到"图层 8"的下层,调整图片位置如图 17-35 所示。

图 17-34　导入素材图片

图 17-35　调整图层顺序

35 选择工具箱中的"钢笔工具" ，绘制如图 17-36 所示的路径。

36 选择"图层 8"新建"图层 10"，设置"前景色"为黄色（R:255，G:238，B:0），按组合键"Ctrl+Enter"，将路径转换为选区，按组合键"Alt+Delete"填充选区颜色，并用同样的方法"描边"，如图 17-37 所示。按组合键"Ctrl+D"取消选区。

图 17-36　绘制路径

图 17-37　填充选区颜色

37 选择工具箱中的"钢笔工具" ，绘制如图 17-38 所示的路径。

38 新建"图层 11"，设置"前景色"为绿色（R:109，G:173，B:48），按组合键"Ctrl+Enter"，将路径转换为选区，按组合键"Alt+Delete"填充选区颜色，并用同样的方法"描边"，如图 17-39 所示。按组合键"Ctrl+D"取消选区。

图 17-38　绘制路径

图 17-39　填充选区颜色

39 选择工具箱中的"钢笔工具"，绘制如图 17-40 所示的路径。

40 新建"图层 12"，设置"前景色"为蓝色（R:0, G:155, B:153），按组合键"Ctrl+Enter"，将路径转换为选区，按组合键"Alt+Delete"填充选区颜色，并用同样的方法"描边"，如图 17-41 所示。按组合键"Ctrl+D"取消选区。

图 17-40　绘制路径

图 17-41　填充选区颜色

41 用同样的方法导入"雕像"图片，"图层面板"自动生成"图层 13"。并按组合键"Ctrl＋T"，调整图片大小位置如图 17-42 所示。按 Enter 键确定。

42 拖动"图层 13"到"图层 12"的下层，调整图片位置如图 17-43 所示。

图 17-42　导入素材图片

图 17-43　调整图层顺序

43 选择工具箱中的"矩形选框工具"，绘制矩形选区如图 17-44 所示。

44 选择工具箱中的"渐变工具"，打开属性栏上的"渐变编辑器"，设置位置：0，颜色为（R:8，G:147，B:228）。位置：100，颜色为（R:7，G:77，B:153）。设置参数如图 17-45 所示，单击"确定"按钮。

图 17-44　绘制矩形选区

图 17-45　调整"渐变编辑器"对话框

45 新建"图层 14"，按住 Shift 键，渐变选区如图 17-46 所示。按组合键"Ctrl+D"
取消选区。

46 用同样的方法，调整不同的渐变色，制作彩带如图 17-47 所示。

图 17-46　渐变选区

图 17-47　用同样的方法制作彩带

47 选择"图层 14"和所有"图层 18"，按组合键"Ctrl+E"合并图层，并重命名为
"彩带"，如图 17-48 所示。

图 17-48　合并图层

48 拖动"彩带"图层到"图层 6"的下层，调整"彩带"位置如图 17-49 所示。

49 设置"前景色"为黄色（R:250，G:229，B:0），选择工具箱中的"横排文字工具" T，输入如图 17-50 所示的文字。

图 17-49　调整图层顺序

图 17-50　输入文字

50 双击"文字图层"，打开"图层样式"对话框，在对话框中选择"描边"复选框，设置参数如图 17-51 所示。

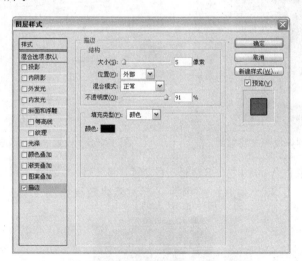

图 17-51　设置"描边"复选框

51 设置完"描边"复选框后，选择"外发光"复选框，设置参数如图 17-52 所示，单击"确定"按钮。

52 选择工具箱中的"横排文字工具" T，输入如图 17-53 所示的文字。

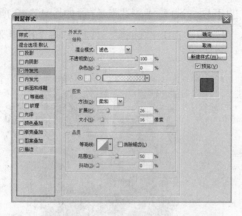

图 17-52 设置"外发光"复选框

图 17-53 输入文字

53 用同样的方法,制作发光文字效果如图 17-54 所示。

54 单击属性栏上的"创建文字形状"按钮 $\bigsqcup$,打开"形状文字"对话框,在"样式"下拉列表中,选择"扇形"样式。设置其他参数如图 17-55 所示,单击"确定"按钮。

图 17-54 制作发光文字效果

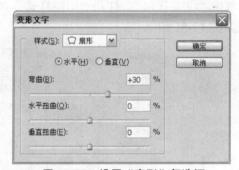

图 17-55 设置"扇形"复选框

55 设置"前景色"为白色(R:255,G:255,B:255),选择工具箱中的"横排文字工具" $\boxed{T}$,输入"导演"和"主演"的相关文字,最终效果如图 17-56 所示。

图 17-56 最终效果

17.3　DM 单

DM 单的特点是幅面小，印刷量大，成本相对比较低，在设计的时候根据画面的要求进行设置，比如有的是套红，即画面颜色只能有黑色和红色。如果要求是彩色印刷，则是四色印刷机印刷。因此，在设计的时候尽量注意到尺寸大小与全开纸的合理利用，以免造成纸张的浪费。

◗ 17.3.1　创意分析

本例制作一幅"DM 单"（DM 单.psd）。通过本例的练习，使读者练习并巩固 Photoshop 中使用钢笔工具、文字工具、渐变工具、椭圆选框工具、画笔工具的使用技巧和方法。

◗ 17.3.2　最终效果

本例制作完成后的最终效果如图 17-57 所示。

图 17-57　最终效果

◗ 17.3.3　制作要点及步骤

◆ 新建文件并绘制图形。

◆ 打开素材图片并处理。

◆ 输入文字。

◆ 绘制"礼品袋"。

◆ 绘制彩色"丝带"。

1.　制作背景并绘制标志

01 执行"文件"|"新建"命令或按组合键"Ctrl+N"，新建一个名称为"DM 单"的文件，设置参数如图 17-58 所示。

02 单击"设置背景色"  图标，打开"拾色器"对话框，设置背景颜色（R:109，G:190，B:69）；按组合键"Ctrl+Delete"，填充背景色效果如图 17-59 所示。

图 17-58　"新建"对话框

图 17-59　填充背景色

03 按组合键"Ctrl+Shift+N"，新建图层单击工具箱中的"椭圆选框工具" 绘制正圆选框，执行"选择"|"变换选区"命令，打开"变换选区"调节框，在窗口中右击选择"旋转"命令，对正圆选框进行旋转，位置如图 17-60 所示，按 Enter 键确定。

在这一步中也可以将椭圆先填充颜色后再按组合键"Ctrl + T"，在文字上右键单击选择旋转。按组合键"Ctrl + T"只针对于图形操作，而"变换选区"调节框只针对于选区操作。

04 新建"图层 1"，单击"设置前景色" 按钮，打开"拾色器"对话框，设置前景色颜色（R:30，G:150，B:149）；按组合键"Alt+Delete"，填充前景色如图 17-61 所示。按组合键"Ctrl+D"取消选区。

将图形调整好以后，也可以双击"变化选区"调节框确定。

图 17-60　绘制正圆选框

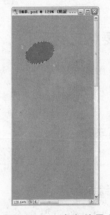

图 17-61　填充前景色

05 执行"图层"|"图层样式"|"斜面和浮雕"命令,打开"图层样式"对话框,设置参数如图 17-62 所示。

06 单击"确定"按钮后的效果如图 17-63 所示。

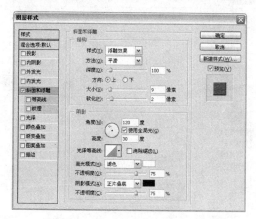

图 17-62 "图层样式"对话框   图 17-63 斜面和浮雕效果

07 单击工具箱中的"自定形状工具" ,单击属性栏上的"点按可打开自定形状"按钮 ,如图 17-64 所示。

08 在工作区域中拖动鼠标绘制路径,并按组合键"Ctrl+Enter"将路径转换为选区,位置如图 17-65 所示。

 先将前景色设置好,单击"路径"面板中的"用前景色填充路径按钮" ,填充图形,再按 Delete 键删除路径。

图 17-64 "自定义形状"选项框   图 17-65 绘制图形并转换为选区

09 单击"设置前景色" 按钮,打开"拾色器"对话框,设置前景颜色为(R:221,G:223,B:139);按组合键"Alt+Delete",填充前景色效果如图 17-66 所示。按组合键"Ctrl+D"取消选区。

10 执行"图层"｜"图层样式"｜"斜面和浮雕"命令，打开"图层样式"对话框，
设置参数如图 17-67 所示。

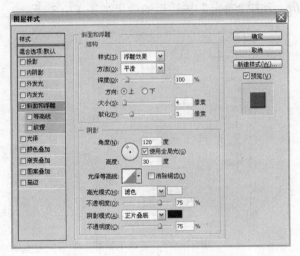

图 17-66 填充前景色　　　　　　　　图 17-67 打开"图层样式"对话框

11 单击"确定"按钮后的效果如图 17-68 所示。

12 单击工具箱中的"横排文字工具" **T.**，输入如图 17-69 所示的文字，并改变文字
的颜色。

图 17-68 斜面和浮雕效果　　　　　　图 17-69 输入文字并改变颜色

13 按组合键"Ctrl＋T"，打开"自由变换"调节框，在文字上右击，在弹出的菜单
中选择"斜切"命令，如图 17-70 所示。

提示

在按组合键"Ctrl＋T"的时候，一定要将"横排文字工具" **T.** 转换为其他的
工具，否则，按组合键"Ctrl＋T"的时候就会打开"字符和段落调板"对话
框。

14 执行"图层"｜"图层样式"｜"斜面和浮雕"命令，打开"图层样式"对话框，设置参数如图 17-71 所示。

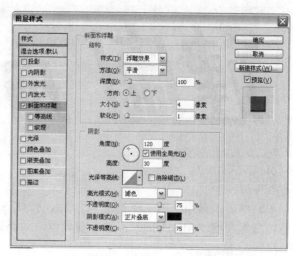

图 17-70　斜切文字　　　　　　　　　　图 17-71　"图层样式"对话框

2. 插入素材图片并处理

01 单击"确定"按钮后的效果如图 17-72 所示。

02 执行"文件"｜"打开"命令或按组合键"Ctrl+O"打开名为"健康广场.jpg"的素材文件，如图 17-73 所示。

图 17-72　斜面和浮雕效果　　　　　　　图 17-73　打开素材图片

03 单击工具箱中的"魔棒工具" ，单击白色区域，按组合键"Ctrl+Shift+I"进行反向选择，如图 17-74 所示。

04 单击工具箱中的"移动工具" ，将"健康广场"素材图片移动到新建的文件中，并按组合键"Ctrl＋T"对图片进行缩放，位置如图 17-75 所示。

图 17-74　反向选择图片　　　　图 17-75　放置素材图片

05 单击工具箱中的"魔棒工具" ，按住 Shift 键单击黑色文字，将前景色设置为白色，按组合键"Alt+Delete"，填充前景色，效果如图 17-76 所示。

> 按住 Shift 键可以对图形加选区域。

06 执行"图层"｜"图层样式"｜"斜面和浮雕"命令，打开"图层样式"对话框，设置参数如图 17-77 所示。

图 17-76　将黑色文字填充为白色　　　图 17-77　"图层样式"对话框

08 单击"确定"按钮后的效果如图 17-78 所示。

3. 输入文字并变形

01 单击工具箱中的"横排文字工具" **T.**，输入文字，并改变文字的颜色，用同样的方法对文字斜切，效果如图 17-79 所示。

图 17-78　斜面和浮雕效果　　　　图 17-79　输入文字

02 执行"图层"｜"图层样式"｜"斜面和浮雕"命令，打开"图层样式"对话框，设置参数如图 17-80 所示。

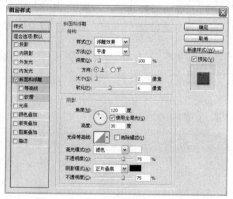

图 17-80　"图层样式"对话框

03 单击"确定"按钮后的效果如图 17-81 所示。

04 执行"图层"｜"图层样式"｜"投影"命令，打开"图层样式"对话框，设置参数如图 17-82 所示。

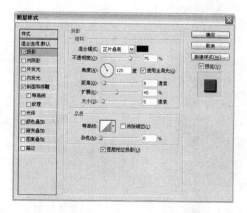

图 17-81　斜面和浮雕效果　　　　图 17-82　"图层样式"对话框

05 单击"确定"按钮后的效果如图 17-83 所示。

06 单击工具箱中的"横排文字工具" ，输入如图 17-84 所示的文字，并改变文字的颜色。

图 17-83　斜面和浮雕效果

图 17-84　输入文字

07 执行"图层"｜"图层样式"｜"描边"命令，打开"图层样式"对话框，将"描边"的大小设置为"5 像素"，描边的颜色设置为白色，单击"确定"按钮，效果如图 17-85 所示。

 载入该文字的选区，按组合键"Alt+E+S"打开"描边"对话框，也可以对文字进行描边。

08 单击属性栏上的"创建文字变形"按钮 工，打开"文字变形"对话框，设置参数如图 17-86 所示。

图 17-85　对文字进行描边

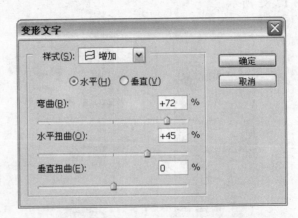

图 17-86　打开"变形文字"对话框

拖动滑块或输入参数可以更改文字的弯曲、水平扭曲、垂直扭曲的弧度。

4．绘制"星星"

01 单击"确定"按钮后的效果如图 17-87 所示。

02 按组合键"Ctrl+Shift+N"新建图层，单击工具箱中的"钢笔工具" ，绘制如图路径，按组合键"Ctrl+Enter"，将路径转换为选区，如图 17-88 所示。

图 17-87　对文字变形　　　　　图 17-88　绘制路径并转换为选区

03 单击"设置前景色" 按钮，打开"拾色器"对话框，设置前景颜色（R:252，G:231，B:87）；按组合键"Alt+Delete"，填充前景色效果如图 17-89 所示。按组合键"Ctrl+D"取消选区。

图 17-89　填充前景色

04 执行"图层"｜"图层样式"｜"斜面和浮雕"命令，打开"图层样式"对话框，设置参数如图 17-90 所示。

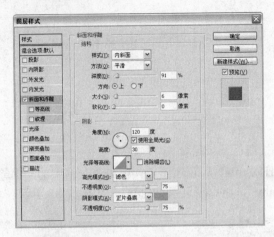

图 17-90　"图层样式"对话框

05 单击"确定"按钮后的效果如图 17-91 所示。

图 17-91　斜面和浮雕效果

06 执行"图层"｜"图层样式"｜"描边"命令，打开"图层样式"对话框，设置参数如图 17-92 所示，描边颜色为（R：144；G：135；B：50）。

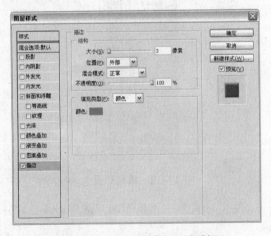

图 17-92　"图层样式"对话框

07 单击"确定"按钮后的效果如图 17-93 所示。

图 17-93　描边效果

08 执行"图层"｜"图层样式"｜"外发光"命令，打开"图层样式"对话框，设置参数如图 17-94 所示，外发光颜色为白色。

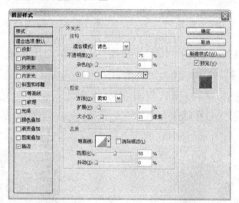

图 17-94　"图层样式"对话框

09 单击"确定"按钮后的效果如图 17-95 所示。

10 按组合键"Ctrl+Shift+N"新建图层，单击工具箱中的"钢笔工具" 绘制如图路径，按组合键"Ctrl+Enter"，将路径转换为选区，如图 17-96 所示。

图 17-95　外发光效果　　图 17-96　绘制路径并转换为选区

11 单击"设置前景色" ![按钮] 按钮，打开"拾色器"对话框，设置前景颜色为（R:144，G:135，B:50）。按组合键"Alt+Delete"，填充前景色效果如图 17-97 所示。按组合键"Ctrl+D"取消选区。

12 新建图层，用同样的方法绘制如图 17-98 所示的图形。

图 17-97　填充前景色　　　　　图 17-98　用同样的方法绘制

13 新建图层，单击工具箱中的"钢笔工具" ![图标] 绘制如图路径，按组合键"Ctrl+Enter"，将路径转换为选区，如图 17-99 所示。

14 单击"设置前景色" ![按钮] 按钮，打开"拾色器"对话框，设置前景色颜色为（R:97，G:198，B:222），按组合键"Alt+Delete"，填充前景色，效果如图 17-100 所示。按组合键"Ctrl+D"取消选区。

图 17-99　绘制路径并转换为选区　　　图 17-100　填充前景色

15 执行"图层"｜"图层样式"｜"外发光"命令，打开"图层样式"对话框，设置参数如图 17-101 所示，外发光颜色为白色。

16 单击"确定"按钮后的效果如图 17-102 所示。

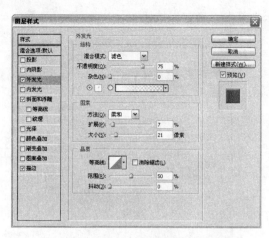

图 17-101　"图层样式"对话框　　　图 17-102　外发光效果

17 单击工具箱中的"画笔工具" ，设置属性栏参数如图 17-103 所示。

图 17-103　设置属性栏参数

18 在如图 17-104 所示的位置绘制白色线条。

图 17-104　用画笔工具绘制

5. 绘制"礼品袋"

01 用同样的方法绘制如图 17-105 所示的图形。

在绘制"星星"和其他的图形时，都是用同样的方法，设置的参数也是一样的，可以在执行了图层样式的图层上右击执行"拷贝图层样式"命令，再回到要执行图层样式的图层上右击执行"粘贴图层样式"命令。

02 单击工具箱中的"渐变工具" ，打开"渐变编辑器"，设置位置：0，颜色为（R:245；G:197，B:112）。位置：56，颜色为（R:30，G:226，B:168）。位置：100，颜色为（R:214，

G:216，B:181）。设置如图 17-106 所示，单击"确定"按钮。

图 17-105　用同样的方法绘制图形　　图 17-106　绘制路径并转换为选区

03 新建图层，并绘制选区。属性栏上单击的"线性渐变"按钮，在选区内拖动，渐变效果如图 17-107 所示。按组合键"Ctrl+D"取消选区。

04 执行"图层"｜"图层样式"｜"斜面和浮雕"命令，打开"图层样式"对话框，设置参数如图 17-108 所示。

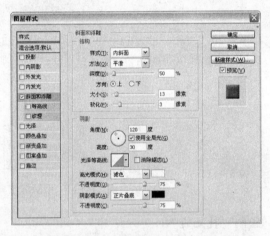

图 17-107　填充渐变　　图 17-108　"图层样式"对话框

05 单击"确定"按钮后的效果如图 17-109 所示。

06 新建图层，单击工具箱中的"钢笔工具"绘制如图路径，按组合键"Ctrl+Enter"，将路径转换为选区，单击"设置前景色"按钮，打开"拾色器"对话框，设置前景色颜色为（R:70，G:155，B:222）；按组合键"Alt+Delete"填充前景色，效果如图 17-110 所示。

图 17-109 斜面和浮雕效果　　　图 17-110 绘制路径并填充颜色

07 执行"图层"|"图层样式"|"斜面和浮雕"命令，打开"图层样式"对话框，设置参数如图 17-111 所示。

08 单击"确定"按钮后的效果如图 17-112 所示。

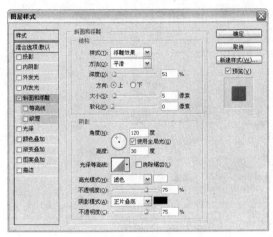 

图 17-111 "图层样式"对话框　　　图 17-112 斜面和浮雕效果

09 单击工具箱中的"加深工具" ，对图形的局部进行加深，效果如图 17-113 所示。

 "加深工具" 可以对当前颜色进一步加深。

10 新建图层，单击工具箱中的"钢笔工具" 绘制如图路径，按组合键"Ctrl+Enter"，将路径转换为选区，单击"设置前景色" 按钮，打开"拾色器"对话框，设置前景色颜色为（R:112，G:193，B:227）；按组合键"Alt+Delete"，填充前景色，效果如图 17-114 所示。

图 17-113　对图形的局部进行加深　　　　图 17-114　绘制图形并填充颜色

11 执行"图层"｜"图层样式"｜"斜面和浮雕"命令，打开"图层样式"对话框，设置参数如图 17-115 所示。

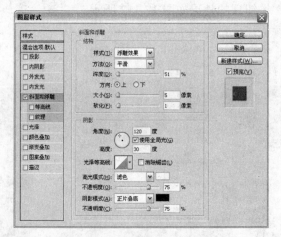

图 17-115　"图层样式"对话框

12 单击"确定"按钮后的效果如图 17-116 所示。

图 17-116　斜面和浮雕效果

6. 绘制彩色"丝带"

01 新建图层，单击工具箱中的"钢笔工具" 绘制如图路径，按组合键"Ctrl+Enter"，将路径转换为选区，如图 17-117 所示。

图 17-117　绘制路径并转换为选区

02 单击工具箱中的"渐变工具" ，打开"渐变编辑器"，设置位置：0，颜色为（R:221；G:107，B:65）。位置：50，颜色为（R:211，G:92，B:65）。位置：100，颜色为（R:254，G:196，B:171）。设置如图 17-118 所示，单击"确定"按钮。

图 17-118　"渐变编辑器"对话框

03 在属性栏上单击"线性渐变"按钮 ，在选区内拖动，效果如图 17-119 所示。

图 17-119　填充渐变

04 执行"图层"｜"图层样式"｜"斜面和浮雕"命令，打开"图层样式"对话框，设置参数如图 17-120 所示。

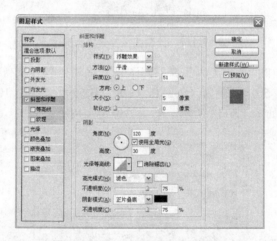

图 17-120　　"图层样式"对话框

05 单击"确定"按钮后的效果如图 17-121 所示。

06 用同样的方法绘制如图 17-122 所示的图形。

图 17-121　斜面和浮雕效果　　图 17-122　用同样的方法绘制

07 单击工具箱中的"画笔工具"🖌️，设置属性栏参数如图 17-123 所示。

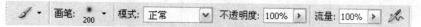

图 17-123　设置画笔参数

08 新建图层，将前景色设置为白色，在如图 17-124 所示的位置绘制白色背景。

图 17-124　用画笔工具绘制

09 单击工具箱中的"横排文字工具"**T**，输入如图 17-125 所示的文字，并改变文字的颜色。

10 执行"图层"｜"图层样式"｜"描边"命令，打开"图层样式"对话框，将"描边"的大小设置为"6 像素"，描边的颜色设置为（R:5；G:2；B:9），单击"确定"按钮，效果如图 17-126 所示。

图 17-125　输入文字　　　　图 17-126　对文字描边

11 单击属性栏上的"创建文字变形"按钮，打开"文字变形"对话框，设置参数如图 17-127 所示。

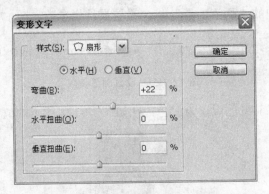

图 17-127　"变形文字"对话框

12 单击"确定"按钮后的效果如图 17-128 所示。

图 17-128　"变形文字"效果

17.4　小结

　　通过本章的学习读者可以了解到具有代表性的海报招贴以及 **DM** 单的制作方法，同时在学习本章案例的时候也能够结合前面的基础知识进行练习。如果读者练习了本章所提供的案例后，当对设计海报等有一定的感悟时，可以尝试性地进行设计练习。

第18章 户外广告设计

户外广告媒体是发布户外广告招商的最佳途径，具有到达率高、视觉冲击力强、发布时段长、千人成本低、城市覆盖率高等特点。本章列举了生活中最常见的两种户外媒体设计：高速路牌和车身广告。希望能对读者朋友在设计上提供一种思路。

18.1 户外广告设计的相关知识

户外媒体常见类型有单一媒体和网络媒体。单一媒体——通常购买户外媒体时单独购买的媒体，比如射灯广告、单立柱、霓虹灯、墙体、三面翻等；网络媒体——可以按组或套装形式购买的媒体，比如候车亭、车身、地铁、机场和火车站等。根据客户的需要，设计者可以为其建议相应的广告形式。

18.2 高速路牌广告

本章重点介绍了高速路牌广告的制作，首先需要考虑到广告牌设置的高度，以及广告在目标群眼中所停留的时间。然后就可以设置广告所需要的产品和文字信息。设计者应当注意到画面中的产品一定要醒目，标题一定要惹眼。

18.2.1 创意分析

本例制作一幅"高速路牌广告"（高速路牌.psd）。本例通过对色彩的对比使人物更突出，惹人眼目，然后再通过设计文字标题，将产品名称加以明确。

18.2.2 最终效果

本例制作完成后的最终效果如图 18-1 所示。

图 18-1 最终效果

18.2.3　制作要点及步骤

◆ 新建文件，制作"高速路牌广告"的背景图形。

◆ 制作"高速路牌广告"中的人物图形和广告文字。

◆ 调整"高速路牌广告"中产品图形的位置。

◆ 将设计好的"高速路牌广告"导入到图片中，并调整广告的位置与图片结合。

01 执行"文件"｜"新建"命令，打开"新建"对话框，设置"名称"为"高速路牌广告"，"宽度"为"10"cm，"高度"为"6"cm，"分辨率"为"150"像素/英寸，"颜色模式"为"RGB 颜色"，"背景内容"为"白色"，如图 18-2 所示，单击"确定"按钮。

02 新建"图层 1"，设置"前景色"为蓝色（R:82，G:151，B:208），选择工具箱中的"矩形选框工具"绘制选区，并按组合键"Alt+Delete"，填充选区颜色如图 18-3 所示。

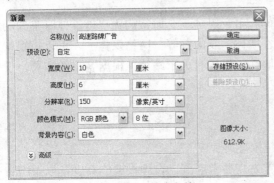

图 18-2　新建文件

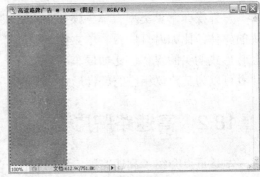

图 18-3　填充选区颜色

03 执行"选择"｜"变换选区"命令，并调整选区如图 18-4 所示，按 Enter 键确定。

04 设置"前景色"为蓝色（R:2，G:100，B:175），并按组合键"Alt+Delete"，填充选区颜色如图 18-5 所示。

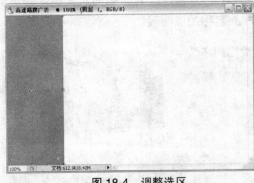

图 18-4　调整选区

图 18-5　填充选区颜色

05 执行"选择"｜"变换选区"命令，并调整选区如图 18-6 所示，按 Enter 键确定。

06 设置"前景色"为蓝色（R:60，G:198，B:227），并按组合键"Alt+Delete"，填充选区颜色如图 18-7 所示，按组合键"Ctrl+D"取消选区。

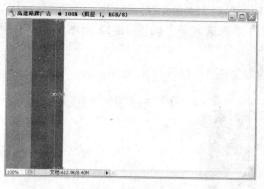

图 18-6　调整选区

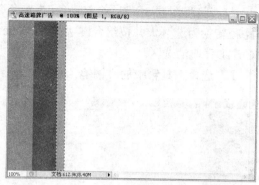

图 18-7　填充选区颜色

07 选择"背景"图层，新建"图层 2"，设置"前景色"为黄色（R:253，G:243，B:233），选择工具箱中的"矩形选框工具" ，绘制选区，并按组合键"Alt+Delete"，填充选区颜色如图 18-8 所示，按组合键"Ctrl+D"取消选区。

08 选择工具箱中的"矩形选框工具" ，绘制选区，并按组合键"Alt+Delete"，填充选区颜色如图 18-9 所示，按组合键"Ctrl+D"取消选区。

图 18-8　填充选区颜色

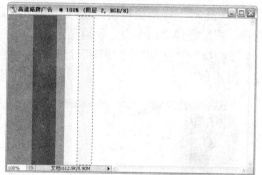

图 18-9　填充选区颜色

09 用同样的方法，制作如图 18-10 所示的条纹背景。

10 选择工具箱中的"钢笔工具" ，在属性栏中单击"路径"按钮 ，绘制如图 18-11 所示的路径。

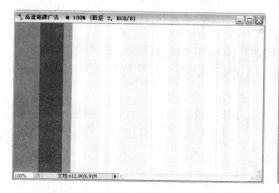

图 18-10　制作条纹背景

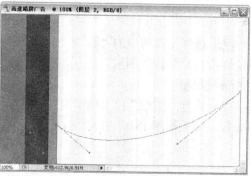

图 18-11　绘制路径

11 新建"图层3",设置"前景色"为黄色(R:250,G:216,B:179)。按组合键"Ctrl+Enter",将路径转换为选区,并按组合键"Alt+Delete",填充选区颜色如图 18-12 所示。按组合键"Ctrl+D"取消选区。

12 选择工具箱中的"钢笔工具" 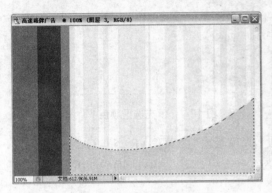,绘制如图 18-13 所示的路径。

图 18-12 填充选区颜色　　　　图 18-13 绘制路径

13 新建"图层 4",设置"前景色"为橘红色(R:246,G:149,B:46)。按组合键"Ctrl+Enter",将路径转换为选区,并按组合键"Alt+Delete",填充选区颜色如图 18-14 所示。按组合键"Ctrl+D"取消选区。

14 执行"文件"|"打开"命令或按组合键"Ctrl+O",打开如图 18-15 所示的素材图片"图纹.tif"。

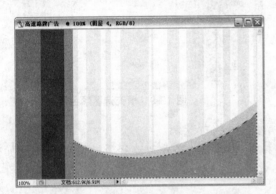

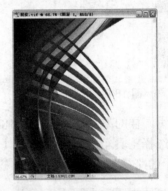

图 18-14 填充选区颜色　　　　图 18-15 打开素材图片

15 选择工具箱中的"移动工具" ,将图片拖动到"高速路牌广告"文件窗口中,图层面板自动生成"图纹"图层,并按组合键"Ctrl+T",调整图片位置如图 18-16 所示,按 Enter 键确定。

16 执行"图像"|"调整"|"去色"命令,去掉图纹颜色,并设置"图层混合模式"为叠加,效果如图 18-17 所示。

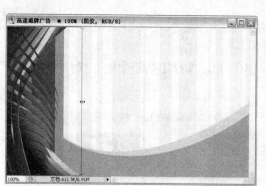

图 18-16 导入图片

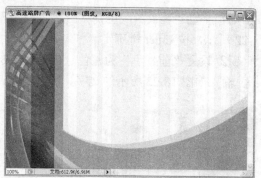

图 18-17 设置"图层混合模式"

17 执行"文件"|"打开"命令或按组合键"Ctrl+O",打开如图 18-18 所示的素材图片"美女.tif"。

18 选择工具箱中的"移动工具"，将图片拖动到"高速路牌广告"文件窗口中，图层面板自动生成"美女"图层，调整图片位置如图 18-19 所示。

图 18-18 打开素材图片

图 18-19 导入图片

19 按住 Ctrl 键，单击"图层 3"的缩览窗口，将载入图形边框选区，如图 18-20 所示。

20 设置"前景色"为橘红色（R:246，G:149，B:46）。并按组合键"Alt+Delete"，填充选区颜色如图 18-21 所示。按组合键"Ctrl+D"取消选区。

图 18-20 载入图形边框选区

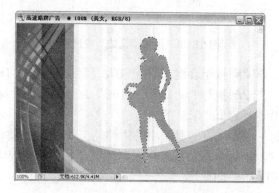

图 18-21 填充选区颜色

21 拖动"美女"图层到"图层 3"的下层，按组合键"Ctrl＋T"，调整图片位置如图 18-22 所示，按 Enter 键确定。

22 设置"前景色"为蓝色（R:2，G:71，B:174），选择工具箱中的"横排文字工具" T，输入如图 18-23 所示的文字。

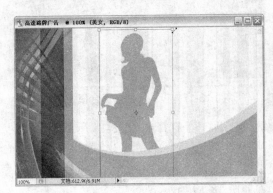

图 18-22　调整图层顺序　　　　　　　　　图 18-23　输入文字

23 双击"文字图层"，打开"图层样式"对话框，在对话框中选择"描边"复选框，设置参数如图 18-24 所示。

24 设置完"描边"复选框后，在对话框中选择"投影"复选框，设置参数如图 18-25 所示，单击"确定"按钮。

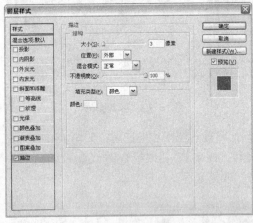

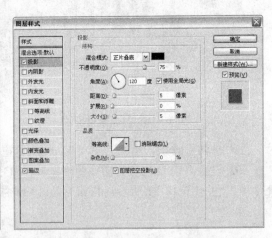

图 18-24　设置"描边"复选框　　　　　　　图 18-25　设置"投影"复选框

25 按组合键"Ctrl＋T"，调整图片如图 18-26 所示，按 Enter 键确定。

26 执行"文件"|"打开"命令或按组合键"Ctrl+O"，打开如图 18-27 所示的素材图片"标志.tif"。

27 选择工具箱中的"移动工具" ，将图片拖动到"高速路牌广告"文件窗口中，图层面板自动生成"标志"图层，并按组合键"Ctrl＋T"，调整图片位置如图 18-28 所示，按 Enter 键确定。

图 18-26 调整图片　　　　　　　　　图 18-27 打开素材图片

28 选择工具箱中的"钢笔工具" ，绘制如图 18-29 所示的路径。

图 18-28 导入图片　　　　　　　　　图 18-29 绘制路径

29 设置"前景色"为白色（R:255，G:255，B:255），选择工具箱中的"横排文字工具" ，沿着路径输入广告语文字如图 18-30 所示。

30 双击"文字图层"，打开"图层样式"对话框，在对话框中选择"描边"复选框，设置参数如图 18-31 所示，单击"确定"按钮。

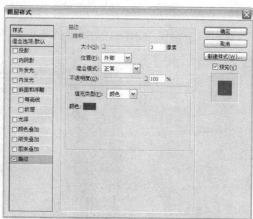

图 18-30 输入广告语文字　　　　　　图 18-31 设置"描边"复选框

31 选择工具箱中的"移动工具" ，调整文字位置如图 18-32 所示。

32 执行"文件"|"打开"命令或按组合键"Ctrl+O"，打开如图 18-33 所示的素材图片"产品.tif"。

图 18-32　调整文字位置

图 18-33　打开素材图片

33 选择工具箱中的"移动工具" ，将图片拖动到"高速路牌广告"文件窗口中，图层面板自动生成"产品"图层，并按组合键"Ctrl＋T"，调整图片位置如图 18-34 所示，按 Enter 键确定。

34 按组合键"Ctrl+Alt+T"，旋转图形如图 18-35 所示，按 Enter 键确定。

图 18-34　调整图片位置

图 18-35　旋转图形

35 按组合键"Ctrl+Alt+Shift+T"，"图层面板"自动生成副本图层，旋转图形如图 18-36 所示。

图 18-36　旋转图形

36 选择"背景"图层单击鼠标右键，在列表中选择"拼合图像"命令，合并所有图层，如图 18-37 所示。

图 18-37　拼合图像

37 执行"文件"|"打开"命令或按组合键"Ctrl+O"，打开如图 18-38 所示的素材图片"照片.tif"。

38 选择工具箱中的"移动工具" ，将"高速路牌广告"文件窗口中的图片拖动到"照片"文件窗口中，图层面板自动生成"图层 1"如图 18-39 所示。

图 18-38　打开素材图片　　　　　图 18-39　导入图片

39 并按组合键"Ctrl＋T"，调整图片大小位置，按 Enter 键确定，最终效果如图 18-40 所示。

图 18-40　最终效果

18.3　车身广告

车身广告的流动性很强，同时在人们的视野中停留的时间很短暂，所以设计的时候使用大胆的颜色，简单的广告语言就可以将广告的内容和特色加以体现。车身广告的最终目的是希望能在最短的时间内将产品的信息完整的表达给目标群体。

⬤ 18.3.1　创意分析

本例制作一幅"车身广告"（车身广告.psd）。本实例主要让读者练习"钢笔工具"的使用方法和技巧，利用钢笔工具绘制出"车身"的外形，再将图片与外形结合，制作出车身广告。

⬤ 18.3.2　最终效果

本例制作完成后的最终效果如图 18-41 所示。

图 18-41　最终效果

⬤ 18.3.3　制作要点及步骤

- ◆ 新建文件，制作"车身广告"的汽车外形。
- ◆ 制作"车身广告"中的广告图形。
- ◆ 制作"车身广告"中的广告文字。
- ◆ 制作"车身广告"的另一面图形。

01 执行"文件"｜"新建"命令，打开"新建"对话框，设置"名称"为"车身广告"，"宽度"为"20"cm，"高度"为"11"cm，"分辨率"为"150"像素/英寸，"颜色模式"为"RGB 颜色"，"背景内容"为"白色"，如图 18-42 所示，单击"确定"按钮。

02 选择工具箱中的"钢笔工具" ⬙，在属性栏中单击"路径"按钮 ▣，绘制如图 18-43 所示的路径。

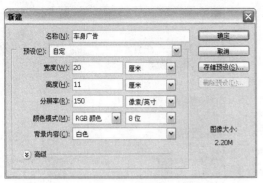

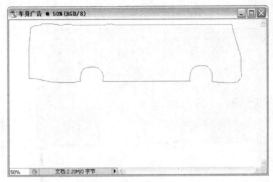

图 18-42 新建文件　　　　　　　　　图 18-43 绘制路径

03 新建"图层 1"，设置"前景色"为橘黄色（R:254，G:144，B:18）。按组合键"Ctrl+Enter"，将路径转换为选区，并按组合键"Alt+Delete"，填充选区颜色如图 18-44 所示。按组合键"Ctrl+D"取消选区。

04 双击"图层 5"，打开"图层样式"对话框，选中"描边"复选框，设置描边"颜色"为黑色（R:0，G:0，B:0）。设置其他参数如图 18-45 所示，单击"确定"按钮。

 设置"描边"参数，可以执行"图层"|"图层样式"|"描边"命令，打开"图层样式"对话框。

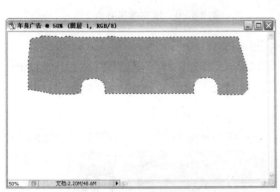

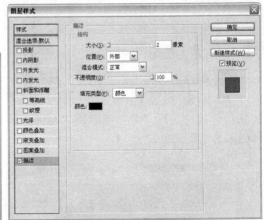

图 18-44 填充选区颜色　　　　　　　图 18-45 设置"描边"复选框

05 选择工具箱中的"钢笔工具" ![pen]，绘制如图 18-46 所示的路径。

06 新建"图层 2"，按组合键"Ctrl+Enter"，将路径转换为选区，执行"编辑"|"描边"命令，打开"描边"对话框，设置描边颜色为黑色（R:0，G:0，B:0）。设置其他参数如图 18-47 所示，单击"确定"按钮。按组合键"Ctrl+D"取消选区。

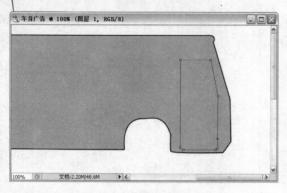

图 18-46　绘制路径　　　　　　　　　　图 18-47　设置"描边"复选框

07 选择工具箱中的"钢笔工具" ，绘制如图 18-48 所示的路径。

08 新建"图层 3"，设置"前景色"为黑色（R:0，G:0，B:0）。按组合键"Ctrl+Enter"，将路径转换为选区，并按组合键"Alt+Delete"，填充选区颜色如图 18-49 所示。按组合键"Ctrl+D"取消选区。

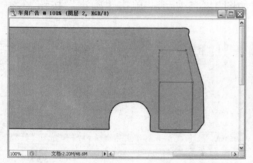

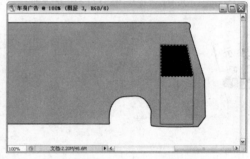

图 18-48　绘制路径　　　　　　　　　　　图 18-49　填充选区颜色

09 选择工具箱中的"钢笔工具" ，绘制如图 18-50 所示的路径。

10 新建"图层 4"，设置"前景色"为白色（R:255，G:255，B:255）。按组合键"Ctrl+Enter"，将路径转换为选区，并按组合键"Alt+Delete"，填充选区颜色如图 18-51 所示。按组合键"Ctrl+D"取消选区。

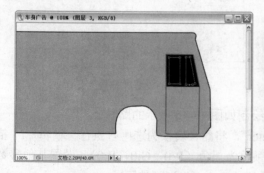

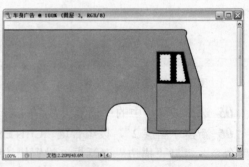

图 18-50　绘制路径　　　　　　　　　　　图 18-51　填充选区颜色

11 选择工具箱中的"画笔工具" ，设置属性栏上的"画笔"为"尖角 1 像素" 画笔: 1 ⌄ ，绘制如图 18-52 所示的直线。

12 选择工具箱中的"圆角矩形工具" ，设置属性栏上的"半径"为"5px" 半径: 5 px ，绘制路径如图 18-53 所示。

> **提示** 在属性栏上设置的"半径"越大，绘制出路径的"弧度"就越大。

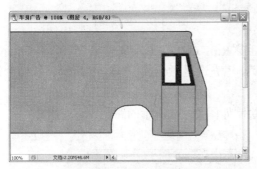

图 18-52　绘制直线

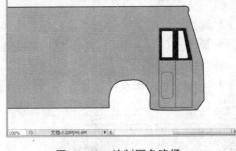

图 18-53　绘制圆角路径

13 新建"图层 5"，设置"前景色"为白色（R:255，G:255，B:255）。按组合键"Ctrl+Enter"，将路径转换为选区，并按组合键"Alt+Delete"，填充选区颜色，并描边为"黑色"如图 18-54 所示。按组合键"Ctrl+D"取消选区。

14 按组合键"Ctrl+J"，执行"复制"命令，并放到如图 18-55 所示的位置。

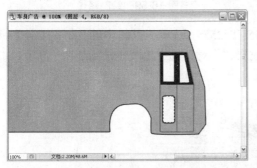
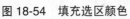

图 18-54　填充选区颜色

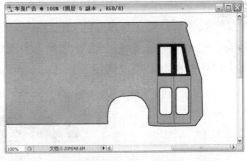

图 18-55　复制图形

15 新建"图层 6"选择工具箱中的"矩形选框工具" ，绘制矩形选区，并填充选区为"白色"，描边为"黑色"，如图 18-56 所示。按组合键"Ctrl+D"取消选区。

> **提示** 前面为读者讲解了两种"描边"方法，读者可以任选一种。

16 选择工具箱中的"钢笔工具" ，绘制如图 18-57 所示的路径。

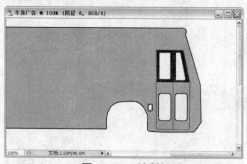
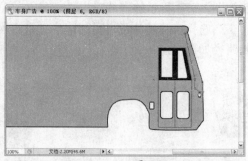

图 18-56　绘制矩形　　　　　　　　图 18-57　绘制路径

17 新建"图层 7"，设置"前景色"为黑色（R:0，G:0，B:0）。按组合键"Ctrl+Enter"，将路径转换为选区，并按组合键"Alt+Delete"，填充选区颜色如图 18-58 所示。按组合键"Ctrl+D"取消选区。

18 选择工具箱中的"钢笔工具" ，绘制如图 18-59 所示的路径。

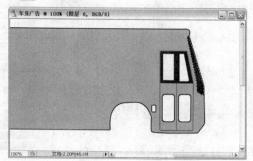
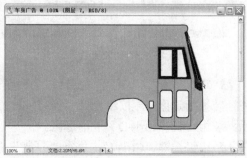

图 18-58　填充选区颜色　　　　　　图 18-59　绘制路径

19 设置"前景色"为白色（R:255，G:255，B:255），选择工具箱中的"渐变工具" ，打开属性栏上的"渐变编辑器"。选择"渐变编辑器"对话框中的"前景到透明"渐变样式，如图 18-60 所示，单击"确定"按钮。

图 18-60　选择渐变样式

20 新建"图层 8"，渐变选区如图 18-61 所示。按组合键"Ctrl+D"取消选区。

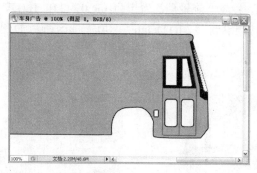

图 18-61　渐变选区

21 设置"前景色"为黑色（R:0，G:0，B:0），选择工具箱中的"画笔工具" ，绘制如图 18-62 所示的直线。

22 选择工具箱中的"钢笔工具" ，绘制如图 18-63 所示的路径。

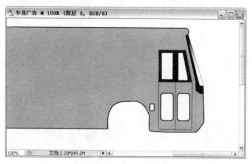

图 18-62　绘制直线

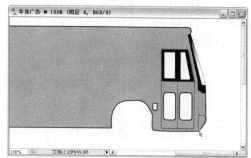

图 18-63　绘制路径

23 新建"图层 9"，设置"前景色"为灰色（R:92，G:96，B:106）。按组合键"Ctrl+Enter"，将路径转换为选区，并按组合键"Alt+Delete"，填充选区颜色如图 18-64 所示。按组合键"Ctrl+D"取消选区。

24 新建"图层 10"选择工具箱中的"矩形选框工具" ，绘制矩形选区，并填充选区为"白色"，描边为"黑色"，如图 18-65 所示。按组合键"Ctrl+D"取消选区。

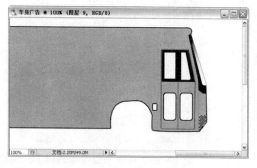

图 18-64　填充选区颜色

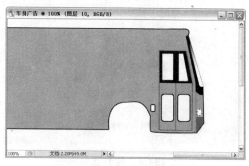

图 18-65　绘制矩形

25 选择工具箱中的"钢笔工具" ，绘制如图 18-66 所示的路径。

26 新建"图层 11"，设置"前景色"为黑色（R:0，G:0，B:0）。按组合键"Ctrl+Enter"，将路径转换为选区，并按组合键"Alt+Delete"，填充选区颜色如图 18-67 所示，按组合键"Ctrl+D"取消选区。

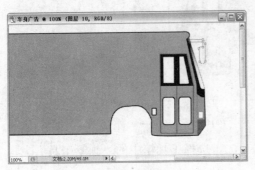

图 18-66 绘制路径

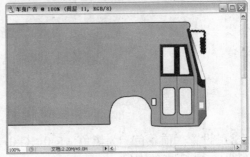

图 18-67 填充选区颜色

27 选择工具箱中的"圆角矩形工具" ，设置属性栏上的"半径"为"5px" 半径: 5 px ，绘制路径如图 18-68 所示。

28 选择工具箱中的"渐变工具" ，打开属性栏上的"渐变编辑器"，设置位置：0，颜色为（R:255，G:255，B:255）。位置：50，颜色为（R:0，G:0，B:0）。位置：100，颜色为（R:255，G:255，B:255）。设置参数如图 18-69 所示，单击"确定"按钮。

> 提示 双击"渐变编辑器"对话框中的"色块"，可以打开"拾色器"，并改变色块颜色。

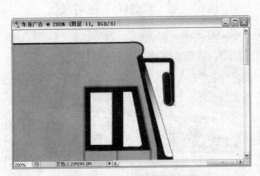

图 18-68 绘制圆角路径

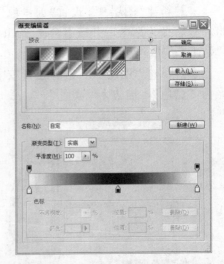

图 18-69 调整"渐变编辑器"对话框

29 新建"图层 12"，按组合键"Ctrl+Enter"，将路径转换为选区，并渐变选区颜色如

图 18-70 所示。按组合键"Ctrl+D"取消选区。

30 新建"图层 13"选择工具箱中的"矩形选框工具" 按钮，绘制矩形选区，并填充选区为"黑色"，如图 18-71 所示。按组合键"Ctrl+D"取消选区。

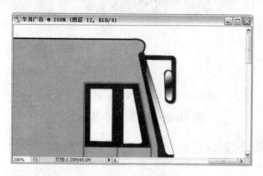

图 18-70 渐变选区颜色

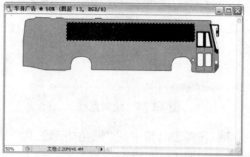

图 18-71 绘制"黑色"矩形

31 选择工具箱中的"钢笔工具" 按钮，绘制如图 19-72 所示的路径。

32 新建"图层 13"，设置"前景色"为白色（R:255，G:255，B:255）。按组合键"Ctrl+Enter"，将路径转换为选区，并按组合键"Alt+Delete"，填充选区颜色如图 18-73 所示。

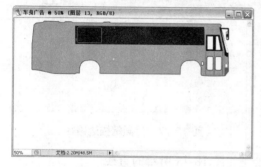

图 18-72 绘制路径

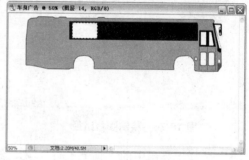

图 18-73 填充选区颜色

33 选择工具箱中的"画笔工具" 按钮，设置属性栏上的"画笔"为"硬边方形 4 像素" 画笔：，绘制如图 18-74 所示的直线。按组合键"Ctrl+D"取消选区。

 选择工具箱中的"画笔工具" 按钮，按住 Shift 键拖动鼠标，可以绘制直线。

34 按组合键"Ctrl+J"，复制多个图形，并分别放到如图 18-75 所示的位置。

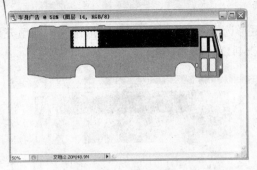

图 18-74　绘制直线

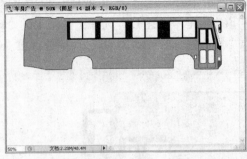

图 18-75　复制多个图形

35 选择工具箱中的"圆角矩形工具" ⬚，设置属性栏上的"半径"为"5px" 半径: 5 px，绘制路径如图 18-76 所示。

36 新建"图层 15"，选择工具箱中的"画笔工具" ✐，设置画笔为"尖角 1 像素"。并设置"前景色"为黑色（R:0，G:0，B:0）。单击"路径面板"中的"用画笔描边路径"按钮 ⬭，在路径面板的空白区域单击鼠标，取消路径显示，效果如图 18-77 所示。

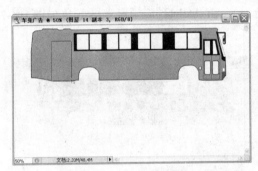

图 18-76　绘制圆角路径

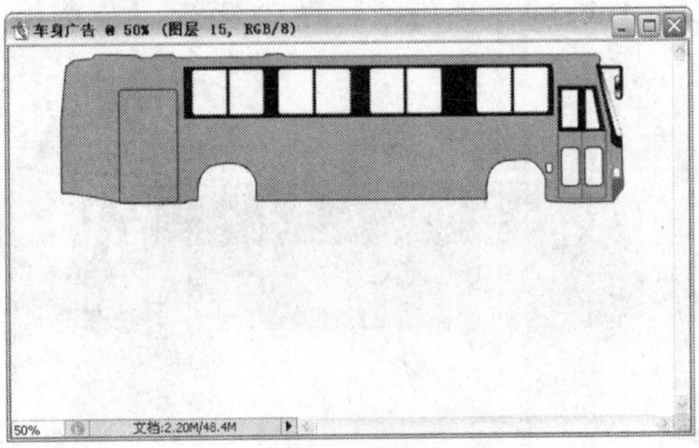

图 18-77　用画笔描边路径

37 选择工具箱中的"画笔工具" ✐，绘制如图 18-78 所示的直线。

38 选择工具箱中的"圆角矩形工具" ⬚，设置属性栏上的"半径"为"5px" 半径: 5 px，绘制路径如图 18-79 所示。

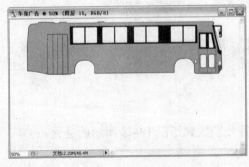

图 18-78　绘制直线

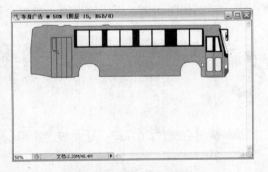

图 18-79　绘制圆角路径

39 新建"图层 16"，设置"前景色"为白色（R:255，G:255，B:255）。按组合键"Ctrl+Enter"，将路径转换为选区，并按组合键"Alt+Delete"，填充选区颜色，并描边为

"黑色"如图 18-80 所示。按组合键"Ctrl+D"取消选区。

40 按组合键"Ctrl+J",复制多个图形,并分别放至如图 18-81 所示的位置。

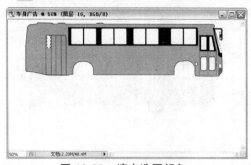

图 18-80 填充选区颜色

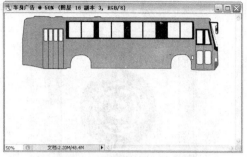

图 18-81 复制多个图形

41 选择工具箱中的"圆角矩形工具"，设置属性栏上的"半径"为"5px" 半径: 5 px ，绘制路径如图 18-82 所示。

42 新建"图层 17",设置"前景色"为黑色（R:0,G:0,B:0）。按组合键"Ctrl+Enter",将路径转换为选区,并按组合键"Alt+Delete",填充选区颜色如图 18-83 所示。

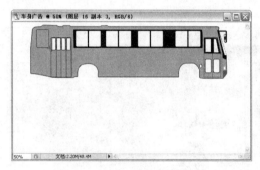

图 18-82 绘制圆角路径

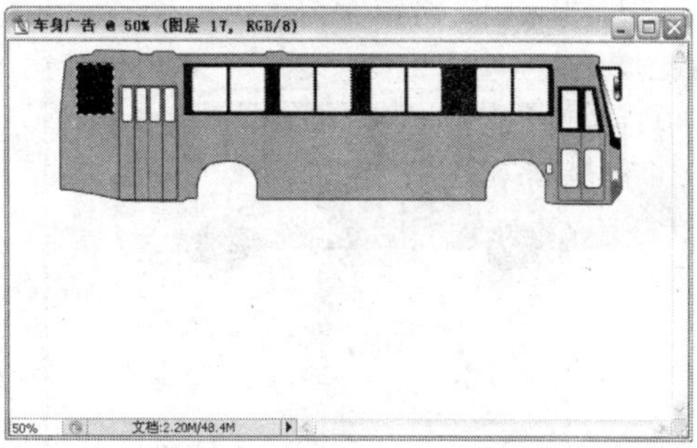

图 18-83 填充选区颜色

43 用同样的方法绘制圆角矩形,如图 18-84 所示。

44 选择工具箱中的"画笔工具"，绘制"黑色"直线如图 18-85 所示。按组合键"Ctrl+D"取消选区。

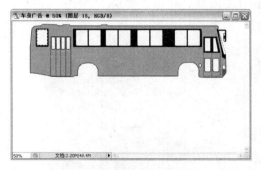

图 18-84 绘制圆角矩形

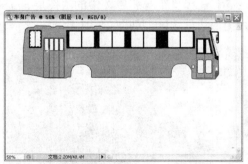

图 18-85 绘制"黑色"直线

45 执行"文件"|"打开"命令或按组合键"Ctrl+O",打开如图 18-86 所示的素材图

片"车轮.tif"。

46 选择工具箱中的"移动工具" ，将图片拖动到"车身广告"文件窗口中，图层面板自动生成"图层19"，调整图形如图18-87所示。

图 18-86　打开素材图片

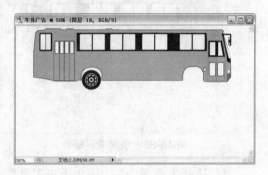

图 18-87　导入图片

47 用同样的方法导入图片，并调整位置如图18-88所示。

48 执行"文件"|"打开"命令或按组合键"Ctrl+O"，打开如图18-89所示的素材图片"广告.tif"。

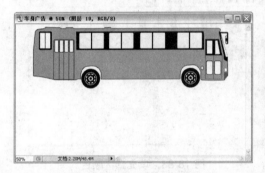

图 18-88　导入图片

图 18-89　打开素材图片

49 按组合键"Ctrl+A"，执行"全部"命令全选图形，并按组合键"Ctrl+C"，复制选区图形，如图18-90所示。

50 选择"车身广告"中的"图层1"，按住Ctrl键，单击"图层1"的缩览窗口，将载入图形边框选区，如图18-91所示。

图 18-90　复制选区图形

图 18-91　载入图形边框选区

51 执行"编辑"|"贴入"命令,"图层面板"将自动生成"图层 20"蒙版图层。并调整广告位置如图 18-92 所示。

 提示 选择工具箱中的"移动工具" 拖动图片,可以直接调整图片的位置。

52 设置"前景色"为白色。选择工具箱中的"横排文字工具" T,输入如图 18-93 所示的文字。

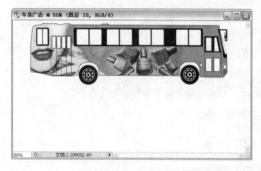

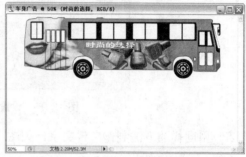

图 18-92 执行"贴入"命令   图 18-93 输入文字

53 双击"文字图层",打开"图层样式"对话框,在对话框中选择"外发光"复选框,设置参数如图 18-94 所示。

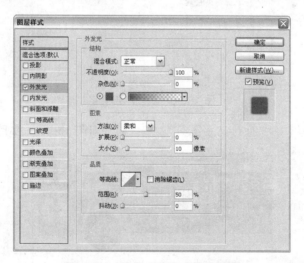

图 18-94 设置"外发光"复选框

提示 设置完"外发光"复选框后,可以不关闭窗口,继续设置其他参数。

54 设置完"外发光"复选框后，在对话框中选择"投影"复选框，设置参数如图 18-95 所示，单击"确定"按钮。

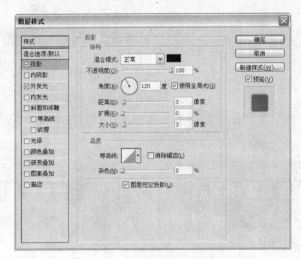

图 18-95 设置"投影"复选框

55 用同样的方法制作广告文字，如图 18-96 所示。

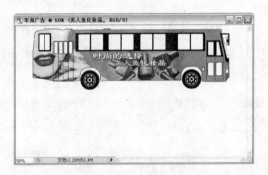

图 18-96 制作广告文字

56 选择工具箱中的"横排文字工具" $\boxed{T}$，输入如图 18-97 所示的文字。

图 18-97 输入文字

57 双击"文字图层"，打开"图层样式"对话框，在对话框中选择"外发光"复选框，

设置参数如图 18-98 所示，单击"确定"按钮。

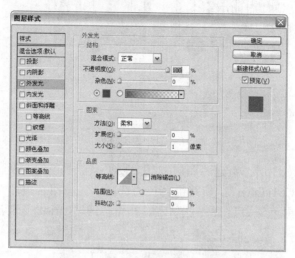

图 18-98 设置"外发光"复选框

58 执行"文件"｜"打开"命令或按组合键"Ctrl+O"，打开如图 18-99 所示的素材图片"标志.tif"。

图 18-99 打开素材图片

59 选择工具箱中的"移动工具"⊕，将图片拖动到"车身广告"文件窗口中，并调整图形如图 18-100 所示。

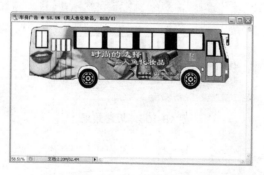

图 18-100 导入图形

60 选择工具箱中的"钢笔工具"，绘制如图 18-101 所示的路径。

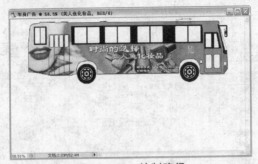

图 18-101　绘制路径

61 选择"背景"图层，新建"图层 21"，设置"前景色"为灰色（R:120，G:146，B:161）。按组合键"Ctrl+Enter"，将路径转换为选区，并按组合键"Alt+Delete"，填充选区颜色，并描边为"黑色"如图 18-102 所示。按组合键"Ctrl+D"取消选区。

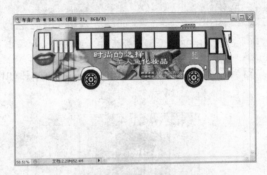

图 18-102　填充选区颜色

62 用同样的方法制作"车身广告"的另一面，最终效果如图 18-103 所示。

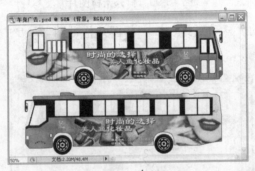

图 18-103　最终效果

18.4　小结

　　本章介绍了两个实例高速路牌和车身广告的制作方法。同时案例还从广告的特点和原则等方面加以介绍，从而使读者更加明确设计的方向性。希望读者朋友能够寻找更多相似的实例加以练习和体会。

第 19 章　包 装 设 计

本章的重点是介绍包装设计方法，主要选用了介绍硬包装。另外，包装平面设计方案也展示了平面制作的方法。所以，读者在学习完本章后，应该对包装设计有一个初步的认识和提高。

19.1　包装设计的相关知识

包装设计是将美术与技术结合，运用于产品的包装保护和美化的设计。包装设计作为外观设计的一种形式，它是运用美学法则，用有形的材料制作，占有一定的空间，是具有实用价值和美感效果的包装形体，是一种实用性的立体设计和艺术创造。

19.2　牛奶包装设计

在选择牛奶的过程中包装的好坏显得特别重要。首先会选择包装的内容，比如酸奶、纯牛奶，芦荟牛奶等。其次，包装的颜色和外形也很重要，针对幼儿食品的包装和针对老人食品的包装都是不一样的，如果是幼儿食品的包装就需要体现出活泼的一面，如果是老人食品的包装颜色就要沉稳一些，体现健康的一面。

19.2.1　创意分析

本例制作一幅牛奶的"包装设计"（食品包装.psd）。本例主要分为两大部分，第一部分是讲解"牛奶包装设计平面展开图"的制作，第二部分是讲解"牛奶包装立体效果"的制作方法。具体的制作方法和工具的应用技巧以下实例将为读者详细介绍说明。

19.2.2　最终效果

本例制作完成后的最终效果如图 19-1 和图 19-2 所示。

图 19-1　牛奶包装设计平面展开图

图 19-2　牛奶包装立体效果

19.2.3　制作要点及步骤

◆ 新建文件，制作牛奶包装设计的"参考线"。

◆ 制作牛奶包装设计的"正面"。

◆ 制作牛奶包装设计的"侧面"。

◆ 制作牛奶包装设计的"背面"。

◆ 制作牛奶包装设计的"上下部分"。

◆ 制作牛奶包装设计的"立体包装图形"。

1.　制作牛奶包装设计的"参考线"

01 执行"文件"｜"新建"命令，打开"新建"对话框，设置"名称"为"牛奶包装设计"，"宽度"为"21.5"cm，"高度"为 16cm，"分辨率"为"150"像素/英寸，"颜色模式"为"RGB 颜色"，"背景内容"为"白色"，如图 19-3 所示，单击"确定"按钮。

02 按组合键"Ctrl+R"执行"标尺"命令，在画布中显示"标尺"如图 19-4 所示。

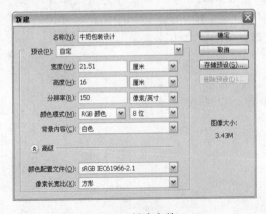

图 19-3　新建文件

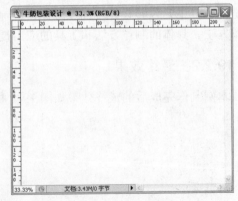

图 19-4　显示"标尺"

03 右击"标尺"，在弹出的快捷菜单中选择"毫米"选项，如图 19-5 所示。

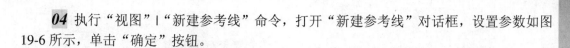

04 执行"视图"|"新建参考线"命令，打开"新建参考线"对话框，设置参数如图 19-6 所示，单击"确定"按钮。

在新建参考线时，选择"垂直"单选框。在窗口中将出现垂直参考线。

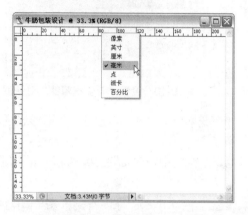

图 19-5　选择"毫米"选项

图 19-6　设置"新建参考线"对话框

05 执行"新建参考线"命令后，在画布中显示的参考线如图 19-7 所示。

06 用同样的方法新建水平参考线，距离如图 19-8 所示。

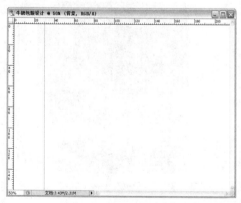

图 19-7　新建参考线

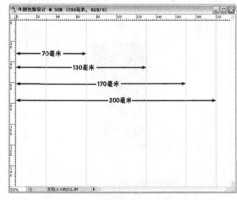

图 19-8　新建水平参考线

07 用同样的方法新建垂直参考线，距离如图 19-9 所示。

2. 制作牛奶包装设计的"正面图形"

01 选择工具箱中的"渐变工具" ，打开属性栏上的"渐变编辑器"，设置位置：0，颜色为（R:103，G:24，B:129）。位置：100，颜色为（R:231，G:160，B:202）。设置参数如图 19-10 所示，单击"确定"按钮。

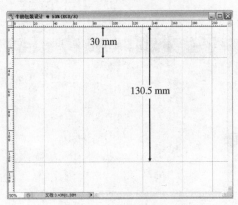

图 19-9　新建垂直参考线

图 19-10　设置"渐变编辑器"对话框

02 新建"图层 1"，选择工具箱中的"矩形选框工具" ⬚，绘制一个矩形选区，并用"渐变工具" ⬚，渐变填充选区如图 19-11 所示。

03 选择工具箱中的"椭圆选框工具" ◯，在窗口中绘制如图 19-12 所示的椭圆选区。

在渐变选区时，按住 Shift 键从上往下拖动鼠标，可以得到如图 19-11 所示的渐变色。

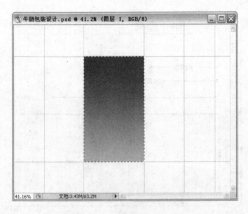

图 19-11　渐变填充选区

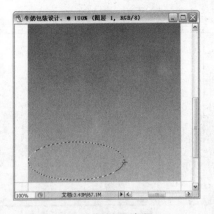

图 19-12　绘制椭圆选区

04 新建"图层 2"，设置"前景色"为褐色（R:108，G:18，B:92），按组合键"Alt+Delete"，执行"填充前景色"命令，填充选区如图 19-13 所示。按组合键"Ctrl+D"取消选区。

05 新建"图层 3"，用同样的方法绘制椭圆选区，并填充选区为浅紫色（R:204，G:190，B:216），如图 19-14 所示。并按组合键"Ctrl+D"取消选区。

图 19-13　填充选区

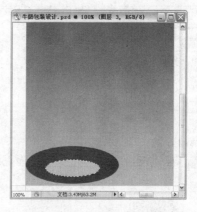

图 19-14　填充中部的选区

06 选择工具箱中的"钢笔工具"，在属性栏中单击"路径"按钮，绘制如图 19-15 所示的路径。

07 新建"图层 4"，设置"前景色"为白色（R:255，G:55，B:55）。按组合键"Ctrl+Enter"，将路径转换为选区，并按组合键"Alt+Delete"，填充选区颜色如图 19-16 所示。按组合键"Ctrl+D"取消选区。

按组合键"Alt+Delete"，执行的是"填充前景色"命令。

图 19-15　绘制路径

图 19-16　填充选区颜色

08 双击"图层 4"，打开"图层样式"对话框，选中"描边"复选框，设置描边"颜色"为黑色（R:0，G:0，B:0）。设置其他参数如图 19-17 所示，单击"确定"按钮。

09 选择工具箱中的"钢笔工具"，绘制如图 19-18 所示的路径。

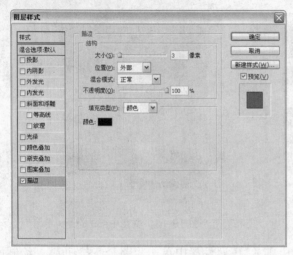

图 19-17　设置"描边"复选框

图 19-18　绘制路径

10 新建"图层5"，按组合键"Ctrl+Enter"，将路径转换为选区。用同样的方法填充选区为白色，然后描边，效果如图19-19所示。按组合键"Ctrl+D"取消选区。

11 新建"图层6"，选择工具箱中的"椭圆选框工具" ，在窗口中绘制椭圆选区，用同样的方法填充选区颜色为（R:225，G:222，B:229），并描边图形效果如图19-20所示。按组合键"Ctrl+D"取消选区。

> 执行"编辑"|"描边"命令，也可以为图形描边。

图 19-19　填充选区

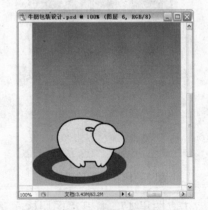

图 19-20　填充选区颜色

12 选择工具箱中的"钢笔工具" ，绘制如图19-21所示的路径。

13 新建"图层7"，按组合键"Ctrl+Enter"，将路径转换为选区。用同样的方法填充选区为浅紫色（R:201，G:185，B:222），然后进行描边，效果如图19-22所示。按组合键

"Ctrl+D"取消选区。

图 19-21　绘制路径

图 19-22　填充选区

14 选择"图层 6"和"图层 7"，在图层中右击，在弹出的快捷菜单中选择"合并图层"命令，合并为"图层 7"，如图 19-23 所示。

15 选择"图层 7"，按组合键"Ctrl+J"，复制"图层 7"为"图层 7 副本"，并移动图形至如图 19-24 所示的位置。

 复制图层，也可以将图层拖动到"图层面板"中的"创建新图层" 按钮上，系统自动创建副本图层。

图 19-23　合并图层

图 19-24　复制图形

16 选择"图层 7 副本"，按组合键"Ctrl＋T"，执行"自由变换"命令。在窗口中单击鼠标右键，在弹出的快捷菜单中选择"水平翻转"命令，并调整图形如图 19-25 所示，按 Enter 键确定。

17 调整"图层 7 副本"到"图层 5"的下层，效果如图 19-26 所示。

图 19-25　调整图形　　　　　　　图 19-26　调整图层位置

18 选择工具箱中的"钢笔工具" ，绘制如图 19-27 所示的路径。

19 新建"图层8"，按组合键"Ctrl+Enter"，将路径转换为选区。用同样的方法填充选区为粉红色（R:237，G:204，B:211），效果如图 19-28 所示。按组合键"Ctrl+D"取消选区。

 单击"路径面板"中的"将路径作为选区载入"按钮 ，也可以将路径转换为选区。

图 19-27　绘制路径　　　　　　　图 19-28　填充选区

20 新建"图层9"，选择工具箱中的"钢笔工具" ，绘制如图 19-29 所示的路径。

21 选择工具箱中的"画笔工具" ，在属性栏中设置"画笔"为"3"像素尖角。设置"前景色"为黑色。在"路径面板"中，单击"用画笔描边路径"按钮 ，为路径描边。并在"路径面板"的空白区域单击鼠标，取消路径显示，效果如图 19-30 所示。

 "用画笔描边路径"按钮 ，根据画笔的大小来决定描边的粗细，根据前景色来决定描边的颜色。

图 19-29　绘制路径

图 19-30　用画笔描边路径

22 新建"图层 10"，选择工具箱中的"画笔工具" ，绘制小牛的眼睛、嘴巴和鼻子，效果如图 19-31 所示。

23 选择工具箱中的"钢笔工具" ，绘制如图 19-32 所示的路径。

图 19-31　绘制图形

图 19-32　绘制路径

24 用同样的方法分别填充图形为灰色（R:214，G:196，B:196）和粉红色（R:232，G:143，B:147），效果如图 19-33 所示。按组合键"Ctrl+D"取消选区。

25 选择工具箱中的"钢笔工具" ，绘制如图 19-34 所示的路径。

图 19-33　填充图形

图 19-34　绘制路径

26 选择"图层4"，单击"图层面板"中的"创建新图层"按钮 ，新建"图层11"。按组合键"Ctrl+Enter"，将路径转换为选区。用同样的方法填充选区为灰色（R:214，G:196，B:196），效果如图19-35所示。按组合键"Ctrl+D"取消选区。

27 选择工具箱中的"钢笔工具" ，绘制如图19-36所示的路径。

> **提示** 选择"图层4"，新建的图层后，系统自动将图层创建在"图层4"的上层，在此就不用调整图层的先后顺序了。

图 19-35 填充选区

图 19-36 绘制路径

28 新建"图层12"，按组合键"Ctrl+Enter"，将路径转换为选区。用同样的方法填充选区为黑色（R:0，G:0，B:0），如图19-37所示。按组合键"Ctrl+D"取消选区。

29 选择工具箱中的"钢笔工具" ，绘制如图19-38所示的路径。

图 19-37 填充选区

图 19-38 绘制路径

30 选择"图层3"，单击"图层面板"中的"创建新图层"按钮 ，新建"图层13"。按组合键"Ctrl+Enter"，将路径转换为选区。用同样的方法填充选区为灰色（R:226，G:219，B:227），并描边图形，效果如图19-39所示。按组合键"Ctrl+D"取消选区。

31 用同样的方法，绘制路径，并将路径转换为选区，填充选区颜色为灰色（R:204，G:188，B:188），如图 19-40 所示。按组合键"Ctrl+D"取消选区。

 提示　按组合键"Ctrl+Shift+N"，也可以新建图层。

图 19-39　填充选区

图 19-40　填充选区颜色

32 选择"图层 4"到"图层 13"的所有图层，在选择的图层上右击，在弹出的快捷菜单中选择"合并图层"命令，合并图层为"图层 10"，并双击"图层 10"的图层名，将图层名更改为"牛"，如图 19-41 所示。

33 新建"图层 4"选择工具箱中的"椭圆选框工具" ，绘制椭圆选区，并填充选区为（R:108，G:18，B:92），如图 19-42 所示。按组合键"Ctrl+D"取消选区。

图 19-41　合并图层

图 19-42　填充选区

34 执行"文件"|"打开"命令或按组合键"Ctrl+O"，打开如图 19-43 所示的素材图片"葡萄.tif"图片。

35 选择工具箱中的"移动工具" 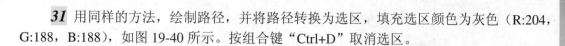，将图片拖动到"牛奶包装设计"文件窗口中，

图层面板自动生成"图层5",并调整图片位置如图19-44所示。

按组合键"Ctrl + T",可以调整图片位置和大小。

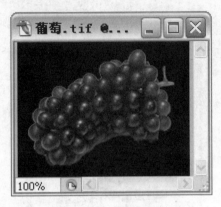

图 19-43　打开素材图片

图 19-44　导入素材图片

36 双击"图层5",打开"图层样式"对话框,在对话框中选择"内发光"复选框,设置参数如图19-45所示。

37 设置完"内发光"复选框后,选择"外发光"复选框,设置参数如图19-46所示,单击"确定"按钮。

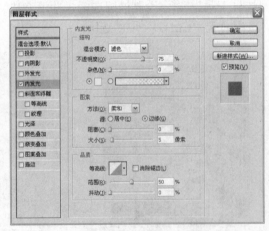

图 19-45　设置"内发光"复选框

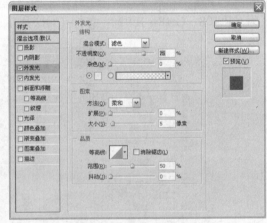

图 19-46　设置"外发光"复选框

38 选择工具箱中的"钢笔工具" ，绘制如图19-47所示的路径。

39 新建"图层6",按组合键"Ctrl+Enter",将路径转换为选区。用同样的方法填充选区为橘黄色(R:254,G:172,B:0),如图19-48所示。

 填充选区，首先"设置前景色"为橘黄色（R:254，G:172，B:0），然后按组合键"Alt+Delete"填充选区颜色。

图 19-47 绘制路径 　　　　　　　 图 19-48 填充选区

40 执行"选择"|"变换选区"命令，按住组合键"Alt+Shift"，比例缩小选区如图 19-49 所示，按 Enter 键确定。

41 新建"图层 7"，设置"前景色"为红色（R:217，G:0，B:21），按组合键"Alt+Delete"，填充选区颜色如图 19-50 所示。按组合键"Ctrl+D"取消选区。

图 19-49 比例缩小选区 　　　　　　 图 19-50 填充选区颜色

42 设置"前景色"为白色。选择工具箱中的"横排文字工具" T ，输入如图 19-51 所示的文字。

43 双击"文字图层"，打开"图层样式"对话框，在对话框中选择"投影"复选框，设置参数如图 19-52 所示，单击"确定"按钮。

 执行"图层"|"图层样式"|"投影"命令，也可以设置"投影"复选框。

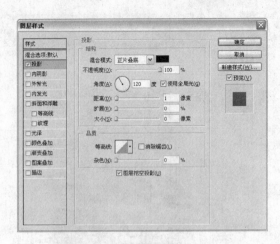

图 19-51 输入文字　　　　图 19-52 设置"投影"复选框

44 选择工具箱中的"矩形选框工具" ▢ ，在窗口中绘制矩形选区，并执行"选择"
|"变换选区"命令，旋转选区如图 19-53 所示，按 Enter 键确定。

45 新建"图层 8"，填充选区颜色为橘黄色（R:244，G:126，B:0），如图 19-54 所示。

图 19-53 旋转选区　　　　图 19-54 填充选区颜色

46 新建"图层 9"，用同样的方法，旋转选区如图 19-55 所示，填充选区颜色为粉红
色（R:235，G:166，B:194），按组合键"Ctrl+D"取消选区。

47 新建"图层 10"，选择工具箱中的"椭圆选区工具" ◯ ，绘制椭圆选区，并填充
选区颜色为橘黄色（R:251，G:153，B:0），如图 19-56 所示。

执行"编辑"|"填充"命令，也可以填充选区。

图 19-55　填充选区颜色

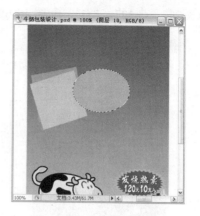

图 19-56　填充选区颜色

48 新建"图层 11"，拖动选区到如图 19-57 所示的位置。

49 设置"前景色"为红色（R:217，G:1，B:6），按组合键"Alt+Delete"填充选区颜色如图 19-58 所示。按组合键"Ctrl+D"取消选区。

图 19-57　拖动选区

图 19-58　填充选区颜色

50 新建"图层 12"，用同样的方法制作橘黄色（R:255，G:183，B:1）矩形，如图 19-59 所示。按组合键"Ctrl+D"取消选区。

51 按组合键"Ctrl+J"，复制"图层 12"为"图层 12 副本"，填充选区为黑色，并按组合键"Ctrl+T"，调整黑色矩形如图 19-60 所示。按 Enter 键确定，按组合键"Ctrl+D"取消选区。

复制图层后，按住 Ctrl 键，单击"图层 12 副本"的缩览窗口，可以将图形载入选区进行填充。

52 调整"图层 12 副本"到"图层 10"的下层，效果如图 19-61 所示。

53 新建"图层 13"，选择工具箱中的"椭圆选区工具"，绘制正圆选区，并填充颜色为（R:243，G:127，B:4），如图 19-62 所示。

图 19-59　制作橘黄色矩形

图 19-60　调整黑色矩形

图 19-61　调整图层位置

图 19-62　填充正圆选区

54 新建"图层 14"，用同样的方法移动选区，并填充选区颜色为红色（R:217，G:1，B:4），如图 19-63 所示。按组合键"Ctrl+D"取消选区。

55 设置"前景色"为白色。选择工具箱中的"横排文字工具" T ，输入如图 19-64 所示的文字。

图 19-63　制作红色圆形

图 19-64　输入文字

提示 输入文字后，也可以通过属性栏中的"设置文本颜色"按钮 ■ 调整文字颜色。

56 双击"文字图层"，打开"图层样式"对话框，在对话框中选择"描边"复选框，设置描边"颜色"为黑色（R:0，G:0，B:0）。设置其他参数如图 19-65 所示。单击"确定"按钮。

57 按组合键"Ctrl＋T"，旋转文字如图 19-66 所示，按 Enter 键确定。

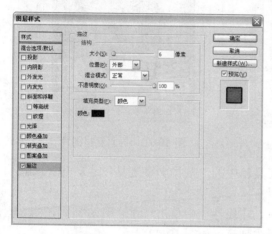

图 19-65 设置"描边"复选框

图 19-66 旋转文字

58 用同样的方法制作其他文字效果，如图 19-67 所示。

59 用同样的方法，合并"图层 8"到"图层 14"和"葡、萄、牛、奶文字图层"为"图层 14"，并重命名为"葡萄牛奶"，如图 19-68 所示。

提示 选择图层，在该图层上右击，在弹出的快捷菜单中选择"图层属性"命令，可以更改图层名称和图层颜色。

图 19-67 制作其他文字效果

图 19-68 合并图层

60 执行"文件"|"打开"命令或按组合键"Ctrl+O",打开如图 19-69 所示的素材图片"标志 2.tif"图片。

61 选择工具箱中的"移动工具" ，将图片拖动到"牛奶包装设计"文件窗口中，图层面板自动生成"图层 8"，并调整图片位置如图 19-70 所示。

图 19-69　打开素材图片　　　　　图 19-70　导入素材图片

62 设置"前景色"为白色。选择工具箱中的"横排文字工具" T，输入如图 19-71 所示的文字。

63 选择工具箱中的"画笔工具" ，在属性栏中单击"画笔预设"下拉列表框 ，打开下拉列表，在列表中选择"雪花"样式画笔，如图 19-72 所示。

 选择"画笔工具" ，在属性栏中单击"画笔预设"下拉列表框 ，在列表中单击右上方的 按钮，可以在菜单中选择更多的画笔样式。

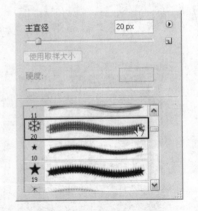

图 19-71　输入文字　　　　　　图 19-72　选择"雪花"样式画笔

64 新建"图层 9"，设置"前景色"为白色，用"画笔工具" ，在正面图形中绘制雪花图案，效果如图 19-73 所示。

3.　制作牛奶包装设计的"侧面图形"

01 选择工具箱中的"渐变工具" 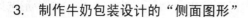，打开属性栏上的"渐变编辑器"，设置位置：0，颜色为（R:103，G:24，B:129）。位置：100，颜色为（R:231，G:160，B:202）。设置参数如图 19-74 所示，单击"确定"按钮。

图 19-73　绘制雪花图案

图 19-74　调整"渐变编辑器"对话框

02 新建"图层 10"，用同样的方法，绘制矩形选区，渐变填充选区颜色，并选择"画笔工具"，在正面图形中绘制雪花图案，效果如图 19-75 所示。按组合键"Ctrl+D"取消选区。

03 选择"葡萄牛奶"图层，按组合键"Ctrl+J"，复制"葡萄牛奶"图层为"葡萄牛奶副本"，并图层到"图层 10"的上层。按组合键"Ctrl＋T"，旋转图形如图 19-76 所示。按 Enter 键确定。

提示　选择要复制的图层，右击该图层，在弹出的快捷菜单中选择"复制图层"命令，可以创建"图层 副本"。

图 19-75　绘制雪花图案

图 19-76　旋转图形

04 新建 "图层 11",选择工具箱中的 "矩形选区工具" ,在窗口中绘制矩形选区,并填充选区颜色为白色(R:255,G:255,B:255),如图 19-77 所示。按组合键 "Ctrl+D" 取消选区。

05 执行 "文件" | "打开" 命令或按组合键 "Ctrl+O",打开如图 19-78 所示的素材图片 "条码.tif" 图片。

图 19-77 绘制白色矩形

图 19-78 打开素材图片

06 选择工具箱中的 "移动工具",将图片拖动到 "牛奶包装设计" 文件窗口中,图层面板自动生成 "图层 12",按组合键 "Ctrl+T",调整图形如图 19-79 所示。按 Enter 键确定。

07 选择 "糖福" 图层,按组合键 "Ctrl+J",复制 "糖福" 图层为 "糖福副本",并图层到 "图层 10" 的上层。按组合键 "Ctrl+T",旋转图形如图 19-80 所示。按 Enter 键确定。

> **提示** 执行 "编辑" | "变换" | "旋转 90 度(顺时针)" 命令,也可以旋转图形。

图 19-79 导入素材图片

图 19-80 旋转图形

08 用同样的方法,合并 "图层 10" 到 "图层 12" 和 "糖福副本、葡萄牛奶副本" 的图层为"图层 12",并重命名为"侧面"如图 19-81 所示。

09 用同样的方法,合并除"侧面"和"背景"图层外的所有图层,并重命名为"正面"如图 19-82 所示。

图 19-81　合并图层为"侧面"

图 19-82　合并图层为"正面"

4. 制作牛奶包装设计的另一面"侧面图形"

01 新建"图层 1",用同样的方法制作另一侧面的背景图形,如图 19-83 所示。按组合键"Ctrl+D"取消选区。

02 选择工具箱中的"直线工具" ⟍,按住 Shift 键绘制如图 19-84 所示的路径。

 按住 Shift 键绘制路径,是为了使绘制出的路径成直线。

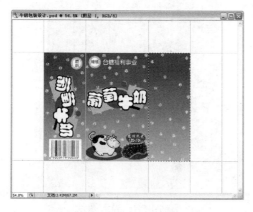

图 19-83　制作另一侧面的背景图形

图 19-84　绘制路径

03 新建"图层 2",选择工具箱中的"画笔工具" ✐,设置画笔为:"2"像素尖角。并设置"前景色"为黑色(R:0,G:0,B:0)。单击"路径面板"中的"用画笔描边路径"按钮 ○,在路径面板的空白区域单击鼠标,取消路径显示,效果如图 19-85 所示。

04 设置前景色为红色（R:255，G:0，B:0），选择工具箱中的"横排文字工具" [T]，
输入文字如图 19-86 所示。

图 19-85　用画笔描边路径

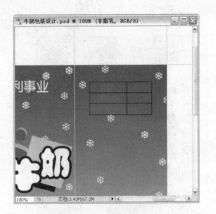

图 19-86　输入文字

05 执行"文件" | "打开"命令或按组合键"Ctrl＋O"，打开如图 19-87 所示的素材
图片"QS 认证标志.tif"图片。

06 选择工具箱中的"移动工具" [移动]，将图片拖动到"牛奶包装设计"文件窗口中，
图层面板自动生成"图层 3"，按组合键"Ctrl＋T"，调整图形如图 19-88 所示。按 Enter
键确定。

 在工作区域中双击鼠标，可以执行"打开"命令。

图 19-87　打开素材图片

图 19-88　导入图片

07 设置"前景色"为黑色。选择工具箱中的"横排文字工具" [T]，输入如图 19-89
所示的文字。

08 执行"文件" | "打开"命令或按组合键"Ctrl＋O"，打开如图 19-90 所示的素材
图片"QS 认证标志 2.tif"图片。

图 19-89　输入文字　　　　　　　　　图 19-90　打开素材图片

09 选择工具箱中的"移动工具" ，将图片拖动到"牛奶包装设计"文件窗口中，图层面板自动生成"图层 4"，按组合键"Ctrl＋T"，调整图形如图 19-91 所示。按 Enter 键确定。

10 选择工具箱中的"横排文字工具" T ，输入文字如图 19-92 所示。

按组合键"Ctrl＋T"，调整图形后，在调节框中双击鼠标，也可以取消调节框，并确定图像大小。

图 19-91　调整图形　　　　　　　　　图 19-92　输入文字

5.　制作牛奶包装设计的"背面"

01 选择工具箱中的"矩形选框工具" ，沿着参考线绘制如图 19-93 所示的矩形选区。

02 单击属性栏中的"新选区"按钮 ，将选区移动到如图 19-94 所示的区域。

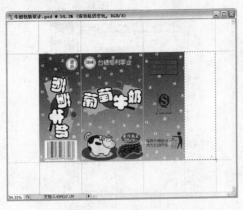

图 19-93　矩形选区

图 19-94　移动选区

03 按组合键 "Ctrl+J" 执行 "通过拷贝的图层" 命令，"图层面板" 自动生成 "图层 5"，并选择工具箱中的 "移动工具" ，将图形拖动到如图 19-95 所示的位置。

04 用同样的方法，制作另一半侧面，如图 19-96 所示。

图 19-95　拖动图形

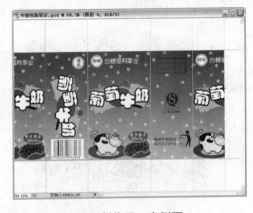

图 19-96　制作另一半侧面

6. 制作牛奶包装设计的 "虚线和上下部分"

01 选择工具箱中的 "画笔工具" ，单击属性栏中的 "切换画笔调板" 按钮 ，打开 "画笔调板" 对话框，选择 "画笔笔尖形状"，设置画笔如图 19-97 所示。

02 新建 "图层 7"，按住 Shift 键沿着参考线绘制如图 19-98 所示的虚线。

打开 "画笔调板" 对话框，选择 "画笔笔尖形状" 选项后可以通过拖动 "直径" 的滑块来调整画笔的大小，拖动 "间距" 的滑块来调整画笔的距离。

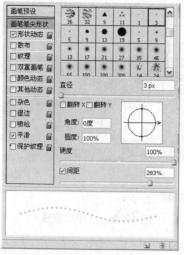

图 19-97　设置画笔

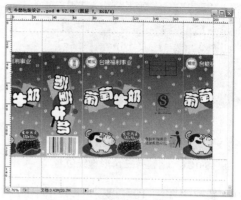

图 19-98　绘制虚线

03 按组合键"Ctrl+H"隐藏参考线，选择工具箱中的"钢笔工具" ，绘制如图 19-99 所示的路径。

04 新建"图层 8"选择路径面板，单击路径面板中的"用画笔描边路径"按钮 ，单击空白处取消路径，效果如图 19-100 所示。

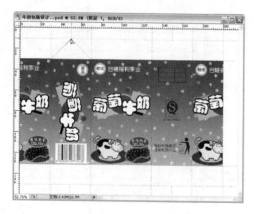

图 19-99　绘制路径

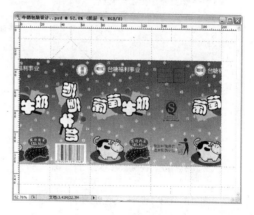

图 19-100　描边路径

05 复制"图层 8"为"图层 8 副本""图层 8 副本 2""图层 8 副本 3"，并调整各三角形虚线位置如图 19-101 所示。

06 新建"图层 9"，选择工具箱中的"椭圆选区工具" ，绘制一个正圆选区。设置前景色为浅蓝色（R:170，G:197，B:208），按组合键"Alt+Delete"填充选区，为圆形描"黑色"的边，如图 19-102 所示。按组合键"Ctrl+D"取消选区。

执行"编辑"|"描边"命令，可以为正圆选区描边。

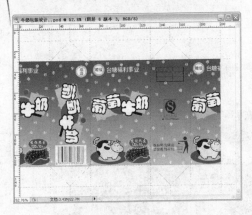

图 19-101　调整各三角形虚线位置

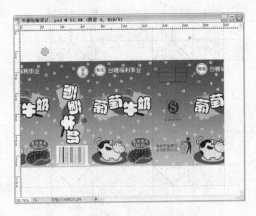

图 19-102　绘制圆形

07 新建"图层 10"，选择工具箱中的"多边形套索工具" ，绘制三角形选区，设置前景色为红色，按组合键"Alt+Delete"填充选区如图 19-103 所示。按组合键"Ctrl+D"取消选区。

08 执行"文件"|"打开"命令或按组合键"Ctrl＋O"，打开如图 19-104 所示的素材图片"裁剪标志.tif"图片。

图 19-103　制作红色三角形

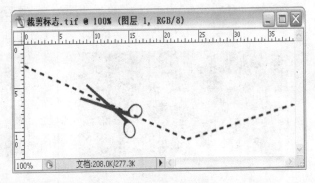

图 19-104　打开素材图片

09 选择工具箱中的"移动工具" ，将素材图片拖动到"牛奶包装设计"文件中。图层面板自动生成"图层 11"，按组合键"Ctrl＋T"调整图形大小位置如图 19-105 所示，按 Enter 键确定。

10 执行"文件"|"打开"命令或按组合键"Ctrl＋O"，连续打开如图 19-106 和 19-107 所示的素材图片"色块.tif"文件和"产品标志 2.tif"图片。

11 选择工具箱中的"移动工具" ，分别将素材图片拖动到"牛奶包装设计"文件中。图层面板自动生成"图层 12"和"图层 13"，分别调整图形大小位置如图 19-108 所示。

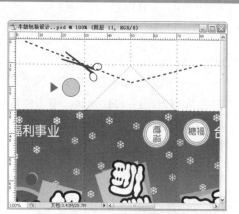

图 19-105　调整图形大小位置

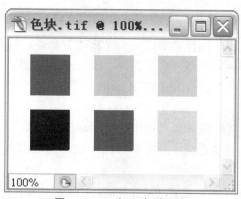

图 19-106　打开素材图片

图 19-107　打开素材图片

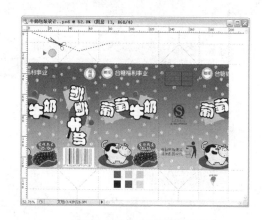

图 19-108　分别调整图形

12 新建"图层 14"，设置"前景色"为（R:127，G:127，B:127），选择工具箱中的"矩形选框工具" ，绘制一个矩形选区。按组合键"Alt+Delete"填充选区，如图 19-109 所示。按组合键"Ctrl+D"取消选区。

13 选择工具箱中的"横排文字工具" ，分别输入各部分文字，平面展开图的最终效果如图 19-110 所示。

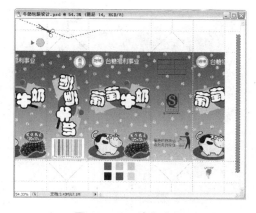

图 19-109　填充选区

图 19-110　平面展开图的最终效果

7. 制作牛奶包装设计的"立体包装图形"

01 执行"文件"丨"新建"命令，打开"新建"对话框，设置"名称"为"牛奶包装立体效果"，"宽度"为"12"cm，"高度"为"16"cm，"分辨率"为"150"像素/英寸，"颜色模式"为"RGB 颜色"，"背景内容"为"白色"，如图 19-111 所示，单击"确定"按钮。

02 选择工具箱中的"矩形选框工具" ⬚，在窗口中绘制如图 19-112 所示的矩形选区，并填充选区颜色为黑色（R:0，G:0，B:0）。

 提示 按组合键"Ctrl+N"，也可以打开"新建"对话框。

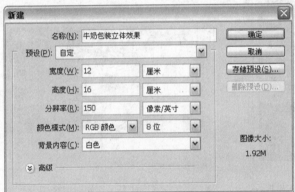

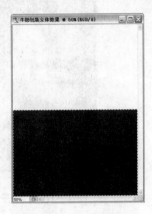

图 19-111　新建文件　　　　　　　　图 19-112　绘制黑色矩形

03 按组合键"Ctrl+Shift+I"，执行"反向"命令。反选选区如图 19-113 所示。

04 选择工具箱中的"渐变工具" ▭，打开属性栏上的"渐变编辑器"对话框，设置位置：0，颜色为（R:0，G:0，B:0）。位置：100，颜色为（R:255，G:255，B:255）。设置参数如图 19-114 所示，单击"确定"按钮。

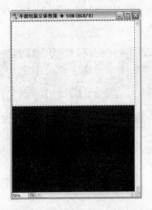

图 19-113　执行"反向"命令　　　　　图 19-114　调整"渐变编辑器"对话框

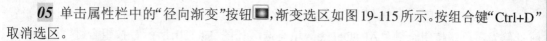

05 单击属性栏中的"径向渐变"按钮 ，渐变选区如图 19-115 所示。按组合键"Ctrl+D"取消选区。

06 选择工具箱中的"移动工具" ，将"牛奶包装设计"中的正面图形拖动到"牛奶包装立体效果"窗口中。图层面板自动生成"正面"图层，如图 19-116 所示。

提示　单击属性栏中的"径向渐变"按钮 ，在选区中拖动鼠标可以进行渐变填充。

图 19-115　渐变选区

图 19-116　导入"正面"图形

07 按组合键"Ctrl＋T"，执行"自由变换"命令，调整图形如图 19-117 所示，按 Enter 键确定。

08 用同样的方法，导入"侧面"图形，并调整图形如图 19-118 所示，按 Enter 键确定。

图 19-117　调整"正面"图形

图 19-118　调整"侧面"图形

09 选择"侧面"图层，执行"图像"|"调整"|"色相/饱和度"命令，打开"色相/饱和度"对话框，设置参数如图 19-119 所示。

10 新建"图层 1",选择工具箱中的"多边形套索工具",绘制三角形选区,设置前景色为白色,按组合键"Alt+Delete"填充选区如图 19-120 所示。按组合键"Ctrl+D"取消选区。

> 在"色相/饱和度"对话框中,选择"着色"单选框,可以对图片的局部颜色进行调整。

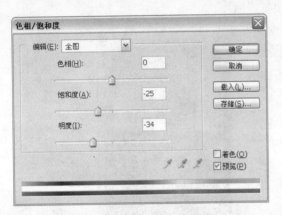

图 19-119　设置"色相/饱和度"对话框

图 19-120　绘制白色三角形

11 双击"图层 1",打开"图层样式"对话框,在对话框中选择"投影"复选框,设置参数如图 19-121 所示,单击"确定"按钮。

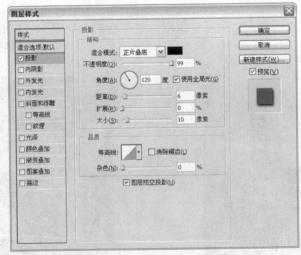

图 19-121　设置"投影"复选框

12 新建"图层 2",用同样的方法绘制选区,并填充选区颜色为紫色(R:103,G:24,B:129),如图 19-122 所示。按组合键"Ctrl+D"取消选区。

图 19-122　绘制紫色矩形

13 用同样的方法，导入"正面"和"侧面"图形，并调整各图形的透视效果如图 19-123 所示。

图 19-123　调整各图形的透视效果

14 合并在窗口中呈现倒影的"正面"和"侧面"图层，并重命名为"倒影"，如图 19-124 所示。

 在合并图层时，可以选择要合并的图层，直接按组合键"Ctrl+E"，可以快速合并。

图 19-124　合并图层

15 单击"图层面板"中的"添加矢量蒙版"按钮  ，并选择工具箱中的"渐变工具" ，在窗口中拖动鼠标，渐变蒙版如图 19-125 所示。

图 19-125　渐变蒙版

16 在"图层面板"中，设置"倒影"图层的"不透明度"为"50%"，最终效果如图 19-126 所示。

图 19-126　最终效果

19.3　小结

本章通过食品包装的两种不同表达方式，体现出包装形式的多样性，当然还有透明包装、礼品盒包装等等，本章不可能全部列举，但是建议大家通过各种渠道收集一些相关的包装，同时分析一下不同的食品、生活用品、电子产品等方面的包装的特点。相信大家一定会有不小的收获。

第 20 章 VI 设计

20.1 关于 VI 设计的相关概念和知识

VI 设计的基本要素系统包括：企业名称、企业标志、企业造型、标准字、标准色、象征图案、宣传口号等。

VI 设计的应用系统包括：产品造型、办公用品、企业环境、交通工具、服装服饰、广告媒体、招牌、包装系统、公务礼品、陈列展示以及印刷出版物等。

20.2 标志

标志属于 VI 设计的核心部分，本节读者将制作公司的标志。在后面的章节会将公司标志制作成为应用系统中的一部分。

20.2.1 创意分析

本例制作一幅"标志"（标志.psd）。通过本例的练习，使读者练习并巩固 Photoshop 中旋转、复制图层副本、钢笔工具等命令的技巧和方法。

20.2.2 最终效果

本例制作完成后的最终效果如图 20-1 所示。

图 20-1 最终效果

◐ 20.2.3 制作要点及步骤

◆ 新建文件。

◆ 新建图层，绘制路径并转换为选区。

◆ 填充前景色。

◆ 复制图层副本并旋转。

◆ 用同样的方法新建图层，绘制路径并转换为选区填充前景色。

1. 绘制"图案1"

01 执行"文件"|"新建"命令或按组合键"Ctrl+N"，打开"新建"对话框，新建一个名称为"标志"的文件，设置参数如图20-2所示。

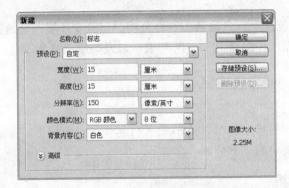

图 20-2 打开"新建"对话框

02 按组合键"Ctrl+Shift+N"新建一个图层，名称为"图案1"，单击工具箱中的"钢笔工具" ，绘制如图20-3所示的路径。

 在绘制路径的过程中，单击第一个点后释放鼠标键，在第二个点按下鼠标键拖动路径到满意的形状后释放鼠标键（在拖动的过程中，也可以按住 Ctrl 键拖动）。按住键盘上的 Alt 键不放，单击第二个节点，可取消控制点。

图 20-3 绘制路径

03 按组合键 "Ctrl+Enter" 将路径转换为选区，如图 20-4 所示。

04 单击工具箱中的 "设置前景色" ■ 按钮，打开 "拾色器" 对话框，设置参数如图 20-5 所示。

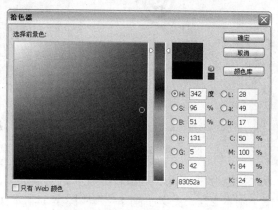

图 20-4　将路径转换为选区　　　　图 20-5　打开 "拾色器" 对话框

05 按组合键 "Alt+Delete" 填充前景色，如图 20-6 所示。

06 按组合键 "Ctrl+D" 取消选区，按组合键 "Ctrl+R" 显示标尺，将参考线拖到如图 20-7 所示的位置。

图 20-6　填充前景色　　　　图 20-7　显示标尺和参考线

2. 复制、旋转 "图案 1"

01 按组合键 "Ctrl+J" 复制图层副本 "图案 1 副本"，按组合键 "Ctrl＋T" 打开自由变换调节框，将图形的旋转中心点拖到垂直和水平参考线交叉的位置，如图 20-8 所示。

02 拖动调节框旋转，如图 20-9 所示，按 Enter 键确定。

图 20-8　移动旋转中心点

图 20-9　旋转图形

03 按组合键"Ctrl+Shift+Alt+T"进行旋转,图层面板将自动生成"图案 1 副本 1"、"图案 1 副本 2"、"图案 1 副本 3"、"图案 1 副本 4",效果如图 20-10 所示。

按组合键"Ctrl + T"打开自由变换调节框,调整好后也可以双击确定。

04 再次按组合键"Ctrl+R"隐藏标尺,执行"视图" | "清除参考线"命令,将参考线删除,将"图案 1 副本 3"设置为当前层,如图 20-11 所示。

图 20-10　旋转复制图形

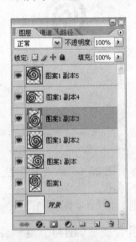

图 20-11　图层面板

05 单击工具箱中的"钢笔工具" ,在图层"图案 1 副本 3"上绘制如图 20-12 所示的路径。

06 按组合键"Ctrl+Enter"将路径转换为选区,按 Delete 键删除,并按组合键"Ctrl+D"取消选区,效果如图 20-13 所示。

图 20-12　绘制路径

图 20-13　将路径转换为选区并删除

07 按组合键"Ctrl+Shift+N"新建一个图层，名称为"中心"，单击工具箱中的"钢笔工具" ，绘制如图 20-14 所示的路径。

08 按组合键"Ctrl+Enter"将路径转换为选区，如图 20-15 所示。

图 20-14　绘制路径

图 20-15　将路径转换为选区

09 单击工具箱中的"设置前景色" █ 按钮，设置颜色为（R：131，G：5，B：42），按组合键"Alt+Delete"填充前景色，并按组合键"Ctrl+D"取消选区，如图 20-16 所示。

10 按住 Shift 键单击除背景层以外的图层，按组合键"Ctrl+E"将图层合并，单击工具箱中的"横排文字工具" T，输入如图 20-17 所示的文字。

图 20-16　调整后的效果

图 20-17　最终效果

20.5 文件夹

文件夹是办公用品中常用的文具用品，如果印制上公司标志。公司的整体形象也可以得到体现和提升。

20.5.1 创意分析

本例制作一幅"文件夹 VI"（文件夹 VI.psd）。本实例主要采用"自由变换"命令，调整图形的透视效果，应用"渐变工具"为图形制作"高光"，让图形具有逼真的立体效果。

20.5.2 最终效果

本例制作完成后的最终效果如图 20-18 所示。

图 20-18 最终效果

20.5.3 制作要点及步骤

◆ 制作"文件夹 VI"的平面展开图。
◆ 制作"文件夹 VI"的立体图形。

01 执行"文件" | "新建"命令，打开"新建"对话框，设置"名称"为"平面展开图"，"宽度"为"15"cm，"高度"为"8"cm，"分辨率"为"150"像素/英寸，"颜色模式"为"RGB 颜色"，"背景内容"为"白色"，如图 20-19 所示，单击"确定"按钮。

02 新建"图层 1"，选择工具箱中的"矩形选区工具" ⬚，在窗口中绘制矩形选区，设置"前景色"为红色（R:162，G:0，B:6），并按组合键"Alt+Delete"填充选区颜色如图 20-20 所示。按组合键"Ctrl+D"取消选区。

图 20-19　新建文件

图 20-20　填充选区颜色

03 选择工具箱中的"矩形选区工具"，在窗口中绘制矩形选区，设置"前景色"为黄色（R:247，G:194，B:16），并按组合键"Alt+Delete"填充选区颜色如图 20-21 所示。按组合键"Ctrl+D"取消选区。

04 选择工具箱中的"矩形选区工具"，在窗口中绘制矩形选区如图 20-22 所示。

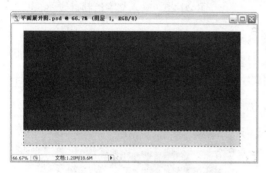

图 20-21　填充选区颜色

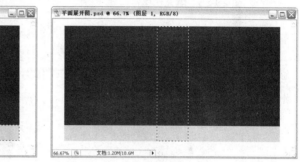

图 20-22　绘制矩形选区

05 新建"图层 2"，执行"编辑"|"描边"命令，打开"描边"对话框，设置参数如图 20-23 所示，单击"确定"按钮。

06 设置"前景色"为黄色（R:247，G:194，B:16），选择工具箱中的"直排文字工具"，输入文字如图 20-24 所示。

图 20-23　设置"描边"复选框

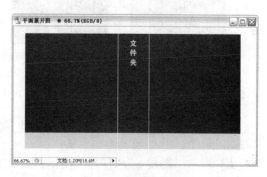

图 20-24　输入文字

07 新建"图层3"，设置"前景色"为白色（R:255，G:255，B:255），选择工具箱中的"矩形选区工具" 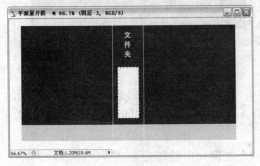，在窗口中绘制矩形选区，并按组合键"Alt+Delete"填充选区如图 20-25 所示。按组合键"Ctrl+D"取消选区。

08 选择工具箱中的"横排文字工具" T，设置"前景色"为黑色（R:0，G:0，B:0）输入文字。并采用"画笔工具" ，绘制如图 20-26 所示的直线。

图 20-25　填充选区

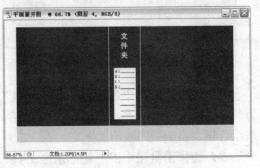

图 20-26　输入文字绘制直线

09 选择工具箱中的"椭圆选框工具" ，绘制椭圆选区如图 20-27 所示。

10 选择工具箱中的"渐变工具" ，打开属性栏上的"渐变编辑器"，设置位置：0，颜色为（R:255，G:253，B:39）。位置：100，颜色为（R:201，G:156，B:42）。设置参数如图 20-28 所示，单击"确定"按钮。

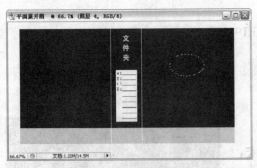

图 20-27　绘制椭圆选区

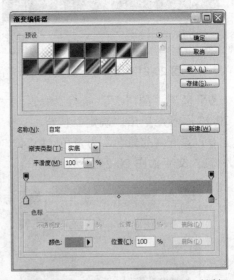

图 20-28　调整"渐变编辑器"对话框

11 新建"图层5"，按住 Shift 键拖动鼠标，渐变选区如图 20-29 所示。按组合键"Ctrl+D"取消选区。

12 双击"图层6"，打开"图层样式"对话框，在对话框中选择"内发光"复选框，设置参数如图 20-30 所示。

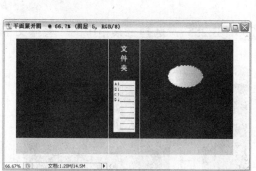

图 20-29　渐变选区

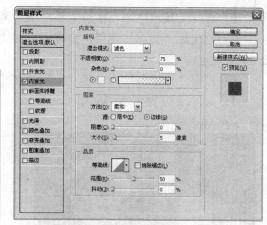

图 20-30　设置"内发光"复选框

13 设置完"内发光"对话框后，在对话框中选择"外发光"复选框，设置参数如图 20-31 所示，单击"确定"按钮。

14 选择工具箱中的"横排文字工具" Ｔ ，设置"前景色"为白色（R:255，G:255，B:255）输入文字如图 20-32 所示。

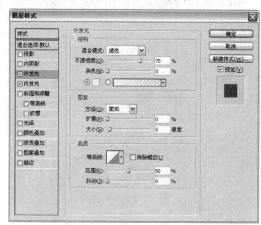

图 20-31　设置"外发光"对话框

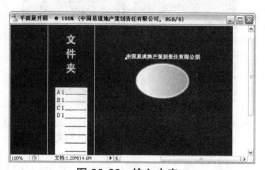

图 20-32　输入文字

15 单击属性栏上的"创建文字形状"按钮 ，打开"变形文字"对话框，在"样式"下拉列表中，选择"扇形"样式。设置其他参数如图 20-33 所示，单击"确定"按钮。

16 执行"文件" | "打开"命令或按组合键"Ctrl+O"，打开如图 20-34 所示的素材图片"标志.tif"。

图 20-33　设置"变形文字"复选框

图 20-34　打开素材图片

17 选择工具箱中的"移动工具" ，将图片拖动到"平面展开图"文件窗口中，图层面板自动生成"标志"图层，并按组合键"Ctrl＋T"，并调整图形如图 20-35 所示。按Enter 键确定。

18 设置"前景色"为白色（R:255，G:255，B:255），选择工具箱中的"直排文字工具" ，输入文字如图 20-36 所示。

图 20-35　调整图形

图 20-36　输入文字

19 选择工具箱中的"横排文字工具" ，输入"黑色"文字如图 20-37 所示。

20 单击"图层面板"中"背景"图层的"指示图层可视性"按钮 ，将显示图层隐藏，如图 20-38 所示。

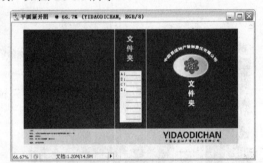

图 20-37　输入"黑色"文字

图 20-38　隐藏图层

21 选择"图层 1"，右击该图层，在快捷菜单中选择"合并可见图层"命令，合并图层如图 20-39 所示，并重命名为"文件夹"。

22 执行"文件"|"新建"命令，打开"新建"对话框，设置"名称"为"文件夹VI"，"宽度"为"5"cm，"高度"为"5"cm，"分辨率"为"300"像素/英寸，"颜色模式"为"RGB 颜色"，"背景内容"为"白色"，如图 20-40 所示，单击"确定"按钮。

图 20-39　合并可见图层

图 20-40　新建文件

_23_ 设置"前景色"为黑色（R:0，G:0，B:0），并按组合键"Alt+Delete"填充背景如图20-41所示。

_24_ 打开"平面展开图"文件窗口，选择工具箱中的"矩形选区工具"，在窗口中绘制矩形选区如图20-42所示。

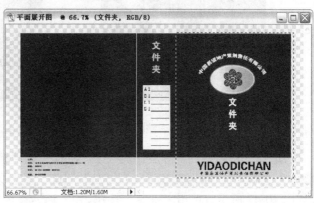

图20-41 填充背景　　　　　　　　图20-42 绘制矩形选区

_25_ 选择工具箱中的"移动工具"，将选区内容拖动到"文件夹VI"文件窗口中，图层面板自动生成"图层1"，并按组合键"Ctrl＋T"，并调整图形如图20-43所示，按Enter键确定。

_26_ 选择工具箱中的"橡皮擦工具"，设置"画笔"为尖角"9"像素。擦除图形右边两个角为"圆角形"如图20-44所示。

图20-43 导入图形　　　　　　　　图20-44 擦除图形右边两个角

_27_ 用同样的方法导入侧面图形，"图层面板"自动生成"图层2"并按组合键"Ctrl＋T"，调整图形如图20-45所示，按Enter键确定。

_28_ 选择工具箱中的"圆角矩形工具"，设置属性栏上的"半径"为"8px"，绘制路径如图20-46所示。

图 20-45　调整图形

图 20-46　绘制路径

29 选择工具箱中的"渐变工具" ，打开属性栏上的"渐变编辑器"，设置位置：0，颜色为（R:151，G:149，B:151）。位置：100，颜色为（R:255，G:255，B:255）。设置参数如图 20-47 所示，单击"确定"按钮。

30 新建"图层 3"，按组合键"Ctrl+Enter"，将路径转换为选区，并渐变选区颜色如图 20-48 所示。按组合键"Ctrl+D"取消选区。

图 20-47　调整"渐变编辑器"对话框

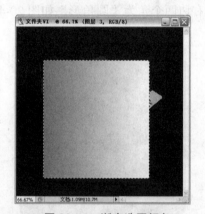

图 20-48　渐变选区颜色

31 选择工具箱中的"矩形选区工具" ，在窗口中绘制矩形选区，并按 Delete 键删除选区内容如图 20-49 所示。按组合键"Ctrl+D"取消选区。

32 按组合键"Ctrl＋T"，并调整图形如图 20-50 所示，按 Enter 键确定。

33 拖动"图层 3"到"图层 1"的下层，并调整图形位置如图 20-51 所示。

34 选择"图层 3"新建"图层 4"，选择"矩形选区工具" 在窗口中绘制矩形选区，并用"渐变工具" 渐变填充选区如图 20-52 所示。按组合键"Ctrl+D"取消选区。

图 20-49 删除选区内容

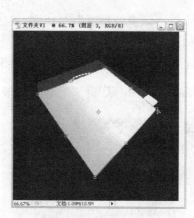

图 20-50 调整图形

图 20-51 调整图层顺序

图 20-52 渐变填充选区

35 按组合键 "Ctrl＋T"，并调整图形如图 20-53 所示，按 Enter 键确定。

36 选择 "图层 1"，按住 Ctrl 键单击 "图层 1" 的缩览窗口，将载入图形边框选区，如图 20-54 所示。

图 20-53 调整图形

图 20-54 载入图形边框选区

37 设置 "前景色" 为白色（R:255，G:255，B:255），选择工具箱中的 "渐变工具" ▣，打开属性栏上的"渐变编辑器"对话框。选择"渐变编辑器"对话框中的"前景到透明"渐变样式。如图 20-55 所示，单击"确定"按钮。

38 新建"图层 5"，渐变选区如图 20-56 所示。按组合键"Ctrl+D"取消选区。

图 20-55　选择渐变样式　　　　　　图 20-56　渐变选区

39 选择"图层 2"，按住 Ctrl 键单击"图层 2"的缩览窗口，将载入图形边框选区，如图 20-57 所示。

40 新建"图层 6"，设置"前景色"为黑色（R:0，G:0，B:0），选择工具箱中的"渐变工具" ，渐变选区如图 20-58 所示。

图 20-57　载入图形边框选区　　　　图 20-58　渐变选区

41 选择工具箱中的"钢笔工具" ，在属性栏中单击"路径"按钮 ，绘制如图 20-59 所示的路径。

42 新建"图层 7"，选择工具箱中的"画笔工具" ，设置画笔为"尖角 2 像素"。并设置"前景色"为白色（R:255，G:255，B:255）。单击"路径面板"中的"用画笔描边路径"按钮 ，在路径面板的空白区域单击鼠标，取消路径显示，效果如图 20-60 所示。

图 20-59　绘制路径

图 20-60　用画笔描边路径

43 选择工具箱中的"钢笔工具" ，绘制如图 20-61 所示的路径。

44 新建"图层 8"，设置"前景色"为黑色（R:0，G:0，B:0）。按组合键"Ctrl+Enter"，将路径转换为选区，并按组合键"Alt+Delete"，填充选区颜色如图 20-62 所示。按组合键"Ctrl+D"取消选区。

图 20-61　绘制路径

图 20-62　填充选区颜色

45 设置"图层 8"的"不透明度"为"24%"，效果如图 20-63 所示。

46 选择工具箱中的"钢笔工具" ，绘制如图 20-64 所示的路径。

图 20-63　设置"不透明度"

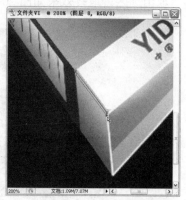

图 20-64　绘制路径

47 新建"图层 9"，设置"前景色"为白色（R:255，G:255，B:255）。按组合键"Ctrl+Enter"，

将路径转换为选区，并按组合键"Alt+Delete"填充选区颜色，并设置"不透明度"为"80%"，如图 20-65 所示。按组合键"Ctrl+D"取消选区。

图 20-65　填充选区颜色

48 选择工具箱中的"钢笔工具" ，绘制如图 20-66 所示的路径。

图 20-66　绘制路径

49 新建"图层 10"，设置"前景色"为白色（R:255，G:255，B:255）。按组合键"Ctrl+Enter"，将路径转换为选区，选择工具箱中的"渐变工具" 渐变选区，按组合键"Ctrl+D"取消选区，最终效果如图 20-67 所示。

图 20-67　最终效果

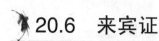

20.6 来宾证

来宾证在工作中一般很少使用，但是公司形象对外表现是很重要的，所以如果来宾证设计得精致美观，对公司来说也是很好的形象展现方式。

◑ 20.6.1 创意分析

本例制作一幅"来宾证"（来宾证.psd）。通过本例的练习，使读者练习并巩固 Photoshop 中矩形选框工具、椭圆选框工具和钢笔工具等命令技巧和方法。

◑ 20.6.2 最终效果

本例制作完成后的最终效果如图 20-68 所示。

图 20-68　最终效果

◑ 20.6.3 制作要点及步骤

- ◆ 新建文件。
- ◆ 新建图层，绘制矩形选框。
- ◆ 填充前景色。
- ◆ 绘制路径并转换为选区，填充前景色。
- ◆ 用同样的方法新建图层，绘制路径并转换为选区填充前景色。
- ◆ 放置标志。

1．绘制来宾证的正面

01 执行"文件"｜"新建"命令或按组合键"Ctrl+N"，新建一个名称为"来宾证"的文件，设置参数如图 20-69 所示。

02 单击图层面板上的"创建新图层"按钮，新建"图层 1"，单击工具箱中的"矩形选框工具"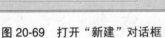"，绘制如图 20-70 所示的矩形选框。

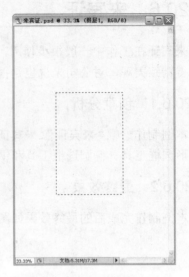

图 20-69　打开"新建"对话框　　　　　图 20-70　绘制矩形选框

03 单击"设置前景色"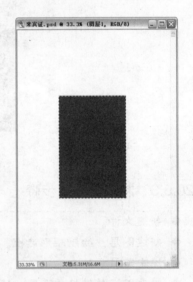按钮，打开"拾色器"对话框，设置如图 20-71 所示。

04 按组合键"Alt+Delete"，填充前景色，效果如图 20-72 所示。

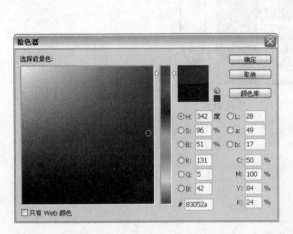

图 20-71　打开"拾色器"对话框　　　　图 20-72　填充矩形选框

　　05 按组合键"Ctrl+D"取消选区，单击图层面板上的"创建新图层"按钮，新建"图层 2"，用同样的方法绘制矩形选框，单击"设置前景色"按钮，打开"拾色器"对话框，设置如图 20-73 所示。

　　06 按组合键"Alt+Delete"，填充前景色，效果如图 20-74 所示。

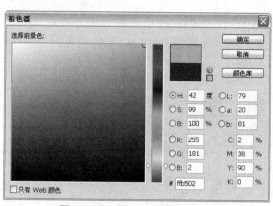
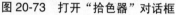

图 20-73　打开 "拾色器" 对话框

图 20-74　填充矩形选框

07 按组合键 "Ctrl+D" 取消选区，单击工具箱中的 "钢笔工具" ，绘制如图 20-75 所示的路径。

08 单击图层面板上的 "创建新图层" 按钮，新建 "图层 3"，按组合键 "Ctrl+Enter"，将路径转换为选区，如图 20-76 所示。

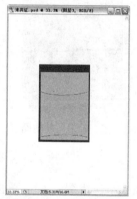

图 20-75　绘制路径

图 20-76　将路径转换为选区

09 单击 "设置前景色" 按钮，打开 "拾色器" 对话框，设置如图 20-77 所示。

10 按组合键 "Alt+Delete"，填充前景色，效果如图 20-78 所示。

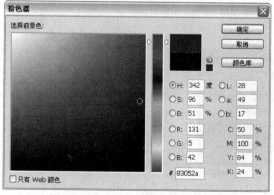

图 20-77　打开 "拾色器" 对话框

图 20-78　填充图形

11 单击图层面板上的"创建新图层"按钮 ▣，新建"图层 4"，单击工具箱中的"椭圆选框工具" ◯，绘制如图 20-79 所示的正圆选框。并将前景色设置为"白色"，填充正圆选框。

> **提示** 在绘制椭圆的过程中，按住 Alt 键表示从中心向四周扩展，而同时按住 Shift 键表示绘制正圆，按组合键"Shift+Alt"是从中心绘制正圆。

12 按组合键"Ctrl+D"取消选区，按组合键"Ctrl+J"复制图层，按住 Shift 键水平移动，位置如图 20-80 所示。

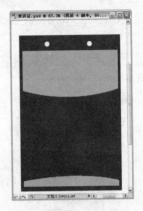

图 20-79　绘制正圆并填充　　　　图 20-80　复制图层

2. 绘制来宾证的"吊绳"

01 单击图层面板上的"创建新图层"按钮 ▣，新建"图层 5"，单击工具箱中的"钢笔工具" ◊，绘制如图所示的路径，按组合键"Ctrl+Enter"，将路径转换为选区，如图 20-81 所示。

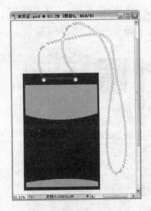

图 20-81　绘制路径并转换为选区

02 单击"设置前景色"按钮，打开"拾色器"对话框，设置如图 20-82 所示。

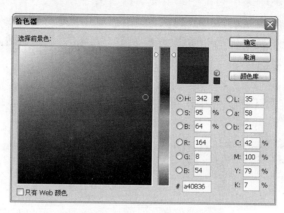

图 20-82　打开"拾色器"对话框

03 按组合键"Alt+Delete"，填充前景色，效果如图 20-83 所示。

图 20-83　填充图形

04 按组合键"Ctrl+D"取消选区，单击工具箱中的"横排文字工具"T，输入如图 20-84 所示的文字。

图 20-84　输入文字

在通常情况下选择的文字工具是"横排文字工具"**T.**,而在需要写竖排文字的时候,可以直接选择"直排文字工具"**↓T.**。另一种方法是,输入横排文字以后,选择属性栏上的"更改文本方向"按钮**↓T**,这样也可以将横排文字改变为竖排文字。

05 将"标志"拖到工作文件中,并按组合键"Ctrl+T"将标志缩小并放到如图 20-85 示的位置。

在对图形进行缩放的过程中,按"Shift+Alt"是等比例缩上和放大。

图 20-85 放置标志

20.8 小结

本章只列举了 CIS 中 VI 部分。其中选择性地将 VI 中比较有代表性的标志、文件夹、来宾证等各方面进行介绍。如果读者有兴趣可以绘制出 VI 的其余部分,比如钢笔、太阳伞、手提袋等。

第 21 章　网络动画设计

动画设计是为了适应网络的飞速发展应运而生的。本章介绍了两个动画案例，其中第一个案例主要是讲解动画表情的制作，第二个案例是讲网页的互换过程。学习完本章的案例后，希望读者能自己设计并制作网络动画。

21.1　网络动画设计的相关知识

大多数人喜欢利用 Photoshop 软件制作动画背景，但是利用该软件制作动画的人实际上却不多。因为它制作动画后导出的文件将会很大。但是该软件确实有这项功能，所以如果感兴趣的朋友，可以利用该软件制作一些喜欢的动画表情以及网页互换的效果。

21.2　迎春纳福动画

本案例制作的是新年快乐的动画表情，所以画面的色彩鲜艳。当然，如果学会了制作动画的小窍门，可以将自己的照片制作成动画，并可以刻录成光碟永久保存。

21.2.1　创意分析

本例制作一幅"迎春纳福"的动画（迎春纳福.psd）。本实例主要学习如何制作动画，将制作动动画的图片导入到 Photoshop 软件中，在从 Photoshop 软件中转换到另一款软件 ImageReady 中，进行动画制作。

21.2.2　最终效果

本例制作完成后的最终效果如图 21-1 所示。

图 21-1　表情连续播放效果

● **21.2.3　制作要点及步骤**

◆ 导入素材图片。

◆ 转换到另一软件 ImageReady 中，并制作动画。

01 执行"文件"｜"新建"命令，打开"新建"对话框，设置"名称"为"迎春纳福"，"宽度"为"5"cm，"高度"为"4"cm，"分辨率"为"72"像素/英寸，"颜色模式"为"RGB 颜色"，"背景内容"为"白色"，如图 21-2 所示，单击"确定"按钮。

02 执行"文件"｜"打开"命令或按组合键"Ctrl+O"，打开如图 21-3 所示的素材图片"图片 1.tif"。

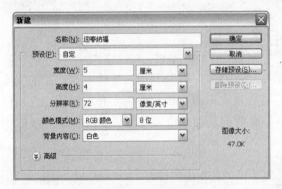

图 21-2　新建文件

图 21-3　打开素材"图片 1"

03 选择工具箱中的"移动工具" ，将"图片 1"拖动到"迎春纳福"文件窗口中，图层面板自动生成"图层 1"，调整图形如图 21-4 所示。

04 执行"文件"｜"打开"命令或按组合键"Ctrl+O"，打开"图片 2.tif、图片 3.tif、图片 4.tif、图片 5.tif、图片 6.tif、图片 7.tif、图片 8.tif"素材图片，如图 21-5 至 12-11 所示。

05 选择工具箱中的"移动工具"，分别将打开的"图片 2"到"图片 8"的图片按顺序拖动到"迎春纳福"文件窗口中，图层面板自动生成"图层 2"到"图层 8"，调整图形如图 21-12 所示。

06 单击工具箱下方的"在 ImageReady 中编辑"，此时的文件将转换到另一软件 ImageReady 中，默认的初始状态如图 21-13 所示。

图 21-4　导入素材图片

图 21-5　素材"图片 2"

图 21-6　素材"图片 3"

图 21-7　素材"图片 4"

图 21-8　素材"图片 5"

图 21-9　素材"图片 6"

图 21-10　素材"图片 7"

图 21-11　素材"图片 8"

图 21-12　导入素材图片

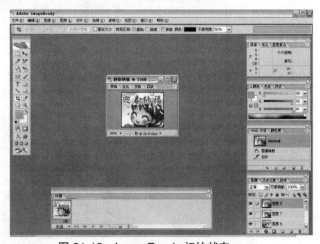

图 21-13　ImageReady 初始状态

07 单击图层的"指示图层可视性"按钮，将如图 21-14 所示显示图层隐藏。

08 单击"帧 1"下方的数字，在弹出的列表中选择"0.2 秒"选项，设置延迟为 0.2 秒，如图 21-15 所示。

图 21-14　新建"帧"

图 21-15　显示图层

09 单击动画面板中的"复制当前帧"按钮 🔲，新建"帧 2"，如图 21-16 所示。

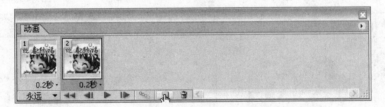

图 21-16　新建"帧"

10 单击"图层 2"的"指示图层可视性"按钮 👁，将隐藏图层显示，如图 21-17 所示。

图 21-17　显示图层

11 单击动画面板中的"复制当前帧"按钮 🔲，新建"帧 3"，如图 21-18 所示。

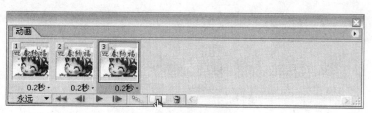

图 21-18　新建"帧"

12 单击"图层 3"的"指示图层可视性"按钮 👁，将隐藏图层显示，如图 21-19 所示。

图 21-19　显示图层

13 单击动画面板中的"复制当前帧"按钮 ◲，新建"帧 4"，如图 21-20 所示。

14 单击"图层 4"的"指示图层可视性"按钮 👁，将隐藏图层显示，如图 21-21 所示。

图 21-20　新建"帧"　　　　　　图 21-21　显示图层

15 单击动画面板中的"复制当前帧"按钮 ◲，新建"帧 5"，如图 21-22 所示。

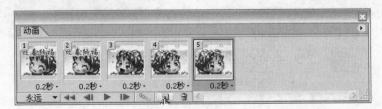

图 21-22　新建"帧"

16 单击"图层 5"的"指示图层可视性"按钮👁，将隐藏图层显示，如图 21-23 所示。

图 21-23　显示图层

17 单击动画面板中的"复制当前帧"按钮🔲，新建"帧 6"，如图 21-24 所示。

18 单击"图层 6"的"指示图层可视性"按钮👁，将隐藏图层显示，如图 21-25 所示。

图 21-24　新建"帧"　　　　　　　　　　　图 21-25　显示图层

19 单击动画面板中的"复制当前帧"按钮🔲，新建"帧 7"，如图 21-26 所示。

20 单击"图层 7"的"指示图层可视性"按钮👁，将隐藏图层显示，如图 21-27 所示。

图 21-26　新建"帧"

图 21-27　显示图层

21　单击动画面板中的"复制当前帧"按钮，新建"帧 8"，如图 21-28 所示。

22　单击"图层 8"的"指示图层可视性"按钮，将隐藏图层显示，如图 21-29 所示。

图 21-28　新建"帧"

图 21-29　显示图层

23　单击动画面板上的"播放"按钮，连续播放产生动画效果，如图 21-30 所示。

图 21-30　连续播放

24　按组合键"Ctrl+Alt+S"将文件储存为 GIF 格式，动画文件就全部制作完成，如图 21-31 所示。

图 21-31　储存文件为 GIF 格式

21.3　网页互换

制作网页并不是该软件的专长，但是该软件具备这个功能，所以读者如果感兴趣的话可以多学习一种制作网页的方法。

21.3.1　创意分析

本例制作一幅"网页互换"的动画（网页互换.psd）。本实例主要学习如何制作网页，在 Photoshop 软件中制作好的图片，可以转换到另一款软件 ImageReady 中，进行网页的连接制作。

21.3.2　最终效果

本例制作完成后的最终效果如图 21-32 所示。

 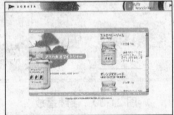 

图 21-32　网页链接

◐ 21.3.3　制作要点及步骤

◆　导入素材图片。

◆　在 ImageReady 软件中，制作网页链接。

01　打开 ImageReady 软件，将"网页 1"、"网页 2"、"网页 2"导入到 ImageReady 软件中，如图 21-33 所示。

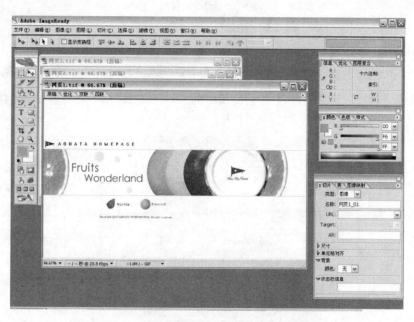

图 21-33　将图片导入到 ImageReady 软件中

02　选择"网页 1"文件，单击工具箱中的"切片工具" ✑ ，切割如图 21-34 所示的部分。

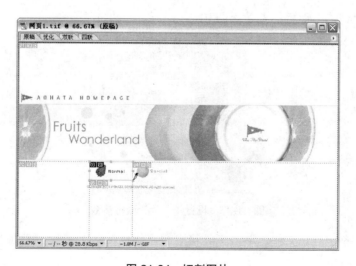

图 21-34　切割图片

03 设置"切片"面板的参数如图 21-35 所示。

图 21-35　设置"切片"面板参数

04 选择"网页 3"文件，单击工具箱中的"切片工具" ，切割如图 21-36 所示的部分。

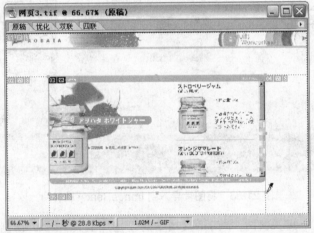

图 21-36　切割图片

05 设置"切片"面板的参数如图 21-37 所示。

图 21-37　设置"切片"面板参数

06 选择"网页 1"文件，单击工具箱中的"切片工具" ，切割如图 21-38 所示的部分。

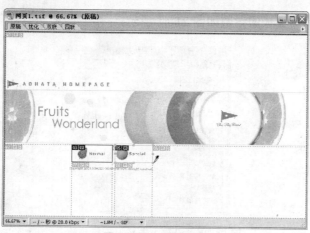

图 21-38　切割图片

07 设置"切片"面板的参数如图 21-39 所示。

图 21-39　设置"切片"面板参数

08 选择"网页 2"文件，单击工具箱中的"切片工具"，切割如图 21-40 所示的部分。

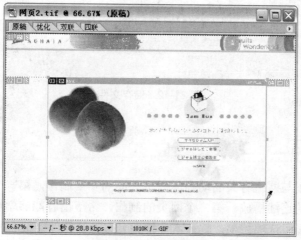

图 21-40　切割图片

09 设置"切片"面板的参数如图 21-41 所示。

图 21-41 设置"切片"面板参数

10 按组合键"Ctrl+Alt+S",将所有文件储存为 html 格式即可,如图 21-42 所示。

 所有文件都必须存储于同一文件夹中。

图 21-42 储存文件

21.4 小结

本章分别学习了与网络有关的动画与网页之间的互换制作,第一个动画表情希望读者能够学会图片之间的连续播放。第二个网页的制作,希望读者能够学会页面与页面之间的链接,如果已经掌握了这项技术,就基本上掌握了该动画软件最核心的问题。